建筑工程细部节点做法与施工工艺图解丛书

装饰装修工程细部节点做法与施工工艺图解

（第二版）

丛书主编：毛志兵
本书主编：金　睿
组织编写：中国土木工程学会总工程师工作委员会

中国建筑工业出版社

图书在版编目（CIP）数据

装饰装修工程细部节点做法与施工工艺图解 / 金睿本书主编；中国土木工程学会总工程师工作委员会组织编写. -- 2 版. -- 北京：中国建筑工业出版社，2024. 8. --（建筑工程细部节点做法与施工工艺图解丛书 / 毛志兵主编）. -- ISBN 978-7-112-30178-2

Ⅰ. TU767-64

中国国家版本馆 CIP 数据核字第 2024V8G592 号

本书以通俗、易懂、简单、经济、实用为出发点，从节点图、实体照片、工艺说明三个方面解读工程节点做法，分为建筑装饰、建筑幕墙，共两章。本书提供了 200 多个常用细部节点做法，能够对项目基层管理岗位及操作层的实体操作及质量控制有所启发和帮助。

本书是一本实用性图书，可以作为监理单位、施工企业、一线管理人员及劳务操作层的培训教材。

责任编辑：曹丹丹　张　磊
责任校对：赵　力

建筑工程细部节点做法与施工工艺图解丛书
装饰装修工程细部节点做法
与施工工艺图解
（第二版）
丛书主编：毛志兵
本书主编：金　睿
组织编写：中国土木工程学会总工程师工作委员会
*
中国建筑工业出版社出版、发行（北京海淀三里河路 9 号）
各地新华书店、建筑书店经销
北京鸿文瀚海文化传媒有限公司制版
建工社（河北）印刷有限公司印刷
*
开本：850 毫米×1168 毫米　1/32　印张：11½　字数：318 千字
2025 年 2 月第二版　　2025 年 2 月第一次印刷
定价：**49.00** 元
ISBN 978-7-112-30178-2
（43131）

丛书编委会

本书编委会

主编单位：浙江省建设投资集团股份有限公司

参编单位：浙江建投创新科技有限公司

浙江省建设装饰集团有限公司

浙江建工幕墙装饰有限公司

主　　编：金　睿

副 主 编：吴赟杰　方敏进

编写人员：胡　晨　陈敏璐　黄　刚　李　瑞　方晓东

徐　熵　梁建军　应洲龙　向明礼　代　翔

王　剑　王　程　杨淑娟　夏方杰　王　凯

孙　瑞

丛书前言

“建筑工程细部节点做法与施工工艺图解丛书”自2018年出版发行后，受到了业内工程施工一线技术人员的欢迎，截至2023年底，累计销售已近20万册。本丛书对建筑工程高质量发展起到了重要作用。这些年来，随着建筑工程新结构、新材料、新工艺、新技术不断涌现和工业化建造、智能化建造和绿色化建造等理念的传播，施工技术得到了跨越式的发展，新的节点形式和做法进一步提高了工程施工质量和效率。特别是2021年以来，住房和城乡建设部陆续发布并实施了一批有关工程施工的国家标准和政策法规，显示了对工程质量问题的高度重视。

为了促进全行业施工技术的发展及施工操作水平的整体提升，紧随新的技术潮流，中国土木工程学会总工程师工作委员会组织了第一版丛书的主要编写单位以及业界有代表性的相关专家学者，在第一版丛书的基础上编写了“建筑工程细部节点做法与施工工艺图解丛书（第二版）”（简称新版丛书）。新版丛书沿用了第一版丛书的组织形式，每册独立组成编委会，在丛书编委会的统一指导下，根据不同专业分别编写，共11分册。新版丛书结合国家现行标准的修订情况和施工技术的发展，进一步完善第一版丛书细部节点的相关做法。在形式上，结合第一版丛书通俗易懂、经济实用的特点，从节点构造、实体照片、工艺要点等几个方面，解读工程节点做法与施工工艺；在内容上，随着绿色建筑、智能建筑的发展，新标准的出台和修订，部分节点的做法有一定的精进，新版丛书根据新标准的要求和工艺的进步，进一步完善节点的做法，同时补充新节点的施工工艺；在行文结构中，进一步沿用第一版丛书的编写方式，采用“施工方式＋案例”“示意图＋现场图”的形式，使本丛书的编写更加简明扼要、方便查找。

新版丛书作为一本实用性的工具书，按不同专业介绍了工程实践中常用的细部节点做法，可以作为设计单位、监理单位、施工企业、一线管理人员及劳务操作层的培训教材，希望对项目各参建方的实际操作和品质控制有所启发和帮助。

新版丛书虽经过长时间准备、多次研讨与审查修改，但仍难免存在疏漏与不足之处，恳请广大读者提出宝贵意见，以便进一步修改完善。

丛书主编：毛志兵

前　言

本书根据“建筑工程细部节点做法与施工工艺图解丛书”编委会的要求，由浙江省建设投资集团股份有限公司会同浙江建投创新科技有限公司、浙江省建设装饰集团有限公司、浙江建工幕墙装饰有限公司共同进行内容修订。

编制组认真研究了国家现行标准《房屋建筑与装饰工程工程量计算规范》GB 50854、《建筑装饰装修工程质量验收标准》GB 50210、《住宅装饰装修工程施工规范》GB 50327、《住宅室内装饰装修工程质量验收规范》JGJ/T 304、《建筑幕墙》GB/T 21086，并参照《建筑幕墙通用技术要求及构造》13J103-1、《构件式玻璃幕墙》13J103-2、《点支承玻璃幕墙、全玻幕墙》13J103-3、《单元式幕墙》13J103-4 等国家建筑标准设计图集，结合编制组在装饰装修工程施工方面的经验进行修编，并组织浙江省建设投资集团股份有限公司内、外专家进行审查后定稿。

本次修订内容主要包括对章节结构的优化调整，删除了一些已被淘汰和做法相似的施工工艺，以及新增现代建筑装饰的施工工艺，不仅反映了当前装饰装修的最新发展和技术进步，也进一步推动了建筑行业的可持续发展和创新。

本书主要内容包括建筑装饰、建筑幕墙两章共 200 多个节点，每个节点包括实景或 BIM 图片及工艺说明两部分，力求做到图文并茂、通俗易懂。

由于时间仓促、经验不足，书中难免存在缺点和疏漏，恳请广大读者指正。

目 录

第一章 建筑装饰

第二章 建筑幕墙

第一章　建筑装饰

综合说明

建筑装饰材料的选用对于建筑质量和施工工艺有着至关重要的影响，为确保建筑装饰材料的质量和可靠性，提高建筑的安全性和舒适度，在选用建筑装饰材料时需要按照一定的规范要求进行：

1. 建筑装饰装修工程所用材料的品种、规格和质量应符合设计要求和国家现行标准的规定，不得使用国家明令淘汰的材料。

2. 建筑装饰装修工程所用材料的燃烧性能应符合现行国家标准《建筑内部装修设计防火规范》GB 50222 和《建筑设计防火规范》GB 50016 的规定。

3. 建筑装饰装修工程所用材料应符合国家有关建筑装饰装修材料有害物质限量标准的规定。

4. 建筑装饰装修工程采用的材料、构配件应按进场批次进行检验。属于同一工程项目且同期施工的多个单位工程，对同一厂家生产的同批材料、构配件、器具及半成品，可统一划分检验批对品种、规格、外观和尺寸等进行验收，包装应完好，并应有产品合格证书、中文说明书及性能检验报告，进口产品应按规定进行商品检验。

5. 进场后需要进行复验的材料种类及项目应符合现行国家标准《建筑装饰装修工程质量验收标准》GB 50210 各章的规定，同一厂家生产的同一品种、同一类型的进场材料应至少抽取一组样品进行复验，当合同另有更高要求时应按合同执行。抽样样本应随机抽取，满足分布均匀、具有代表性的要求，获得认证的产品或来源稳定且连续三批均一次检验合格的产品，进场验收时检验批的容量可扩大一倍，且仅可扩大一次。扩大检验批后的检验中，出现不合格情况时，应按扩大前的检验批容量重新验收，且该产品不得再次扩大检验批容量。

6. 当国家规定或合同约定应对材料进行见证检验时，或对材料质量发生争议时，应进行见证检验。

7. 建筑装饰装修工程所使用的材料在运输、储存和施工过程中，应采取有效措施防止损坏、变质和污染环境。

8. 建筑装饰装修工程所使用的材料应按设计要求进行防火、防腐和防虫处理。

第一节 ● 楼地面装饰工程

010101 整体面层及找平层

010101.1 水泥砂浆面层

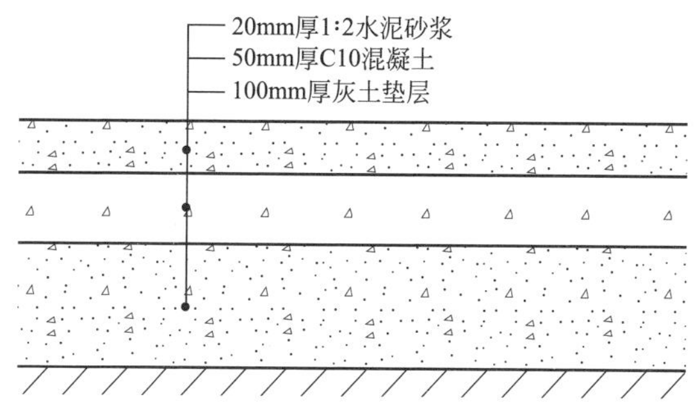

水泥砂浆面层节点示意图

水泥砂浆面层施工现场图

工艺说明

水泥砂浆面层下一层有水泥类材料时，其表面应粗糙、洁净和湿润，并不得有积水现象。当铺设水泥砂浆面层时，其下一层水泥类材料的抗压强度不得小于1.2MPa。

010101.2　水磨石面层

010101.2.1　现浇水磨石面层

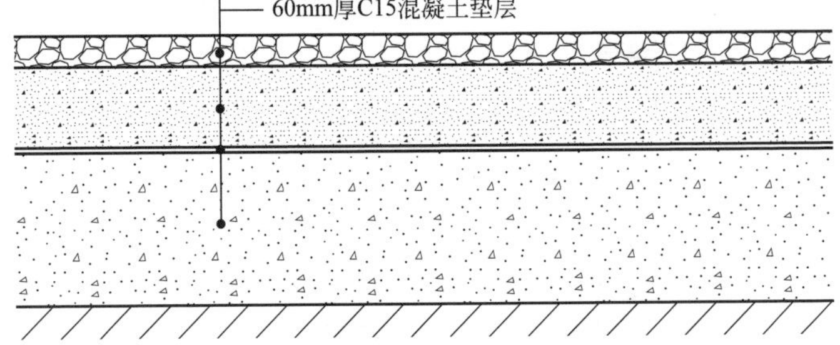

现浇水磨石面层节点示意图

现浇水磨石面层施工现场图

工艺说明

水泥砂浆结合层干后卧铜条分格，铜条打眼穿 22 号镀锌低碳钢丝卧牢，每米 4 眼。水磨石面层用 1∶2.5 水泥彩色石子浆，表面磨光打蜡。

010101.2.2　预制水磨石铺贴

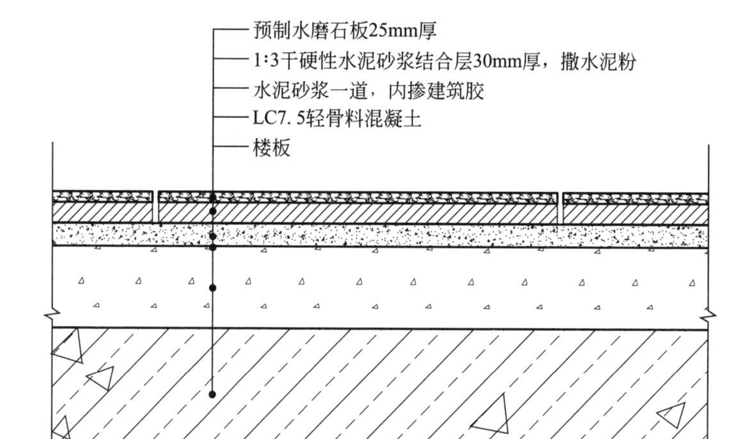

预制水磨石铺贴节点示意图

预制水磨石铺贴施工现场图

工艺说明

铺贴顺序应从里至外逐行挂线，把水磨石板对准铺设。铺贴时，水磨石板要四角同时下落，并用木锤轻击板面，使其粘结牢固并平整。

010101.2.3　环氧水磨石面层

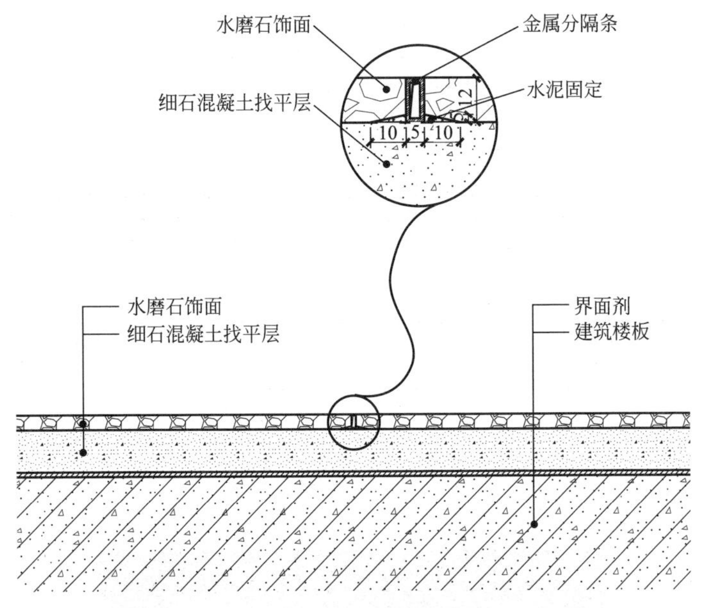

环氧水磨石面层节点示意图

工艺说明

（1）水磨石面层的石粒，应采用坚硬可磨的白云石、大理石等岩石加工而成，石粒应洁净无杂物，其粒径除特殊要求外应为6～15mm；水泥强度等级不应小于32.5；颜料应采用耐光、耐碱的矿物原料，不得使用酸性颜料。（2）水磨石面层拌合料的体积比应符合设计要求，且为1∶1.5～1∶2.5（水泥∶石粒）。（3）面层与下一层结合应牢固、无空鼓（考虑当前我国施工企业的实际技术水平，对空鼓面积不大于400cm^2，无裂纹，且每自然间或标准间不多于2处时，可不计入空鼓这一施工质量缺陷）。

010101.3　地面自流平面层

010101.3.1　水泥基自流平面层

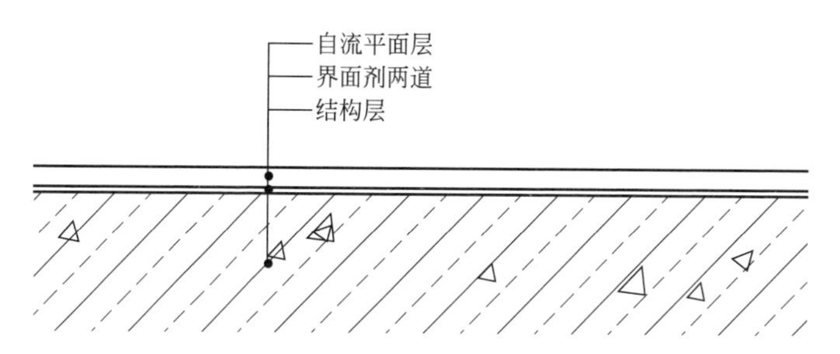

水泥基自流平面层节点示意图

水泥基自流平面层施工现场图

工艺说明

基层用磨光机打磨，应平整、洁净。界面剂、自流平材料按厂家使用说明的要求使用。自流平材料必须搅拌均匀才能铺设。

010101.3.2　环氧自流平面层

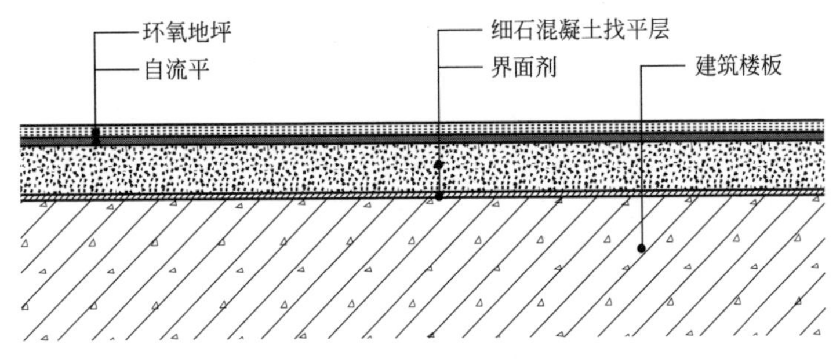

环氧自流平面层节点示意图

工艺说明

环氧自流平地坪漆是环氧树脂中的一种，它广泛使用在建筑施工中，是一种环保无公害的油漆涂料。它能够保证施工后的地面不起皮以及基层的平整性和表面强度，还能够对地面基层原有的切缝或裂缝进行填补，保证自流平的表面效果及防裂；同时，该产品还可以对基层进行高压洗尘，保证地面清洁。环氧自流平地坪是一次性成膜，不易修补，所以施工前必须处理好施工基面。(1) 含水率：混凝土基面含水率要小于8%，含水率高的基面要通过室内增温法或通风增加空气流通速度来带走混凝土中的水分。(2) 打磨地面：应打磨掉基面上凸起的地方，并铲除空鼓的水泥。(3) 基面找平：低洼的地方应用水泥砂浆找平，并让地面保持一定的粗糙度。(4) 清洁地面：清理地面上的水泥、沙石及灰尘，保持地面的清洁，可以使用吸尘器或者水洗地面。

010102 块料面层

010102.1　石材楼地面

010102.1.1　石材砂浆铺贴

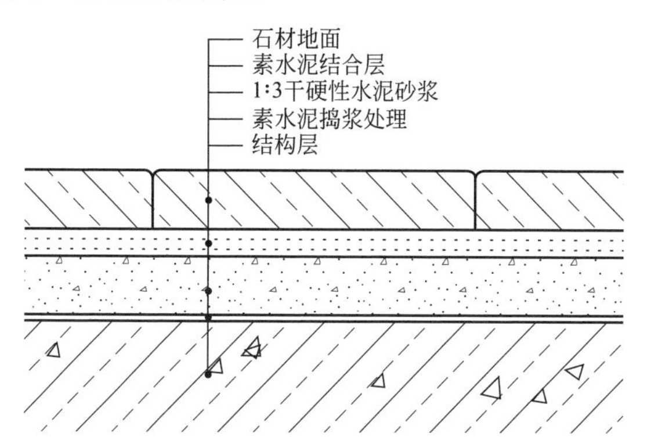

石材砂浆铺贴节点示意图

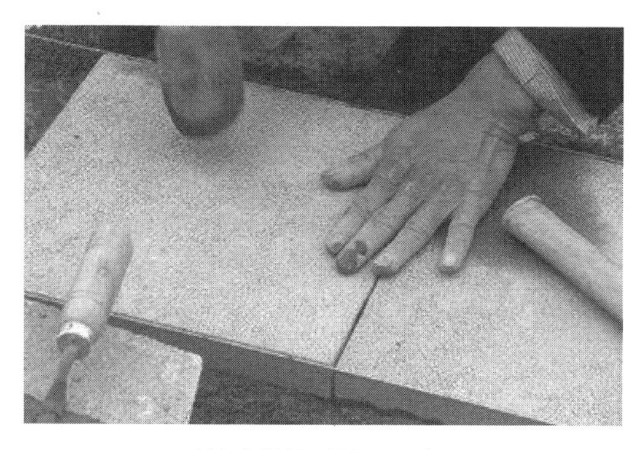

石材砂浆铺贴施工现场图

工艺说明

基层必须清理干净并浇水湿润，且在铺设干硬性水泥砂浆结合层之前和之后均要刷一层素水泥浆，确保基层与结合层、结合层与面层粘结牢固。

010102.1.2　石材胶泥铺贴

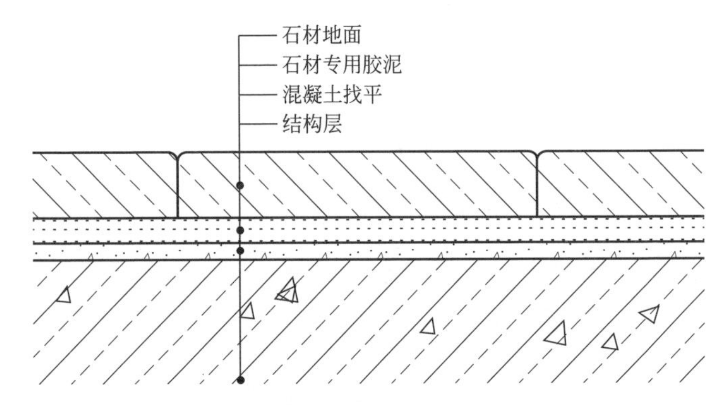

石材胶泥铺贴节点示意图

石材胶泥铺贴施工现场图

工艺说明

水泥类基层表面必须有足够的强度，要求坚硬、密实、平整、干燥、无油污及浮灰，无凹凸不平，含水率不大于10%，粘贴石材时粘结面应挂涂一层高分子胶泥作为界面剂，不留空白。

010102.1.3　门槛石铺贴

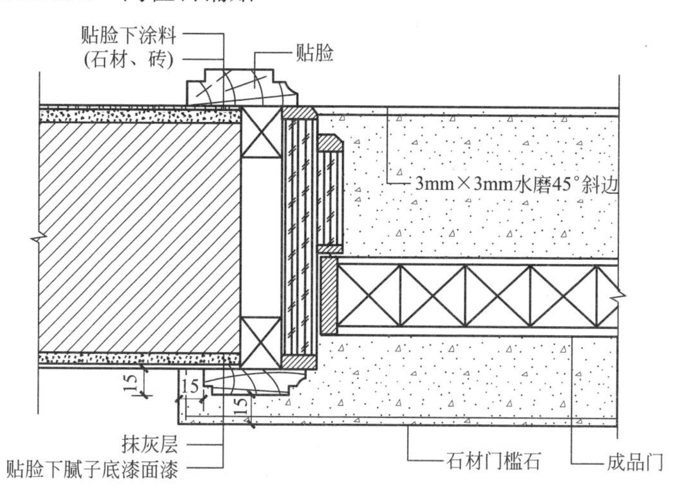

门槛石铺贴节点示意图

门槛石铺贴施工完成图

工艺说明

所有门贴脸均与装饰面预留 0～1.5mm 缝隙，收口美观；施工过程中须注意入户门外与户内、入户花园标高的关系，其他户内门与装饰面标高的关系，门贴脸和墙面装饰面的关系。

010102.2　地砖楼地面

010102.2.1　瓷砖水泥砂浆施工（干法施工）

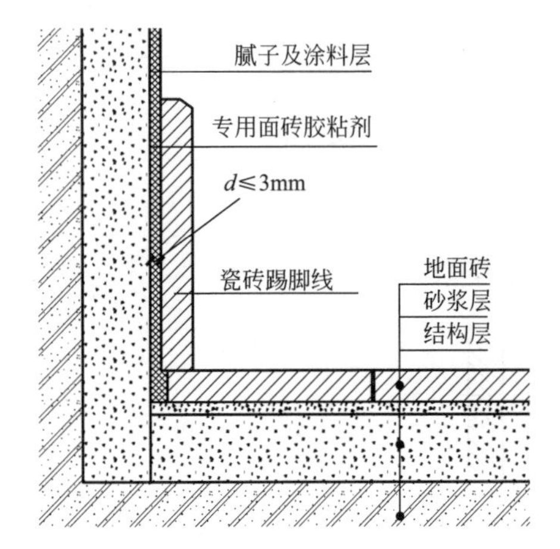

瓷砖水泥砂浆施工节点示意图（干法施工）

瓷砖水泥砂浆施工完成图（干法施工）

工艺说明

（1）砖无变形、无色差；（2）地面洒水，瓷砖浸泡时间控制；（3）控制好瓷砖空鼓；（4）房间地砖密拼铺贴；（5）清缝、勾缝、密实无孔洞；（6）做好阳角保护。

010102.2.2　瓷砖水泥砂浆施工（湿法施工）

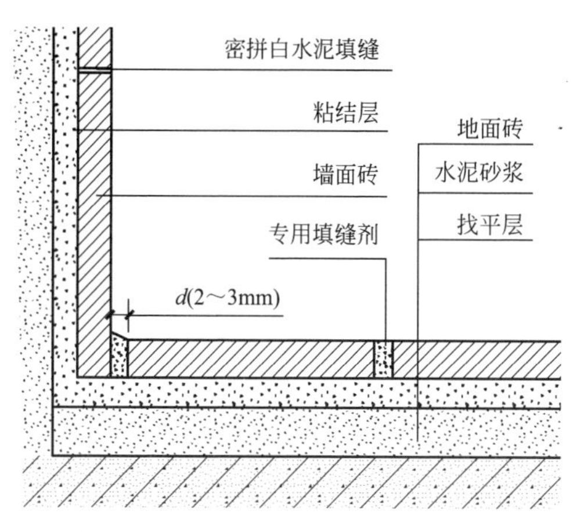

瓷砖水泥砂浆施工节点示意图（湿法施工）

工艺说明

（1）砖无变形、无色差；（2）地面洒水，瓷砖浸泡时间控制；（3）控制好瓷砖空鼓；（4）地砖拼缝宜控制在2～3mm，墙砖密拼；（5）清缝、勾缝、密实无孔洞；（6）做好阳角保护；（7）玻化砖做墙面时必须采用专用胶粘剂粘贴。

010102.2.3　地面陶瓷锦砖铺贴

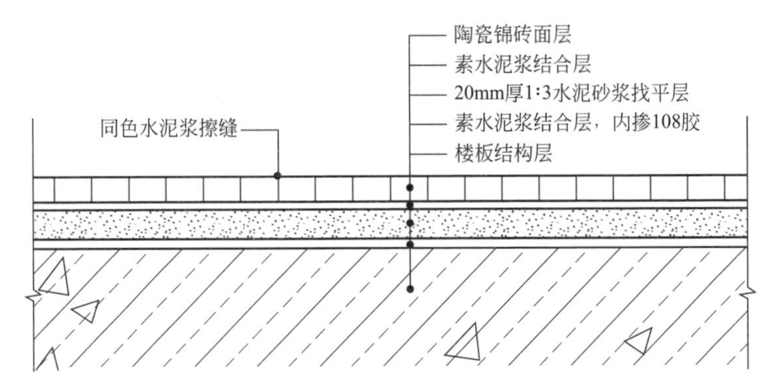

地面陶瓷锦砖铺贴节点示意图

地面陶瓷锦砖铺贴施工完成图

工艺说明

贴陶瓷锦砖前应放出施工大样，铺贴须确保间距一致。陶瓷锦砖贴完后，将水拍板紧靠衬纸面层，用小锤敲木板，做到满拍、轻拍、拍实、拍平，使其粘结牢固、平整。

010103 橡塑面层

010103.1　塑胶板卷材铺装

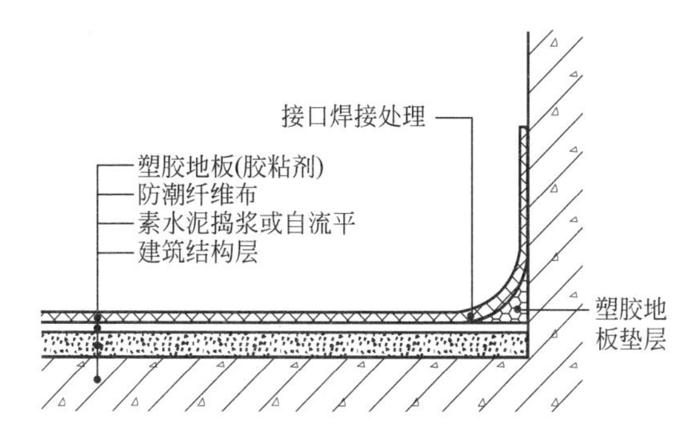

塑胶板卷材铺装节点示意图

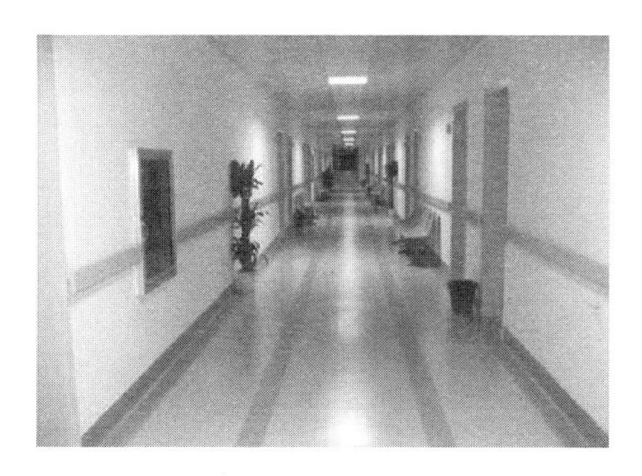

塑胶板卷材铺装施工完成图

工艺说明

基层应达到表面不起砂、不起皮、不起灰、不空鼓，无油渍，手摸无粗糙感。基层与塑料地板块背面同时涂胶，胶面不粘手时即可铺贴。铺贴时，将气泡赶尽。卷材铺设时，两块材料的搭接处应采用重叠法切割，一般要求重叠 3cm。为避免拼接缝的产生及存有卫生死角，踢脚与地面连接处制作成内圆角或踢脚与地面整体铺贴。

010104 其他材料面层

010104.1 地毯铺装

010104.1.1 满铺地毯铺装

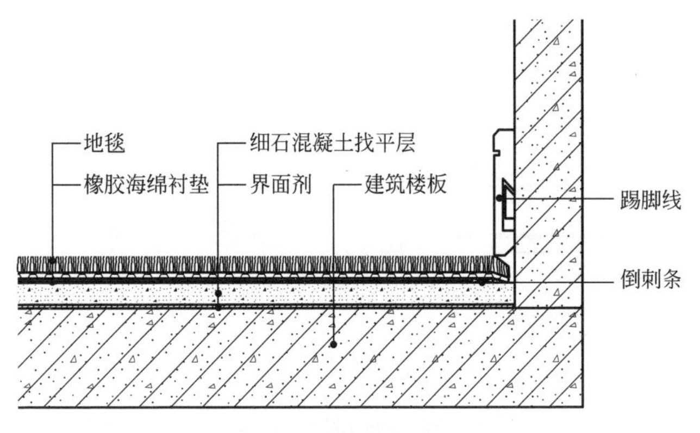

满铺地毯铺装节点示意图

工艺说明

（1）清理基层。铺设地毯的基层要求具有一定的强度。基层表面必须平整，无凹坑、麻面、裂缝，并保持清洁干净。若有油污，须用丙酮或松节油擦洗干净，高低不平处应预先用水泥砂浆填嵌平整。（2）裁剪地毯。根据房间尺寸和形状，用裁边机从长卷上裁下地毯。每段地毯长度要比房间长度长约20mm，宽度要以裁出地毯边缘后的尺寸计算，弹线裁剪边缘部分。要注意地毯纹理的铺设方向是否与设计一致。（3）钉木卡条和门口压条。采用木卡条（倒刺板）固定地毯时，应沿房间四周靠墙脚1～2cm处将卡条固定于基层上。在门口处，为不使地毯被踢起和边缘受损，达到美观的效果，常用铝合金卡条、锑条固定。卡条、锑条内有倒刺扣牢地毯。锑条的长边与地面固定，待铺上地毯后，将短边打下，紧压住地毯面层。卡条和压条可用钉条、螺钉、射钉固定在基层上。

010104.1.2 方块地毯铺装

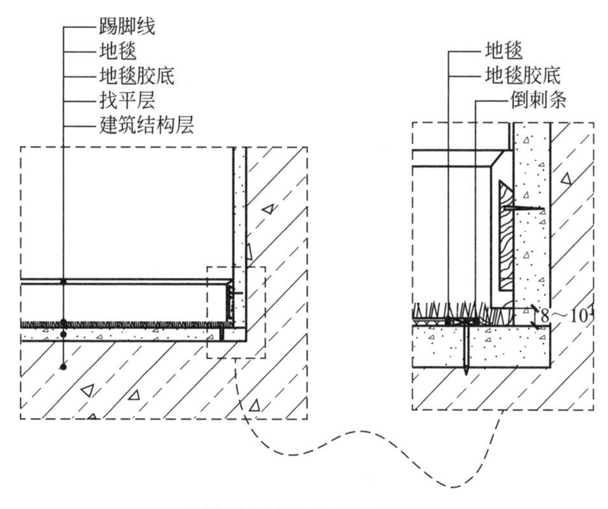

方块地毯铺装节点示意图

方块地毯铺装施工完成图

工艺说明

地毯地面须采用水泥砂浆找平处理，待完全干透后，方可铺设地毯。踢脚线根部须预留 8～10mm 的缝隙（根据地毯的厚度），地毯胶垫须符合室内环保及防火要求。

010104.2 竹、木（复合）地板铺装

010104.2.1 木地板无龙骨铺装

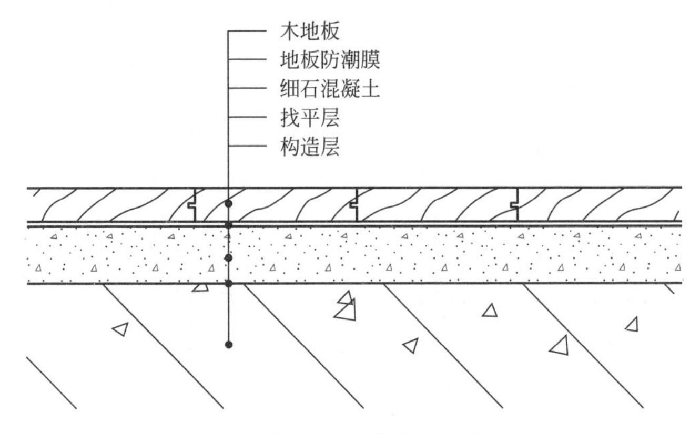

木地板无龙骨铺装节点示意图

木地板无龙骨铺装施工现场图

工艺说明

地面找平后平整度须符合国家有关要求，且达到一定的干燥度后方可铺贴。基层板铺设时应在建筑地面上铺塑料防潮薄膜，接口处互叠，用胶布粘贴，防止水汽进入。

010104.2.2 实木地板木龙骨铺装

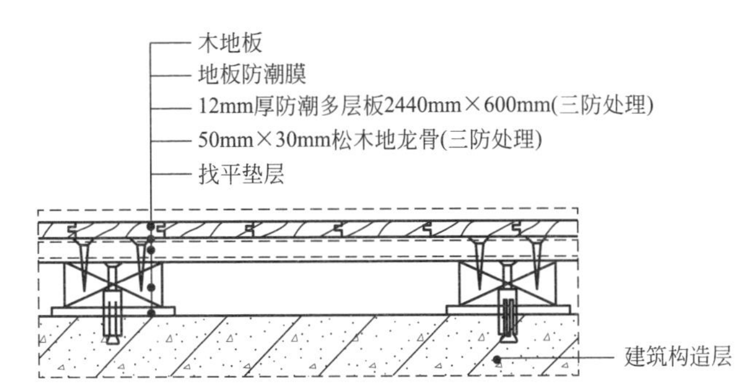

实木地板木龙骨铺装节点示意图

实木地板木龙骨铺装施工完成图

工艺说明

木地龙骨须采用松木类木材，含水率符合当地湿度要求及三防处理，采用专用美固钉固定，地面沿墙四周须用木龙骨加固。铺设12mm多层板，背面满涂三防涂料，自攻螺钉固定。地板下须铺设防潮膜，接口处互叠，用胶布粘贴，防止灰尘、水汽进入。

010104.2.3 防腐木地板铺装

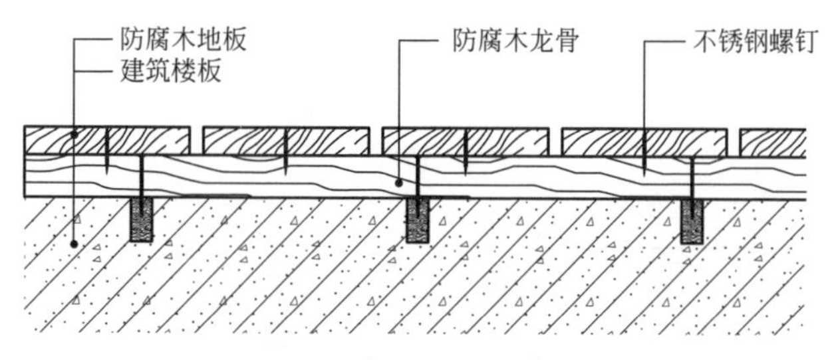

防腐木地板铺装节点示意图

防腐木地板铺装施工完成图

工艺说明

（1）防腐木龙骨基层的处理：施工中应充分保持防腐木材与地面之间的空气流通，可以有效延长木结构基层的寿命；（2）制作安装防腐木地板时，地板之间需留 0.2～1cm 的缝隙（根据木材的含水率再决定缝隙大小，木地板含水率超过 30%时缝隙不应超过 0.8cm），可避免雨天积水及防腐木的膨胀；（3）五金件应采用不锈钢、热镀锌或铜制材料（主要避免日后生锈腐蚀，并影响连接牢度），连接安装时请预先钻孔，以避免防腐木地板开裂；（4）尽可能使用现有尺寸及形状，加工破损部分应涂刷防腐剂和户外防护涂料。

010104.3 防静电（架空网络）活动地板铺装

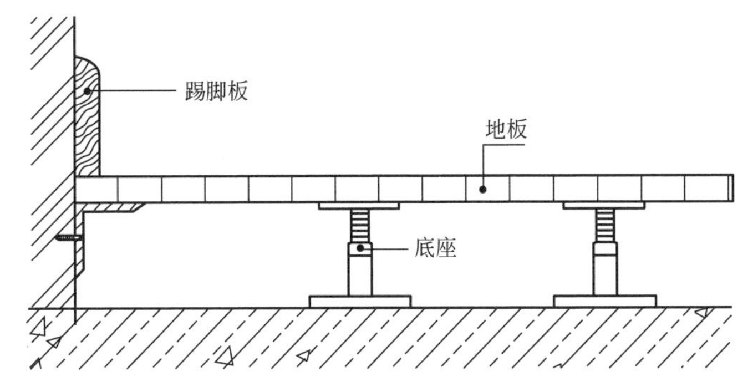

防静电（架空网络）活动地板铺装节点示意图

防静电（架空网络）活动地板铺装施工现场图

工艺说明

拉水平线，调整支架座上的螺母，使其高度、水平度符合要求，然后拧紧。在组装好的支架上放置网络地板，将累计误差集中到次要的墙边部位，然后用无齿锯按边缘缝隙切割适当的地板进行充填。在铺设地板时，用水泡水平仪逐步找平。活动地板的高度靠可调支架调节，相邻地板块高度差不得大于1mm，接缝差不大于2mm，接缝宽度差不大于3mm。

010104.4　玻璃地面铺装

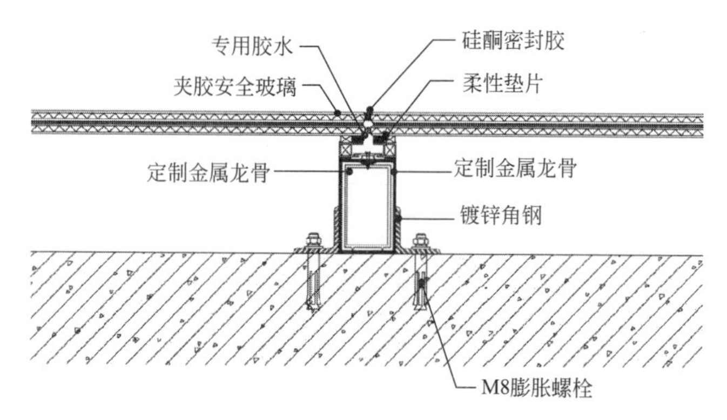

玻璃地面铺装节点示意图

玻璃地面铺装施工完成图

工艺说明

玻璃地面装修原基层地面已进行水泥自流平施工，地面平整无明显高低不平，表面灰尘清理干净刷防尘涂料。按室内四周墙上弹划出的标高控制线和基层地面上已经弹线完成的分格位置线，安放可调支架，并架上横梁，玻璃地板支柱的每个螺母在调平之后都应拧紧，形成联网支架。为防止移动，整个玻璃地板支柱按井字形进行固定。

010105 踢脚线

010105.1 石材（砖）踢脚线收口

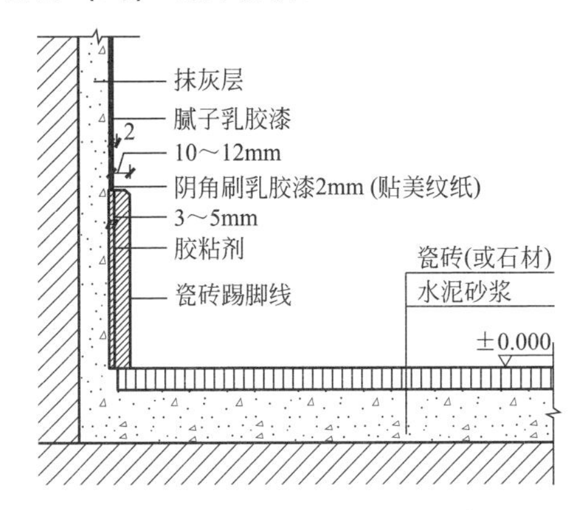

石材（砖）踢脚线收口节点示意图

石材（砖）踢脚线收口施工现场图

工艺说明

（1）瓷砖踢脚线阳角采用42°切割，接缝无胶粘剂、无勾缝剂，保持自然缝；（2）踢脚线必须在厂家倒边，铺贴后视角上减少厚度，利于上面涂料清理，提升观感；（3）踢脚线铺贴前弹线定位，将墙面修复到位，使用瓷砖胶薄贴法，踢脚线上口修整好做成一定斜坡状，刷涂料前使用美纹纸保护，确保瓷砖不被涂料污染。

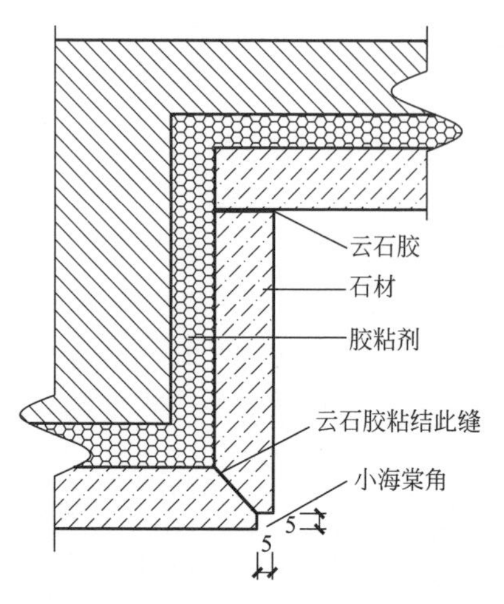

石材（砖）踢脚线收口节点（海棠角）示意图

石材（砖）踢脚线收口（海棠角）施工现场图

工艺说明

石材因易崩边掉角，踢脚阳角必须做成小海堂角，角无破损。墙面抹灰预留凹槽，石材踢脚线嵌入墙面5～6mm，外面预留10～12mm。

010105.2　木制（金属）踢脚线收口

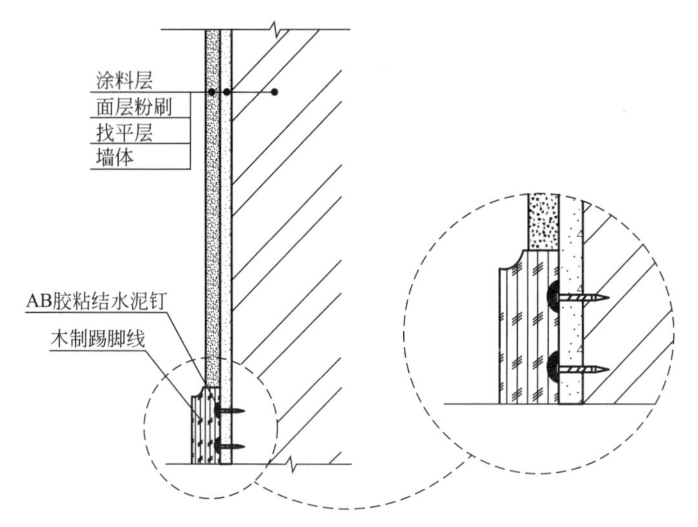

木制（金属）踢脚线收口节点示意图

木制（金属）踢脚线收口施工完成图

工艺说明

木制踢脚线视其外形，凸出墙面一般控制在 12～15mm 为宜，踢脚线上口应平直，出墙厚度一致。

010106 楼梯（台阶）面层

010106.1 石材（砖）楼梯（台阶）面层

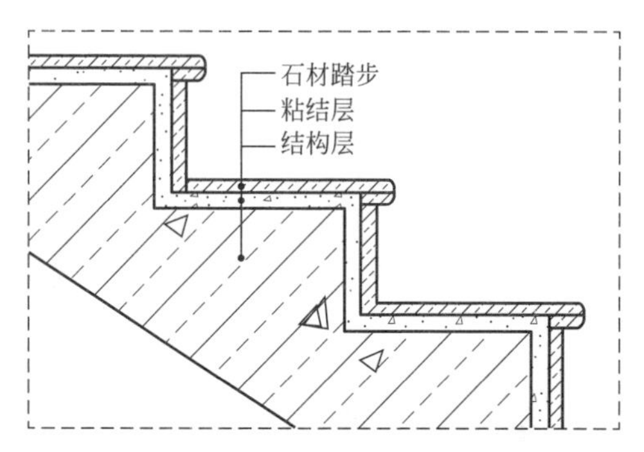

石材（砖）楼梯（台阶）面层节点示意图

石材（砖）楼梯（台阶）面层施工完成图

工艺说明

石材饰面的细部要求应在精确放线后对厂家进行详细交底。石材应做好六面防护处理。浅色石材采用白水泥砂浆掺白石屑铺贴。

010106.2 楼梯（台阶）踏步石材（砖）阴角节点

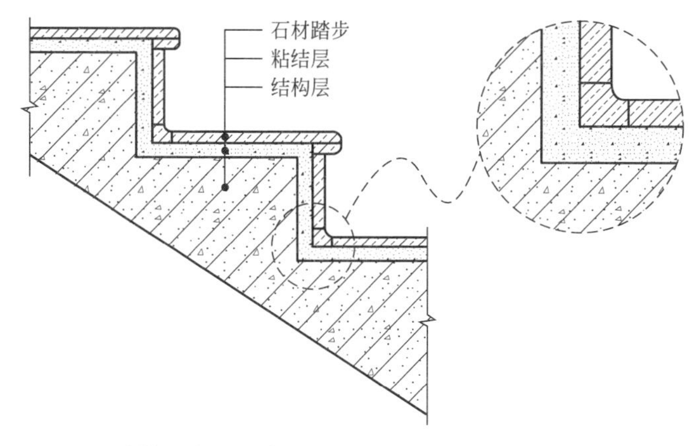

楼梯（台阶）踏步石材（砖）阴角节点示意图

楼梯（台阶）踏步石材（砖）阴角施工完成图

工艺说明

石材饰面的细部要求应在精确放线后对厂家进行详细交底。石材应做好六面防护处理。浅色石材采用白水泥砂浆掺白石屑铺贴。楼梯踏步阴角处石材加工成圆弧形，安装时应保证与基层的粘结强度。

010106.3　木板楼梯（台阶）面层

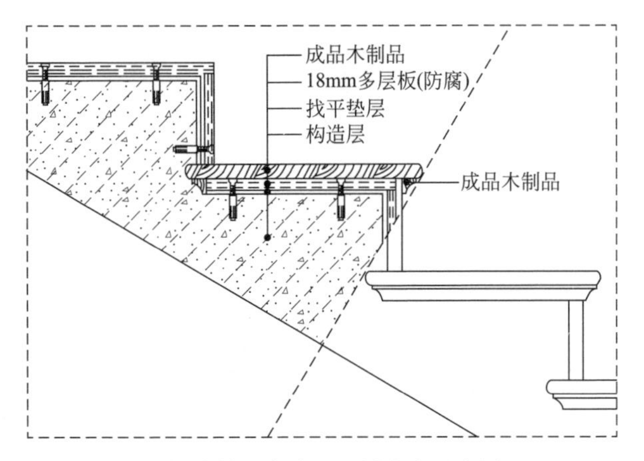

木板楼梯（台阶）面层节点示意图

木板楼梯（台阶）面层施工完成图

工艺说明

楼梯木踏板应在工厂加工，含水率应符合当地的湿度，油漆面应符合耐磨性要求，采用 AB 胶与木基层板粘结固定，木基层板进行三防处理。楼梯踏板背面须用封底漆封闭，以防止变形。楼梯踏板收口线型应避免方角，以防止使用磨损。

010106.4　地毯楼梯（台阶）面层

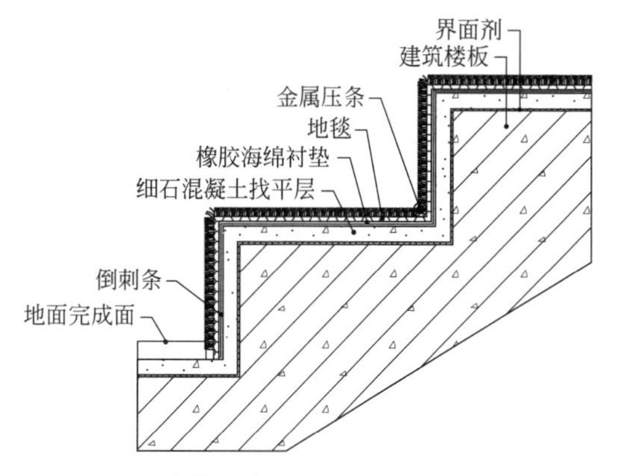

地毯楼梯（台阶）面层节点示意图

地毯楼梯（台阶）面层施工现场图

工艺说明

楼梯地毯是指楼梯专用的地毯，用于保护楼梯踏步，同时也有很好的防滑、静音作用。准备工作与常用机具同平面铺设基本一致，但楼梯铺设与行人上上下下频繁行走安全有关，铺设的重点是保证铺设固定的妥帖。楼梯的铺设特别要注意楼梯每级踏步的深度和高度，计算踏步的级数，以计算出所需地毯的长度。计算式如下：$l=(b+h)n+450$（mm）

式中，l——所需地毯长度（mm）；b——每级踏步踏宽（mm）；h——每级踏步踏高（mm）；n——踏步数量。

010106.5　防滑石材踏步

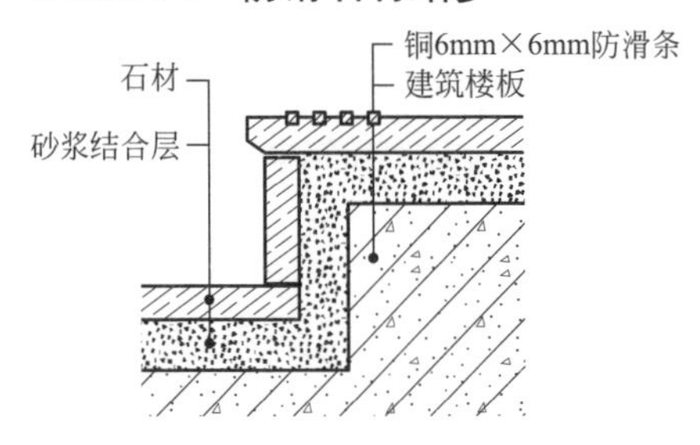

防滑石材踏步节点示意图（一）

防滑石材踏步施工完成图（一）

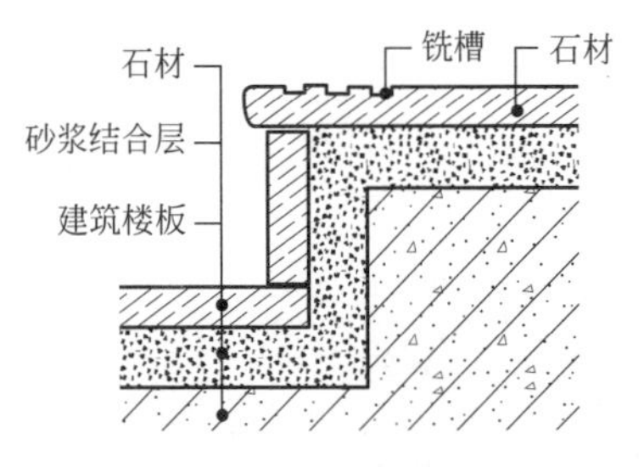

防滑石材踏步节点示意图（二）

防滑石材踏步施工完成图（二）

工艺说明

楼梯踏步由于斜度与踏面材质的特殊性，可能存在使人滑倒的安全隐患，为了避免楼梯打滑的发生，有多种防滑措施：(1) 镶嵌金属条处理法。大部分用于石材表面在踏板边缘部位，此方法起到防滑作用，但也存在长期踩踏松动的现象。一旦松动，很难用胶粘结处理，会出现异响和滞留污垢。踩踏部分光亮，其他部位发乌，很不美观。(2) 打凹槽防滑法。在踏板边缘部位打磨凹槽，也可起到防滑作用，但随着踏板磨损此槽会越来越浅，防滑功能大大降低，且沟槽会滞留污垢，很难清理，很不美观。除以上两种常用防滑方式，还有塑胶满铺法、防滑沙条处理法、地毯防滑处理法、粘贴颗粒法、楼梯防滑层处理法等。所有的防滑方法都有利弊，可根据不同的场所、设计需求选择合适的方式。

010106.6　防滑石材踏步（带灯槽）

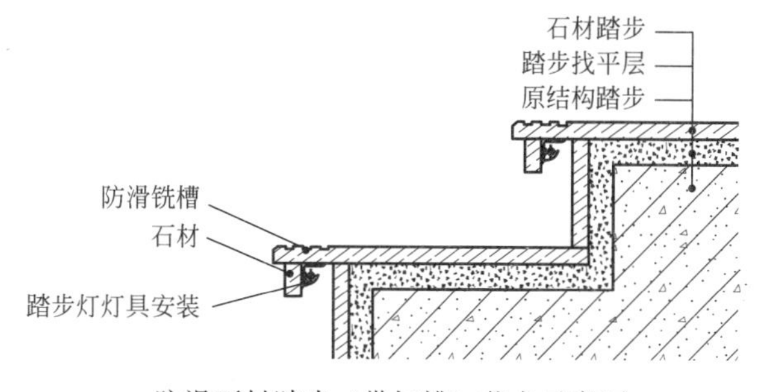

防滑石材踏步（带灯槽）节点示意图

防滑石材踏步（带灯槽）施工完成图

工艺说明

（1）安装踏步灯带的时候，最重要的就是布置灯线，需要在楼梯开约5cm宽的凹槽，用于预埋电路。（2）做好大理石楼梯墙面的踢脚线，注意把它做高一些，避免后期安装灯带的时候光线直接射入眼睛，凹槽做好后放入灯具，然后固定好。（3）确定安装的长度，一般是按整数截取。如果随意截取，可能会造成灯带不亮，如需要9.5m，灯带就要剪10m。（4）把LED灯的插头安装到位，注意区分正负极。如果接反了，就会使得灯带出现不亮的情况。把灯带摆放整齐，平整地放到灯槽之内。

010107 零星地面节点

010107.1 水电地暖构造节点

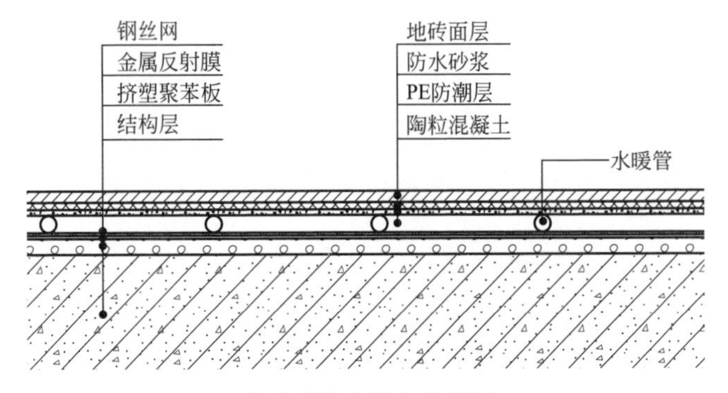

水地暖构造节点示意图

水地暖构造施工现场图

工艺说明

地面面层宜采用石材地砖或专用地板，不可使用实木地板。水暖管禁止弯折，水暖管整体应平顺铺设。金属反射膜施工时应注意保护，防止破损影响使用效果。

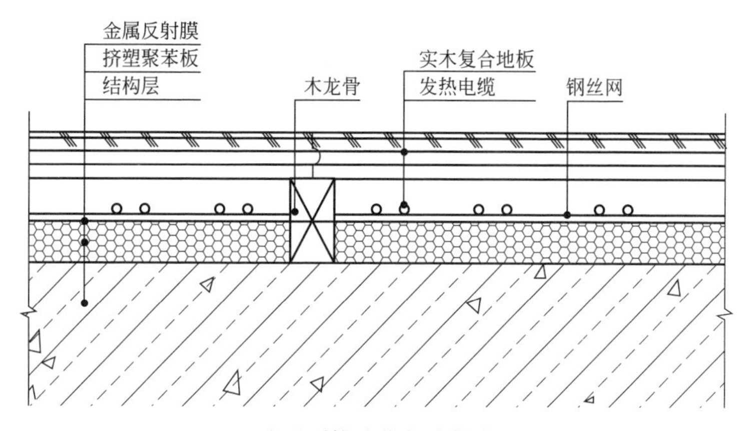

电地暖构造节点示意图

电地暖构造施工现场图

工艺说明

木龙骨应做好防火防腐处理。发热电缆禁止弯折，应平顺铺设。金属反射膜施工时应注意保护，防止破损影响使用效果。

010107.2　门槛石防水做法（先铺法）

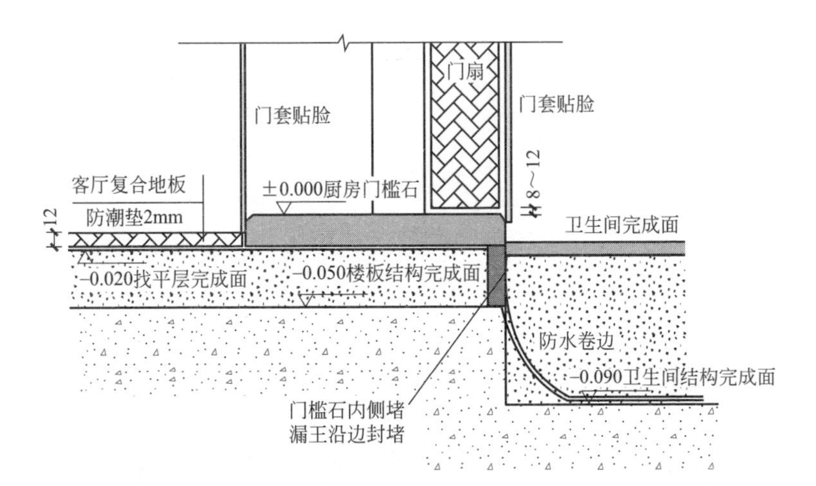

门槛石防水做法（先铺法）节点示意图

工艺说明

（1）本做法适用于有防水层的卫生间门槛石，以及没有防水层的厨房门槛的局部防水处理。阳台、入户花园等有渗漏可能的参照处理。（2）铺贴地面砖等湿作业时，使用成品保护膜对门槛石实施保护措施。（3）门槛石下部迎水面的一侧预留20mm左右的凹槽，冲洗干净凹槽后，把搅拌好的堵漏王塞进凹槽里，并且确保完全填满。

010107.3　门槛石防水做法（后铺法）

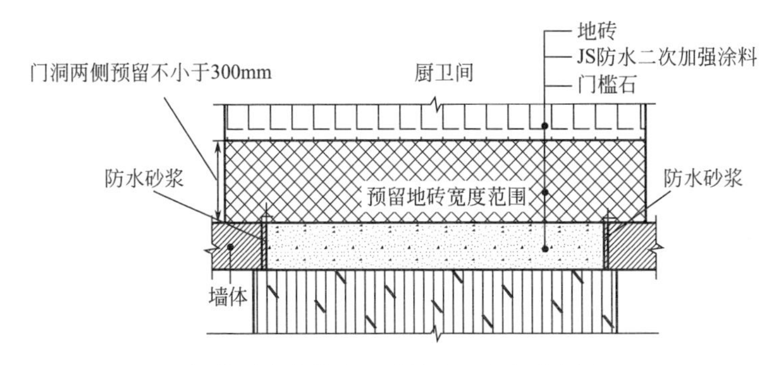

门槛石防水做法（后铺法）节点示意图

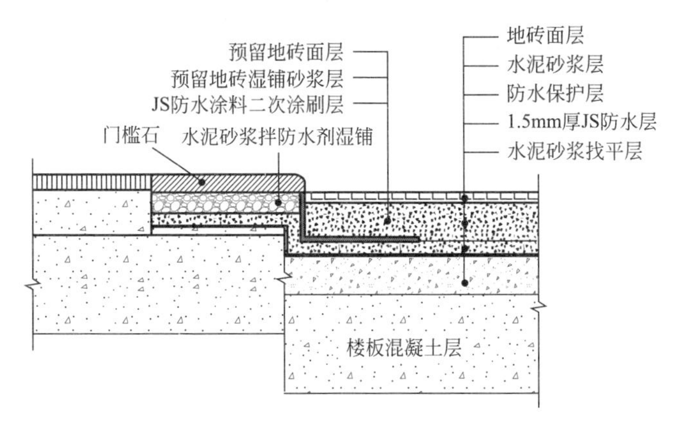

厨卫间门槛石防渗漏施工节点示意图

工艺说明

（1）采用防水砂浆湿贴门槛石，将门槛石下厨卫内侧立面粘贴砂浆收平收光；门槛石长度应与门洞两侧有10mm以上空隙，空隙采用防水砂浆填塞密实，填平门槛石上口并收平。门槛石安装前两侧预留不小于300mm位置不贴瓷砖。（2）门槛石铺贴完毕后，预留位置侧面和底面应第二次做JS防水加强。（3）对于没有阳台或入户花园处的门槛防水可以参照处理。

010107.4　进户门内外标高留置做法

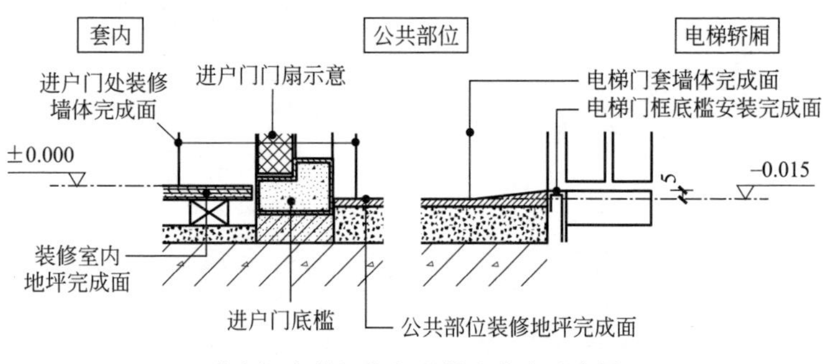

进户门内外标高留置做法节点示意图

工艺说明

检查门洞尺寸及标高、开启方向是否符合设计要求。电梯门入口处做好自然斜坡处理。

010107.5　地毯与石材拼接节点

地毯
地毯胶层
找平层
结构层
倒刺条
不锈钢收边条
石材地面
结合层
结构层

地毯与石材拼接节点示意图

地毯与石材拼接施工完成图

工艺说明

不锈钢收边条用AB胶与地面石材粘结。地毯表面应高出石材面5mm。不锈钢收边条可以根据需要采用不同形状的定型条。

010107.6　木地板与石材拼接节点

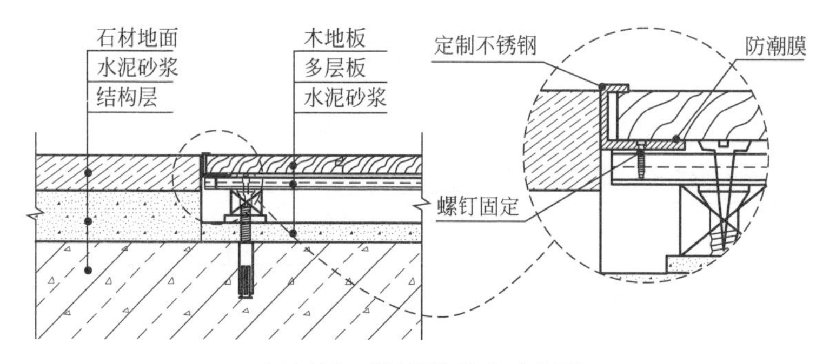

木地板与石材拼接节点示意图

木地板与石材拼接施工完成图

工艺说明

不锈钢收边条用螺钉固定在多层板上。确保石材地面、木地板和定制不锈钢条的平整度。

010107.7 木地板与门槛石收口节点

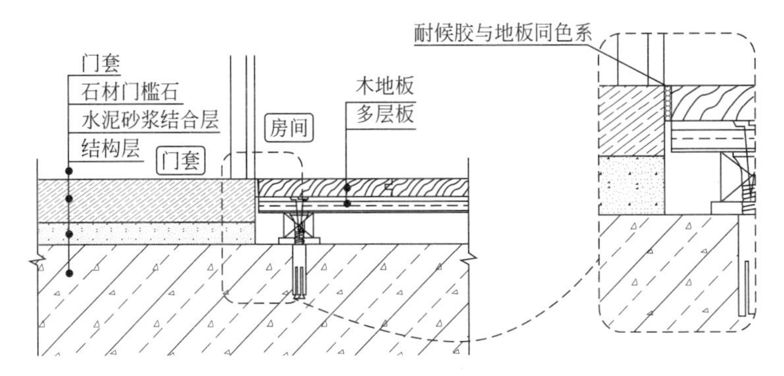

木地板与门槛石收口节点示意图

木地板与门槛石收口施工完成图

工艺说明

木地板与石材围边交接处须预留 3mm 地板伸缩缝，采用与木地板同色系的耐候胶填缝。为防止成品受污染及控制胶缝宽度和直度，打胶时先用美纹纸定位。

010107.8　木地板与踢脚线节点

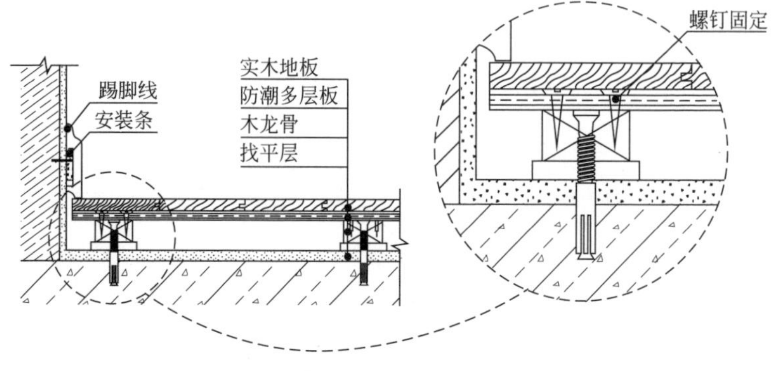

木地板与踢脚线节点示意图

木地板与踢脚线施工完成图

工艺说明

踢脚线宜采用与地面同材质的材料，应工厂加工制作、现场安装；踢脚线拼接应控制统一长度，接缝位置留置应考虑日后家具的摆设。木地板与墙面交接部位应预留 8～10mm 伸缩缝，踢脚线与木地板交接部位应预留 3mm 缝隙。

010107.9　地毯与踢脚线收口节点

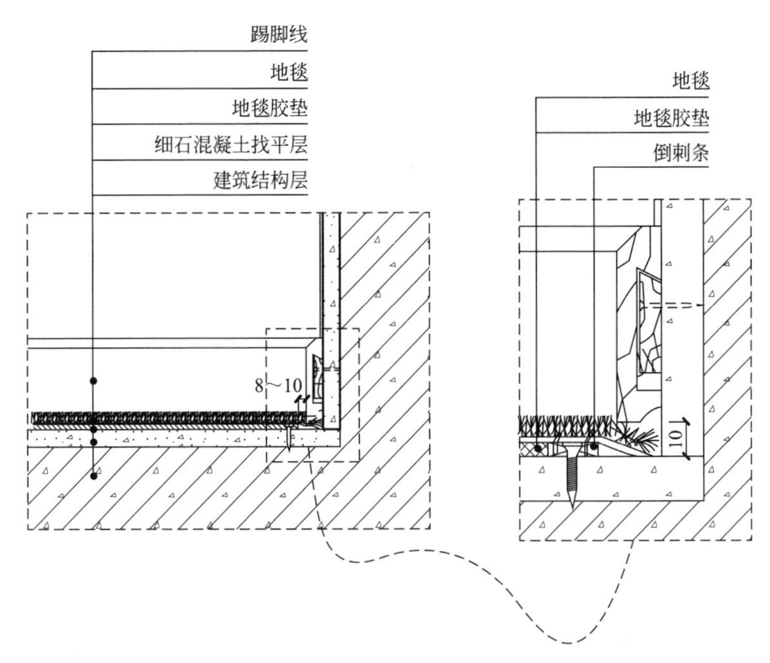

地毯与踢脚线收口节点示意图

工序：

基层处理→弹线、套方、分格、定位→地毯剪裁→钉倒刺板挂毯条→铺设衬垫→铺设地毯→细部处理及清理。

工艺说明

地毯地面须采用水泥砂浆找平处理，待完全干透后，方可铺设地毯。踢脚线根部须预留 8～10mm 的缝隙（根据地毯的厚度）。地毯胶垫须符合室内环保及防火要求。

010107.10 厨卫地面石材（砖）施工节点

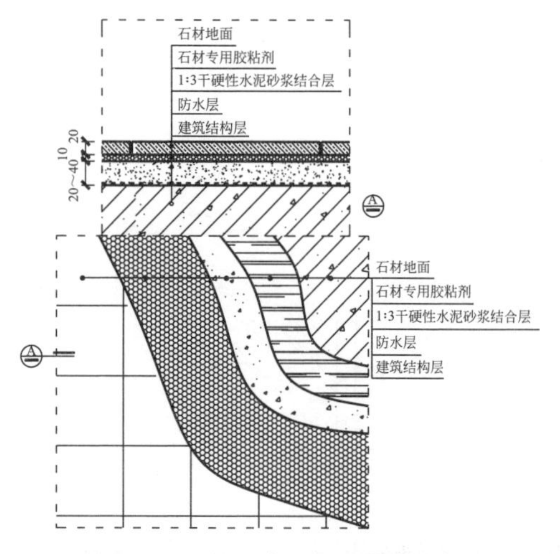

厨卫地面石材（砖）施工节点示意图

厨卫地面石材（砖）施工现场图

工艺说明

准备工作：(1) 大理石背网铲除；(2) 六面防护；(3) 专业胶粘剂拉毛→弹线→核对编号→根据安装图试拼→基层处理（清理浮灰及刷素水泥浆）→水泥砂浆结合层→石材专用胶粘剂→铺地面石材→开缝→石材专用胶调色补胶→晶面处理。

010107.11 阳台地面石材（砖）施工节点

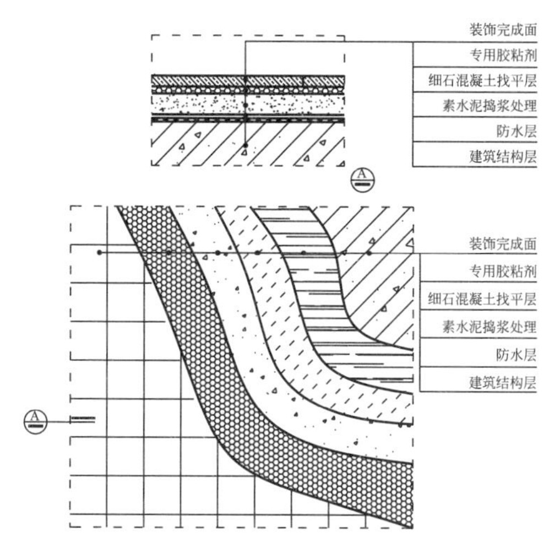

阳台地面石材（砖）施工节点示意图

阳台地面石材（砖）施工现场图

工艺说明

地面基层须用细石混凝土（或水泥砂浆湿浆）找平，并做找坡处理，找坡率0.3%～0.5%（湿铺法）。石材（砖）铺贴时应用专用锯齿状批刀在背面刮专用胶粘剂进行铺贴，粘结层厚度约10mm。

010107.12 移门式沐浴房石材施工节点

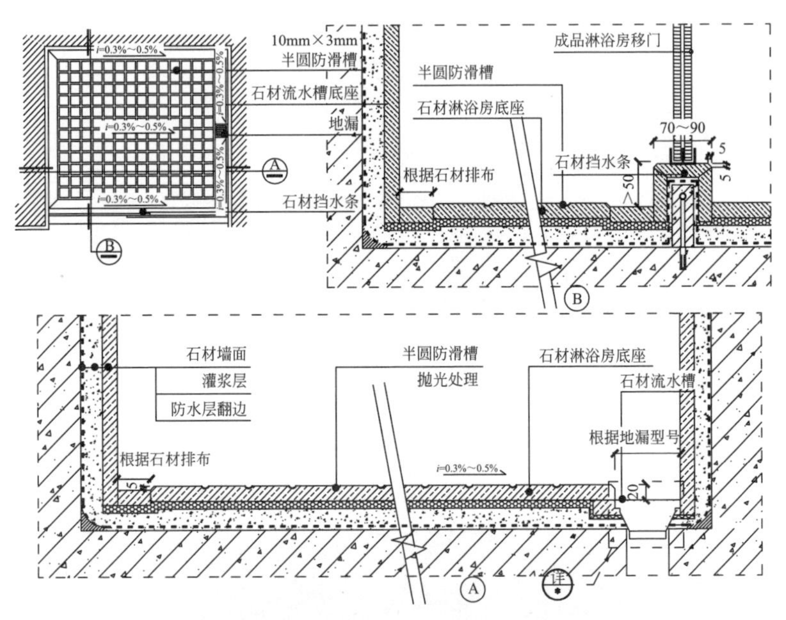

移门式沐浴房石材施工节点示意图

工艺说明

（1）淋浴房挡水条须先弹线，结构楼面预植 ϕ6 圆钢，间距不大于 300mm，在顶端处焊接 ϕ6 圆钢连接，制模浇捣翻边，翻边处地面应预先凿毛，采用细石混凝土浇捣，挡水翻边与墙体交接处应伸入墙体 20mm，并与地面统一做防水处理。靠墙安装的玻璃门五金合页，须预埋 3mm 厚镀锌铁件与结构墙体固定。（2）挡水条靠淋浴房侧须做止口及倒坡，挡水条与墙面交接处须用云石胶嵌实。地沟宽度应根据地漏规格确定。淋浴房石材须用湿铺工艺铺贴。

010107.13　开门式沐浴房石材施工节点

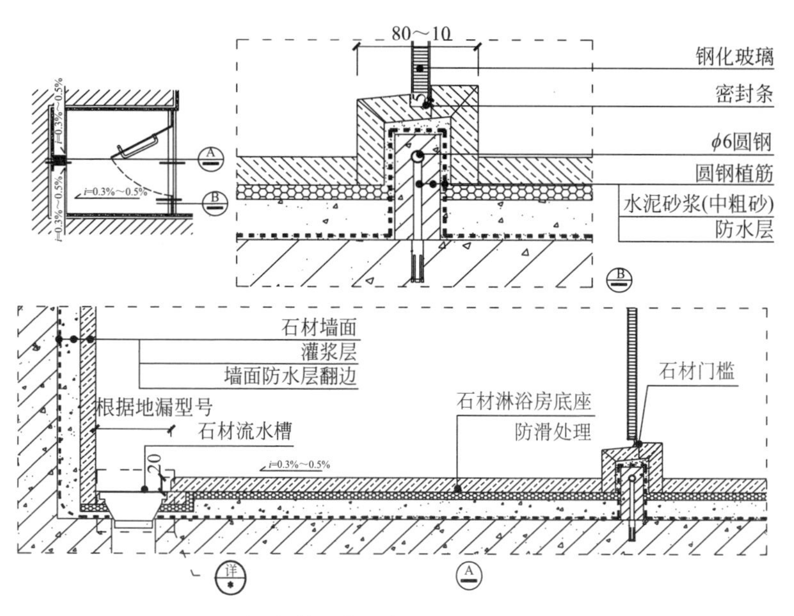

开门式淋浴房石材施工节点示意图

工艺说明

(1) 淋浴房挡水条须先弹线，结构楼面预植 φ6 圆钢，间距不大于 300mm，在顶端处焊接 φ6 圆钢连接，制模浇捣翻边，翻边处地面应预先凿毛，采用细石混凝土浇捣，挡水翻边与墙体交接处应伸入墙体 20mm，并与地面统一做防水处理。靠墙安装的玻璃门五金合页，须预埋 3mm 厚镀锌铁件与结构墙体固定。(2) 挡水条靠淋浴房侧须做止口及倒坡，挡水条与墙面交接处须用云石胶嵌实。地沟宽度应根据地漏规格确定。淋浴房石材采用湿铺工艺铺贴。

010107.14 地面卫生间同层排水施工节点

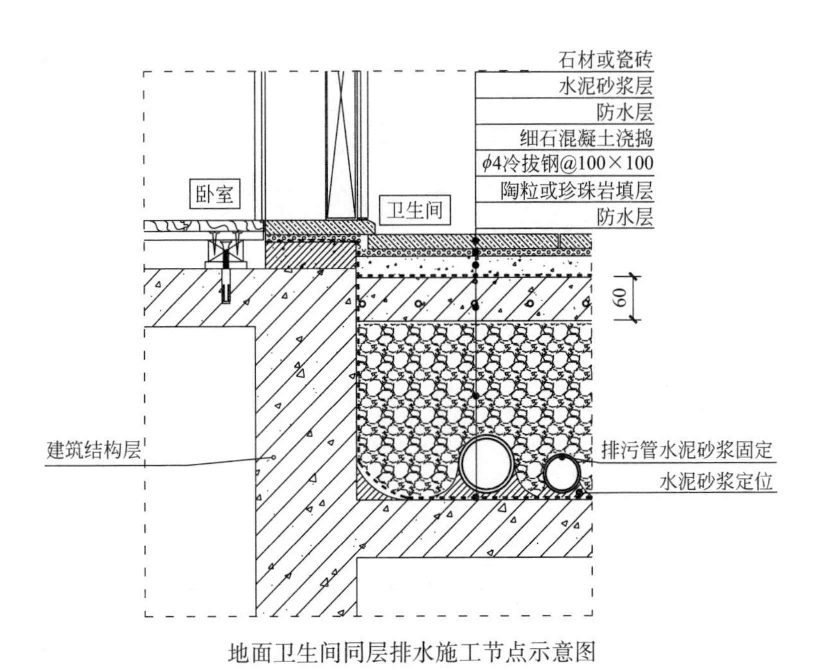

地面卫生间同层排水施工节点示意图

工艺说明

（1）原建筑结构面须进行防水处理，并做楼地面盛水试验。（2）排污管定位后用水泥砂浆固定，用陶粒或珍珠岩填层，上部须浇捣钢筋混凝土楼板，四周用圆钢植筋，再进行统一墙地面防水处理。

010107.15　防水基层处理施工节点

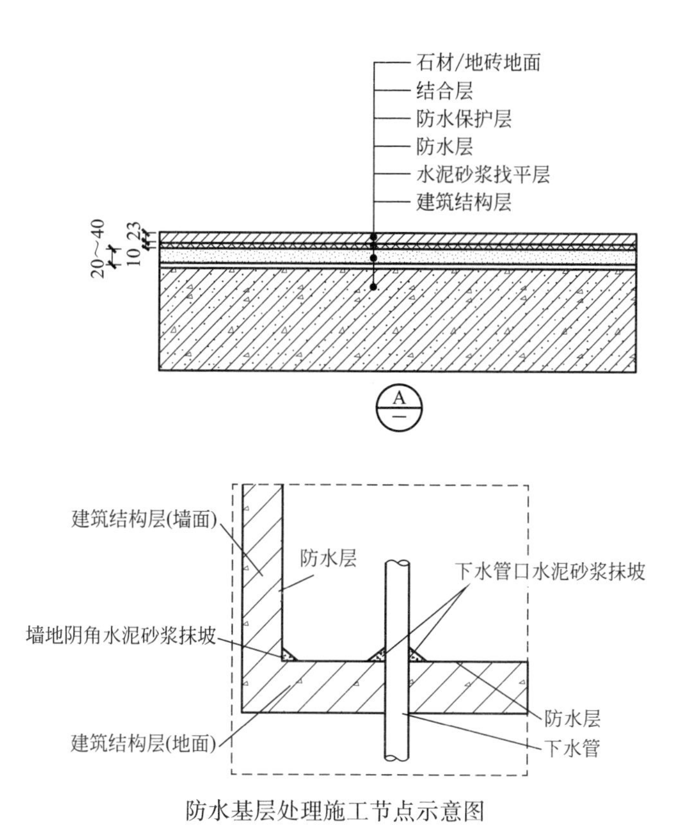

防水基层处理施工节点示意图

工艺说明

（1）原基层清理；（2）水泥砂浆找平层；（3）防水；（4）防水保护层，高度到地面砖或石材结合层。

010107.16 地坪冲筋施工节点

地坪冲筋施工现场图

门口处冲筋施工现场图

工艺说明

对房间内的结构楼板的标高进行复核，灰饼布置“先两头，后中间”，并按灰饼距离墙边小于300mm，灰饼纵向间距不大于1500mm进行灰饼设置；贯通灰饼，完成冲筋设置。复核冲筋体的标高；门口部位须独立冲筋，根据灰饼标高进行贯通冲筋设置。地坪浇筑前冲筋体须养护至少3d，并复核冲筋的标高；浇筑过程采用传统的2m大杠尺随时找平，初凝后再用铁抹子收光一次；施工重点关注墙角部、墙根部、户内门口、入户门口、阳台门口等部位的平整度控制。

010107.17　地面伸缩缝细部节点

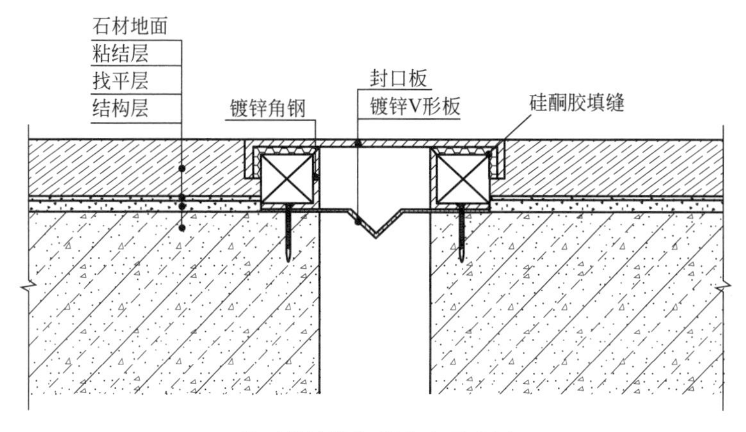

地面伸缩缝细部节点示意图

地面伸缩缝施工完成图

工艺说明

安装前对槽口进行修整，确保槽口的平直度和强度；伸缩缝盖板统一加工，安装时弹出控制线，要做到顺直一致、牢固，压向正确；角钢应与结构层固定牢固；伸缩缝盖板表面可根据装饰风格进行着色处理，应保证图案的连续性，确保装饰整体风格。

010107.18　钢架地台节点

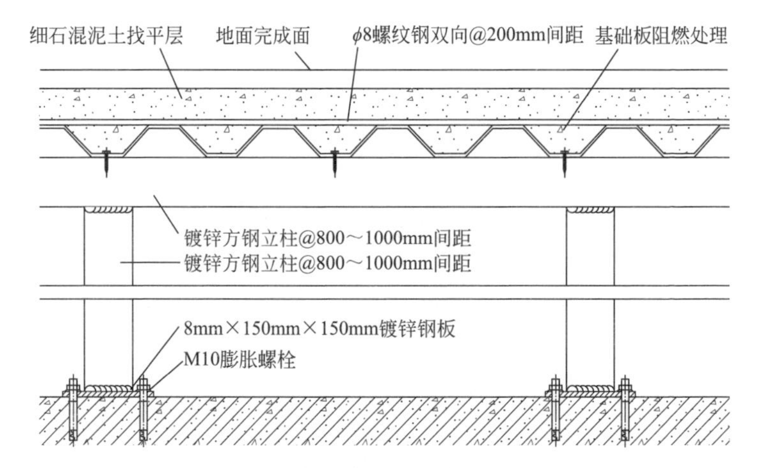

钢架地台节点示意图

钢架地台施工现场图

工艺说明

地台钢结构是一种钢结构构造，具有高强度、轻量化、易安装等优势，适用于各种地台工程。根据设计要求，地台越高，基层钢架越大；压型钢板厚度不建议小于2mm；钢筋规格建议大于ϕ6，间距小于400mm。这种方式被广泛用于地面走管架空、卫生间架空、做下沉空间、影音室、屋顶景观地面等。

第二节 • 墙、柱面装饰与隔断工程

010201 隔墙工程

010201.1 轻钢龙骨石膏板隔墙节点1

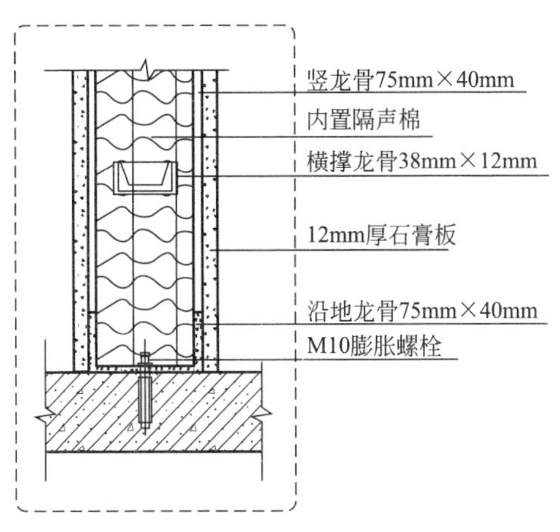

轻钢龙骨石膏板隔墙节点1示意图

工艺说明

(1) 弹线定位，应按弹线位置固定沿地、沿顶龙骨及边框龙骨，龙骨的边线应与弹线重合，龙骨间距不宜大于400mm；(2) 潮湿区域隔墙须做混凝土或砌体导墙；(3) 打孔定位应使用电锤打孔深度定位装置；(4) 预埋金属膨胀螺栓；(5) 安装龙骨先将竖骨进行分割（400mm等距），再将38主龙骨进行穿筋处理，使用水平件进行固定；(6) 安装石膏板，石膏板宜竖向铺设，长边接缝应安装在竖龙骨上；(7) 阴阳角处理及面层涂装，轻质隔墙与顶棚和其他墙体的交接处应采取防开裂措施。

010201.2　轻钢龙骨石膏板隔墙节点 2

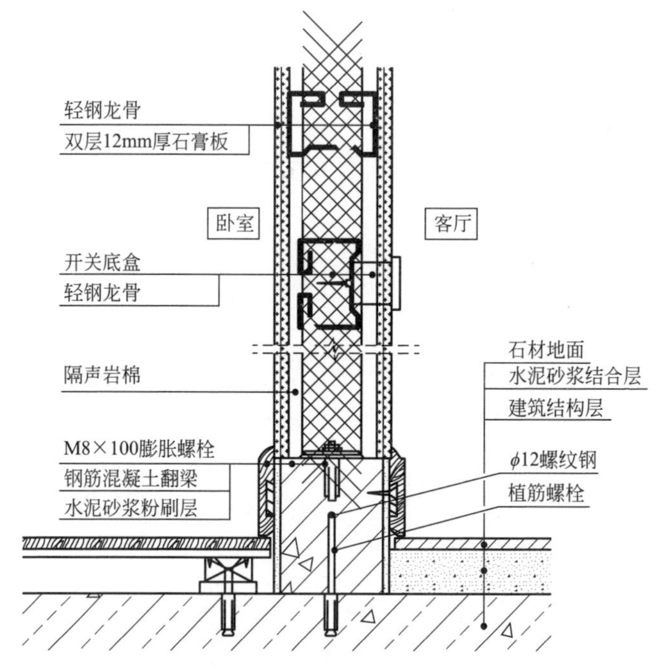

轻钢龙骨石膏板隔墙节点 2 示意图

工序

放样→基层处理→钢筋预植→制模→混凝土浇捣→隔墙龙骨安装→一侧石膏板安装→隔声棉安装→另一侧石膏板安装。

工艺说明

(1) 隔墙开关盒处内衬龙骨以便于开关盒固定，墙面有液晶电视或装饰画等处须内衬细木工板；(2) 隔墙内须填充隔声棉；(3) 隔墙钢筋混凝土地梁，须按设计图纸要求现场弹线，结构楼面预植 ϕ12 螺纹钢，间距不大于 450mm，在顶端处焊接 ϕ12 螺纹钢连接，制模浇捣翻边，翻处地面应预先凿毛，采用 C20 细石混凝土浇捣。

010201.3　钢架墙节点

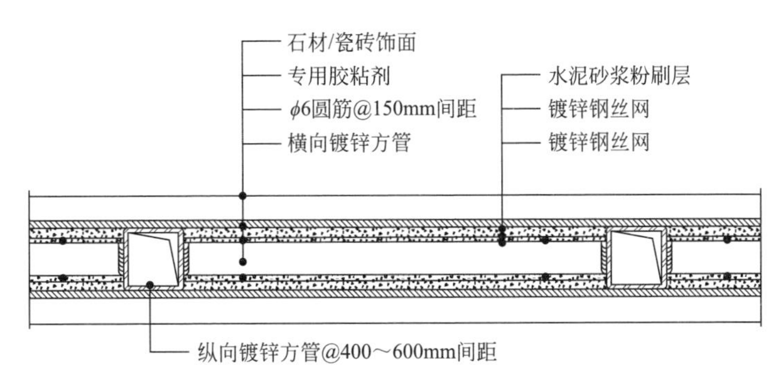

钢架墙节点示意图

工序

放样→基层处理→钢筋预植→制模→混凝土浇捣→隔墙钢架安装→水泥板安装→挂钢丝网水泥砂浆粉刷→石材/瓷砖安装。

工艺说明

（1）弹线定位，应按弹线位置放样，纵向镀锌方管间距400～600mm；（2）潮湿区域隔墙须做混凝土或砌体导墙；（3）打孔定位应使用电锤打孔深度定位装置；（4）预埋金属膨胀螺栓；（5）安装石材/瓷砖面板时要采用专用胶粘剂。

010201.4　包柱节点

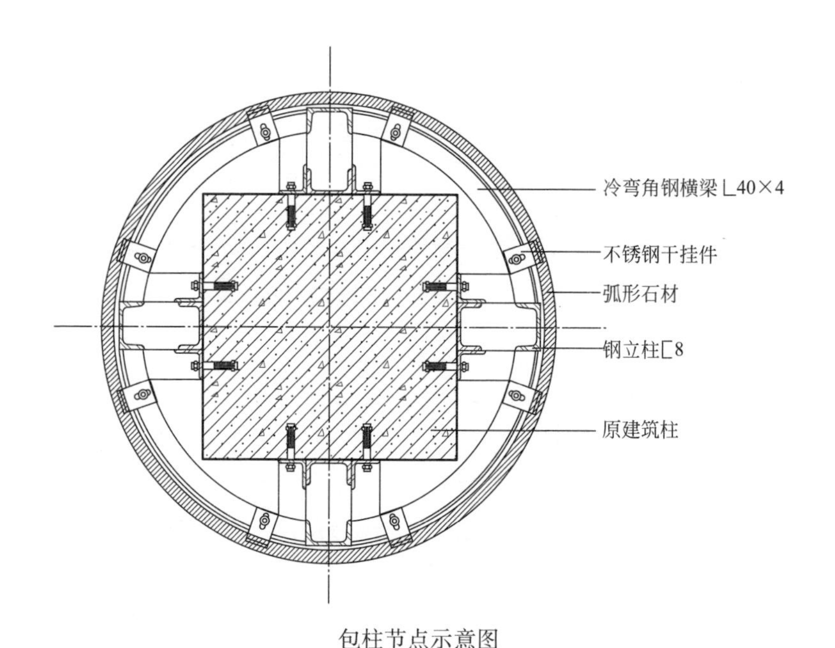

包柱节点示意图

工艺说明

（1）选用20mm厚石材，弧形石材排布按尺寸切割，表面做防护处理；（2）现场根据放线尺寸制作钢架基层；（3）固定不锈钢干挂件；（4）AB胶固定石材，安装完成；（5）近色云石胶补缝。

010201.5　墙面变形缝处理节点

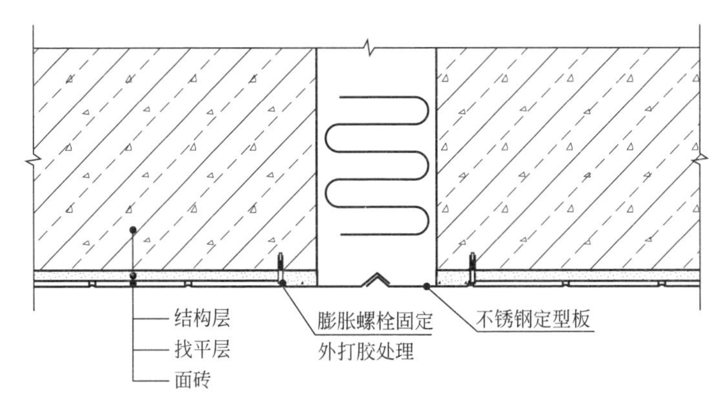

墙面变形缝处理节点示意图

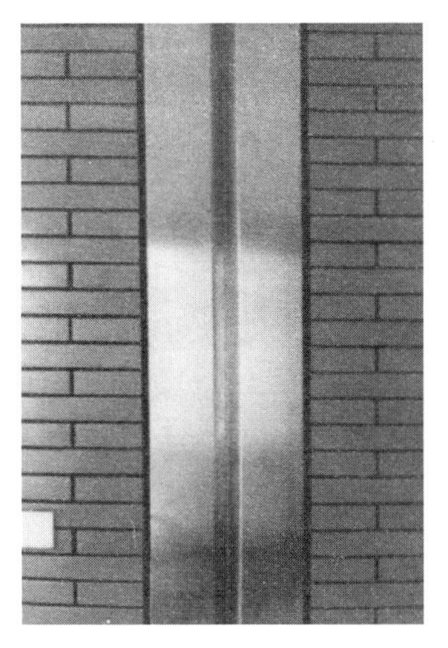

墙面变形缝处理施工现场图

工艺说明

变形缝两侧墙面粉刷平整一致，缝宽上下统一；严格控制不锈钢板的折边质量，加强进场后对不锈钢板的成品保护；不锈钢板安装牢固，两侧的打胶顺直平整、宽窄一致。

010202 一般抹灰面层

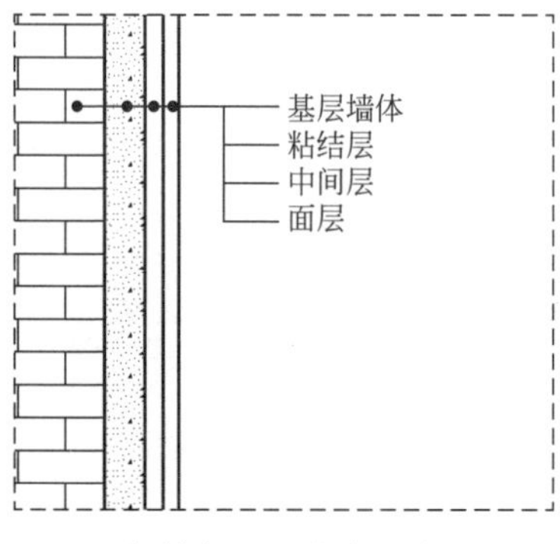

一般抹灰面层节点示意图

一般抹灰面层施工现场图

工艺说明

常用材料有石灰砂浆、水泥砂浆和混合砂浆等。底层应平整、清理干净，无空洞；抹灰应分层进行，不宜过厚；不同材料基体交接处抹灰，应采取防止开裂的加强措施。

010203 腻子施工节点

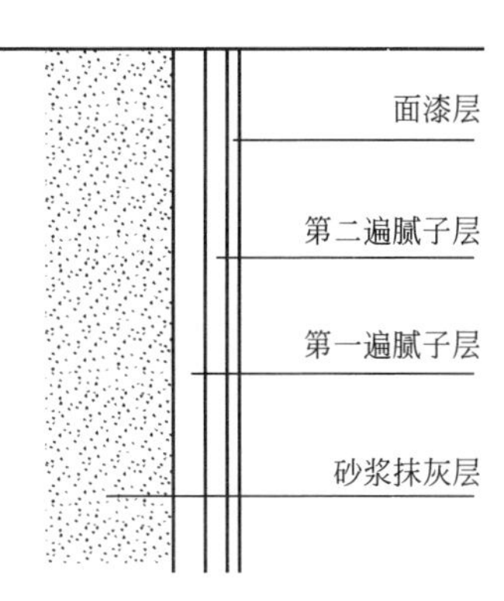

腻子施工节点示意图

工艺说明

（1）墙面清理必须彻底处理完成空鼓开裂、大小头等质量问题，禁止在腻子施工阶段仍有土建修补作业；（2）成品腻子必须集中配置；（3）腻子修补打磨宜采用机械打磨；（4）施工前必须在阴阳角上双面弹线，阴阳角修复须使用铝合金方通及专用阴阳角工具施工；（5）窗框边、砖边采用美纹纸粘贴保护。

010204 墙、柱面块料面层

010204.1 饰面石材（砖）安装

010204.1.1 石材干挂安装

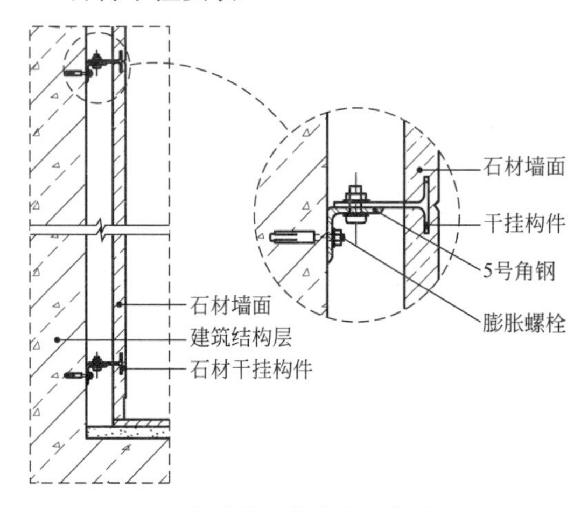

石材干挂安装节点示意图

石材干挂安装节点施工现场图

工艺说明

所有型钢规格符合国家标准，镀锌处理，焊接部位做防锈处理。不锈钢石材挂件钢号为202以上，沿海项目须采用304钢号连接配件。石材厚度要求在20mm以上。

010204.1.2 石材灌浆安装

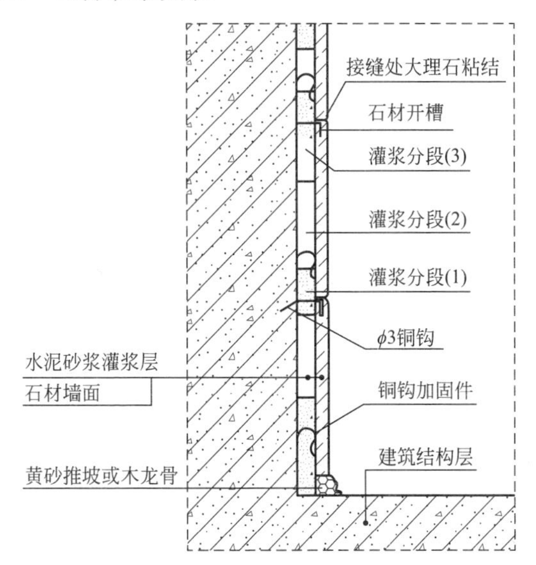

石材灌浆安装节点示意图

石材灌浆安装施工现场图

工艺说明

墙面石材采用湿挂灌浆工艺，用铜丝连接分层灌浆形式安装，第三层灌浆至低于石板上口 50mm 处为止。石材采用 42.5 级普通硅酸盐水泥混合中砂或粗砂（含泥量不大于 3%），1∶3 配比作为结合层。

010204.1.3 石材木基层粘贴安装

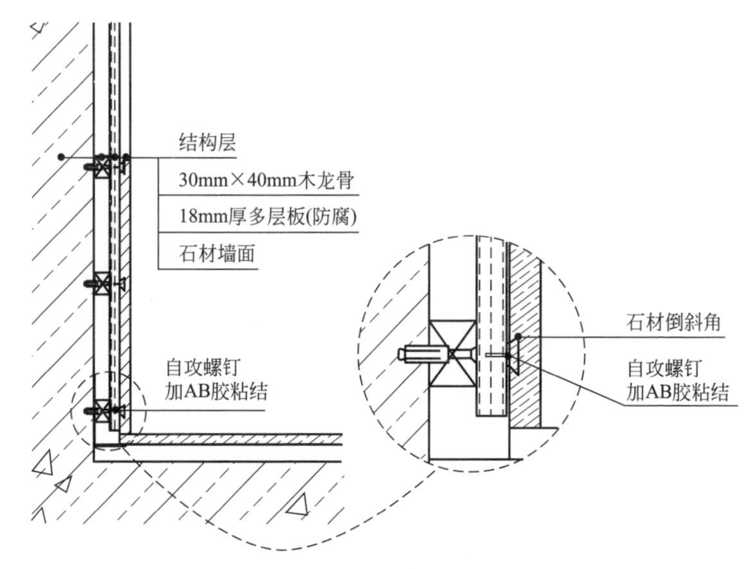

石材木基层粘贴安装节点示意图

石材木基层粘贴安装施工现场图

工艺说明

石材面与木基层结合须用AB胶粘结，并结合不锈钢自攻螺钉使其固定，石材背面应挖成倒八字形孔，木基层须做防腐处理。

010204.1.4　面砖铺贴安装

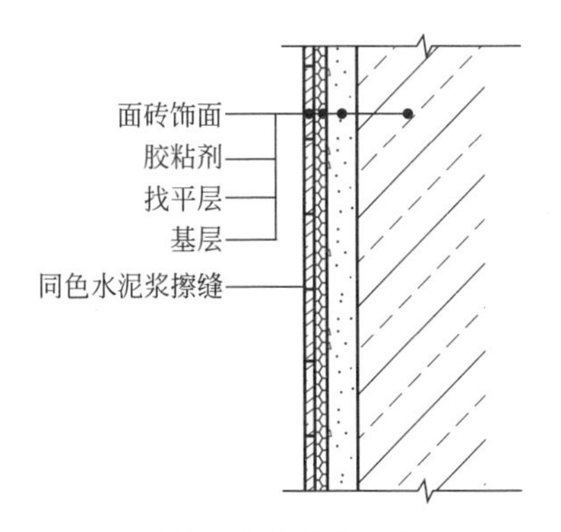

面砖铺贴安装节点示意图

面砖铺贴安装施工现场图

工艺说明

墙面面砖的饰面施工，应先做好放样排布；倒角处理应精细，保持角度一致，不碎角；面砖的背部宜做预处理，保证面砖与基层的粘结强度，防止空鼓。

010204.1.5 陶瓷锦砖铺贴安装

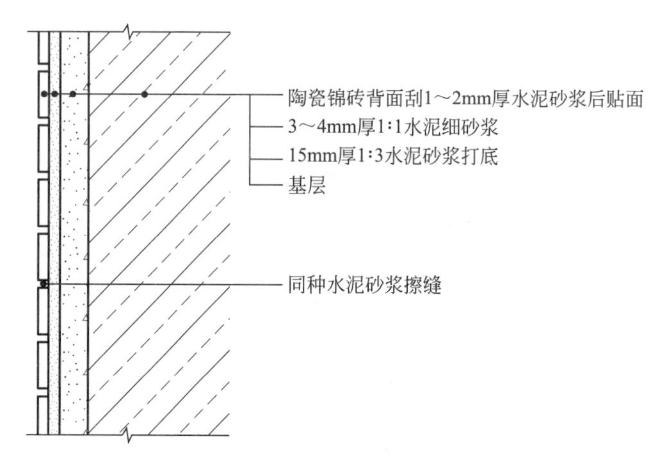

陶瓷锦砖铺贴安装节点示意图

陶瓷锦砖铺贴安装施工完成图

工艺说明

贴陶瓷锦砖前应放出施工大样，根据高度弹出若干条水平线以及垂直线。陶瓷锦砖贴完后，将水拍板紧靠衬纸面层，用小锤敲木板，做到满拍、轻拍、拍实、拍平，使其粘结牢固、严整。

010204.1.6　墙柱面石材阳角收口节点

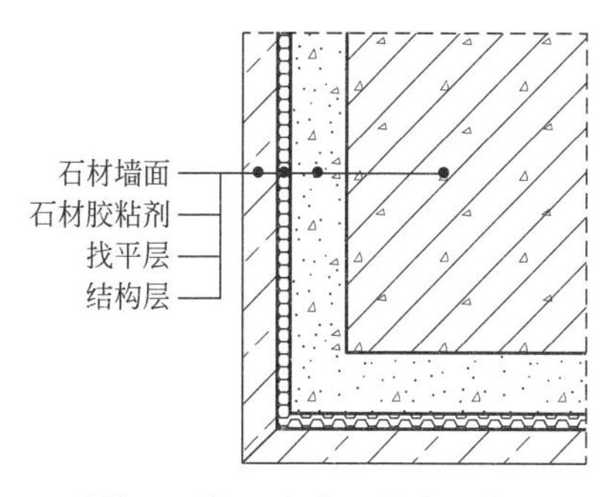

墙柱面石材阳角收口节点示意图

墙柱面石材阳角收口施工完成图

工艺说明

墙柱面石材阳角收口均须45°拼接对角处理；待墙柱面石材全部铺贴完成后，须调制与石材同色的云石胶做勾缝处理，勾缝必须严密；墙柱面石材阳角按设计要求加工。

010204.1.7 墙柱面石材阴角收口节点

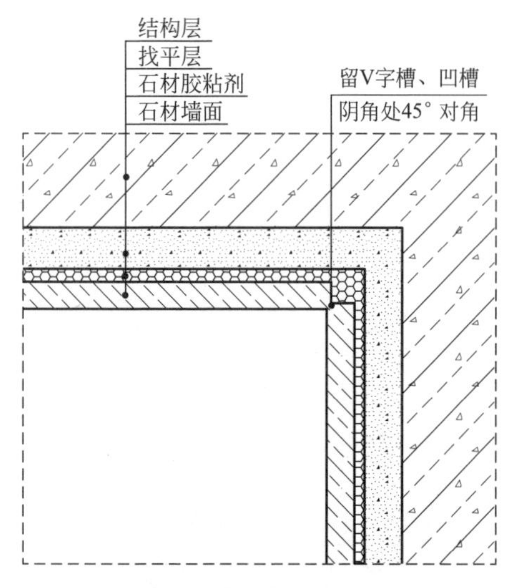

墙柱面石材阴角收口节点示意图

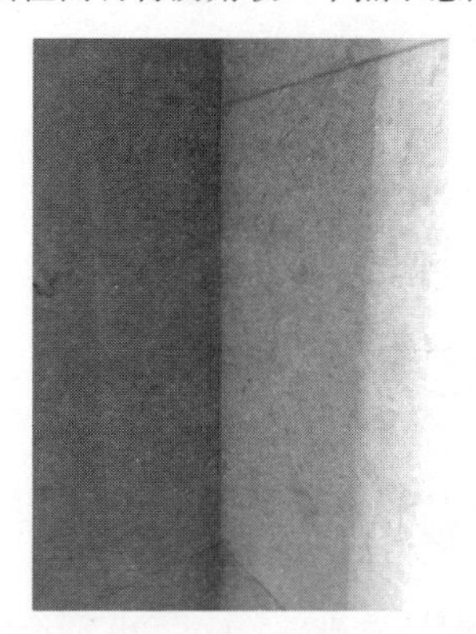

墙柱面石材阴角收口施工现场图

工艺说明

石材墙柱面有横缝时（如V字槽、凹槽），阴角收口均须45°（角度稍小于45°，以利于拼接）拼接处理，应在工厂内加工完成。

010204.1.8 墙柱面石材U形槽排布

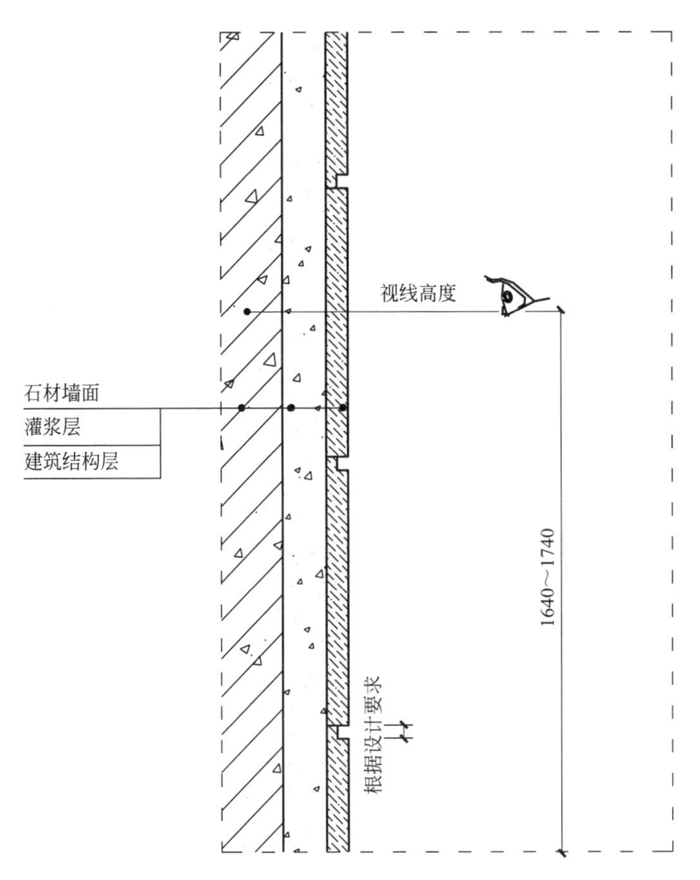

墙柱面石材U形槽排布示意图

工艺说明

石材墙面横缝，须根据人体的视线高度排布。

010204.1.9　石材（砖）检修门节点

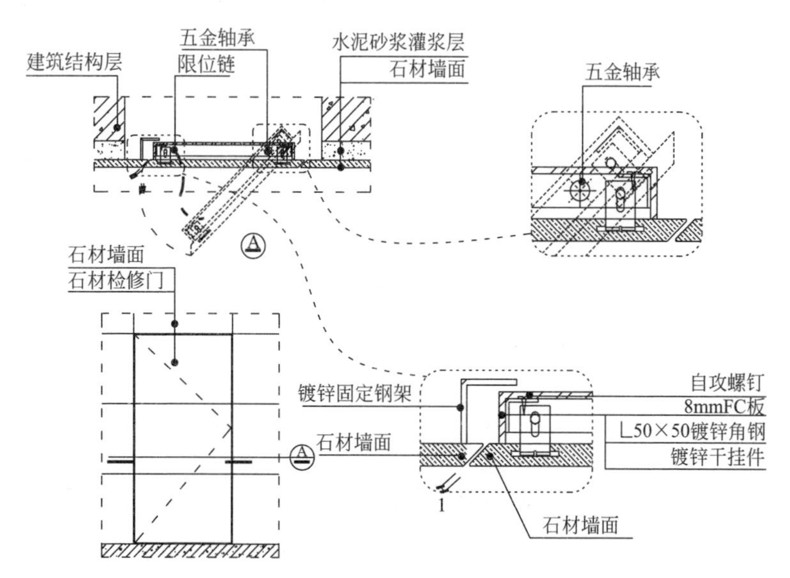

石材（砖）检修门节点示意图

工艺说明

（1）石材暗门须采用镀锌角钢，角钢大小及滚珠轴承大小根据门体的自重选定，焊接部位做防锈处理。（2）石材干挂或安装，门边、框边切割面须抛光处理，钢架面采用防潮板包封。为防止门与边框碰撞，会使石材破损，须在门与框之间安装限位链。

010204.1.10　卫生间玻璃隔断与大理石墙面交接施工节点

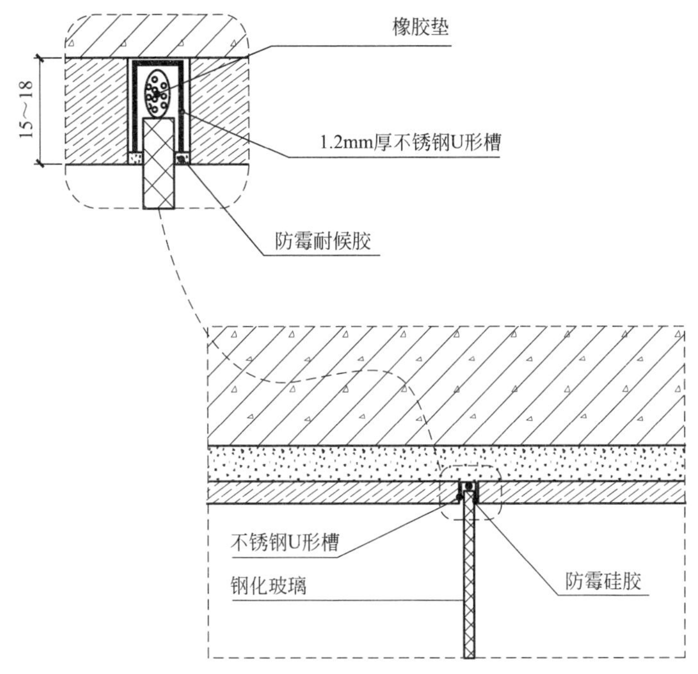

卫生间玻璃隔断与大理石墙面交接施工节点示意图

工艺说明

（1）淋浴房玻璃安装前，在两块石材间预埋U形不锈钢槽，用AB胶粘结固定，把玻璃嵌入槽内，接缝处打透明防霉硅胶；（2）U形不锈钢宽比玻璃厚度每边大1～2mm，深为15～18mm，壁厚不小于1.2mm；（3）玻璃四周须磨边处理。

010204.1.11 石材玻璃木饰面交接节点

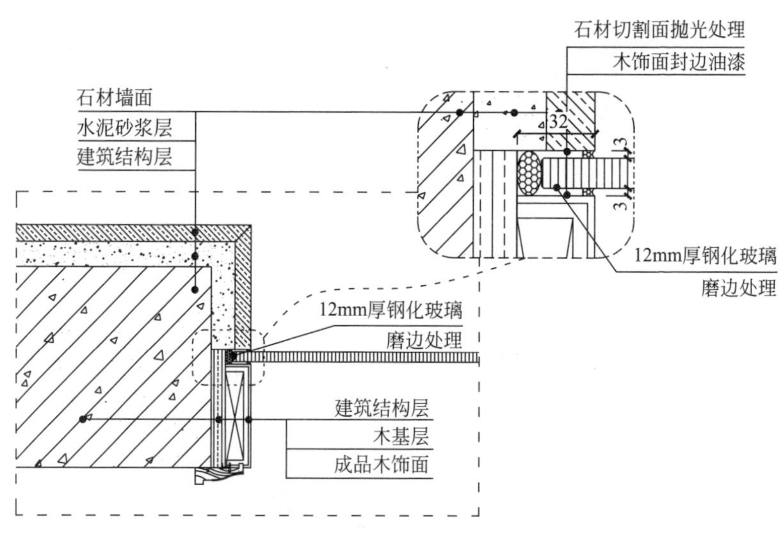

石材玻璃木饰面交接节点示意图

工艺说明

(1) 玻璃安装时凹槽内须嵌橡胶垫，外用耐候胶收口；(2) 石材侧面须抛光处理，木材侧面须油漆；(3) 凹槽留缝为玻璃每边预留 2～3mm 宽；(4) 玻璃四边须磨边处理。

010204.1.12　石材与石膏板涂料天花收口节点

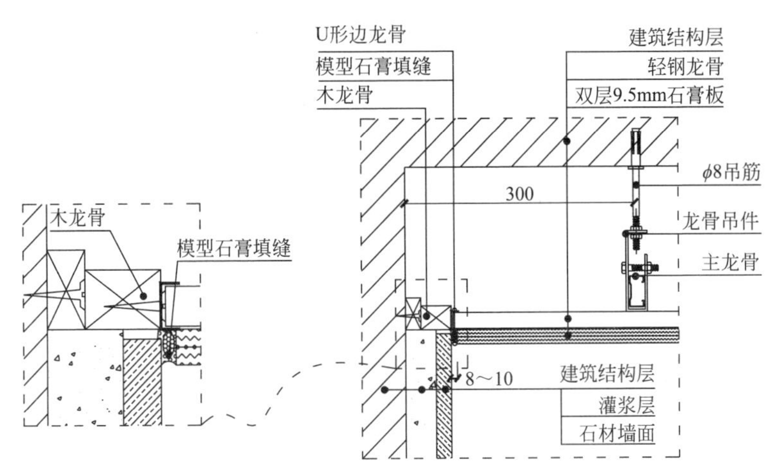

石材与石膏板涂料天花收口节点示意图

工艺说明

石材与石膏板收口处留缝8～10mm，用模型石膏填缝。

010204.1.13　石材/瓷砖湿贴墙面节点（钢架墙体）

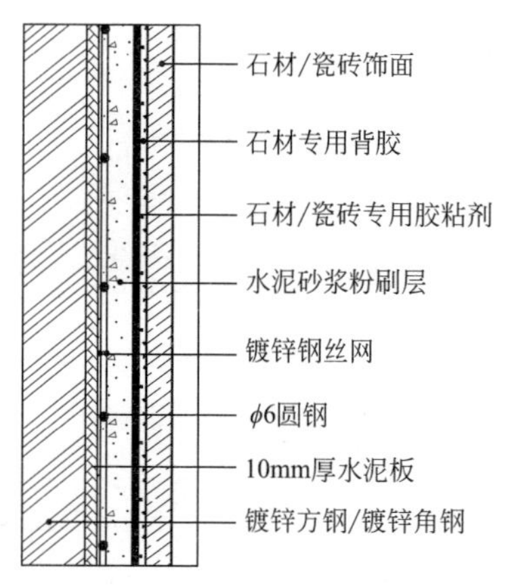

石材/瓷砖湿贴墙面节点（钢架墙体）示意图

工艺说明

（1）基层处理，钢架基层上封10mm厚水泥板；（2）横向铺ϕ6圆钢，水泥板挂钢丝网；（3）10mm厚1∶3水泥砂浆打底，应分层、分遍抹砂浆，随抹随刮平抹实，用木抹搓毛；（4）按图纸要求，石材/瓷砖规格结合现场实际条件进行排布弹线；（5）石材/瓷砖刷专用背胶，安装过程中使用专用胶粘剂；（6）安装完成后用近色勾缝胶进行勾缝。

010204.2　饰面板安装

010204.2.1　木龙骨人造板基层硬包安装

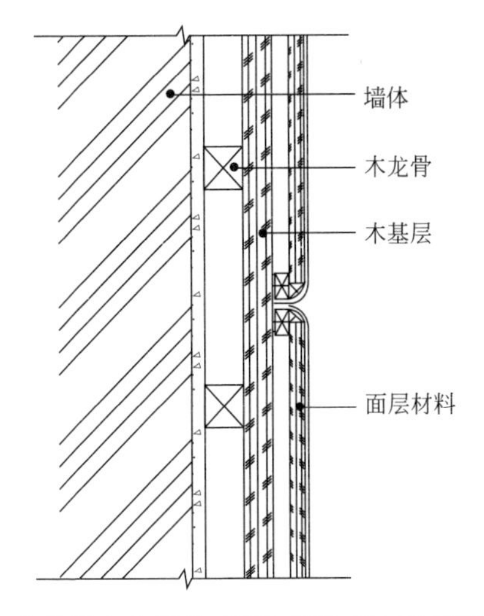

木龙骨人造板基层硬包安装节点示意图

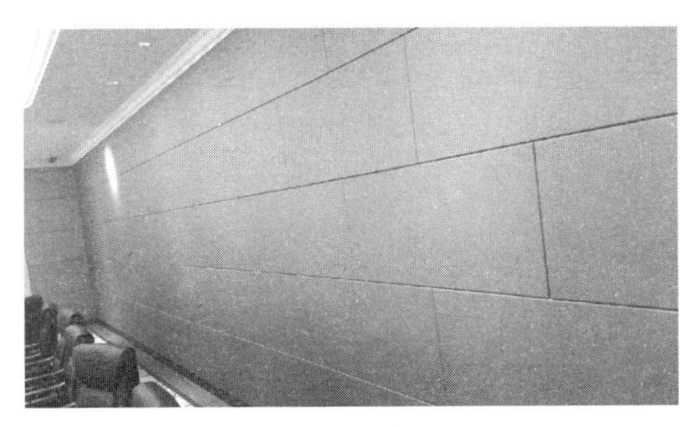

木龙骨人造板基层硬包安装施工完成图

工艺说明

硬包宜采用工厂化制作，现场安装；硬包基层板宜用九厘板或十二厘板，饰面材料宜采用阻燃型布艺、人造皮革或真皮；在硬包拼装过程中，应加强检查验收工作，及时修整捻边松紧及边缝宽窄。

010204.2.2　墙面软包安装

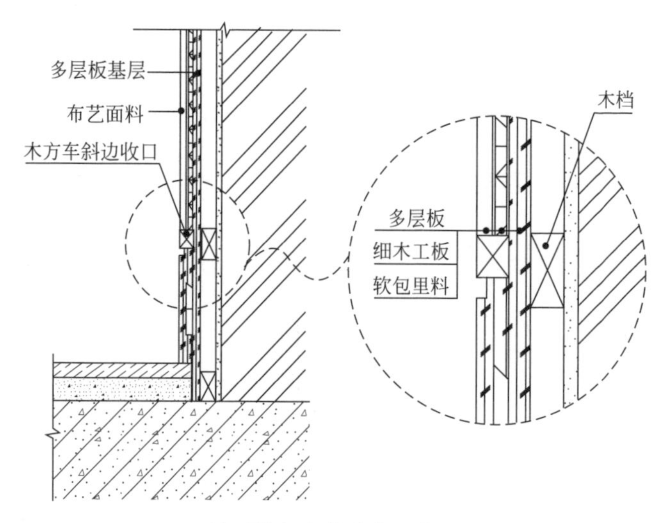

墙面软包安装节点示意图

墙面软包安装施工完成图

工艺说明

面料、木基层、海绵经阻燃处理，达到防火要求；软包应设置边框，框内填充海绵，用强力胶粘结；面料应对花纹布置，安装时应衬底布，拼装应挺括，无波纹起伏和褶皱。

010204.2.3　墙面软包收边节点

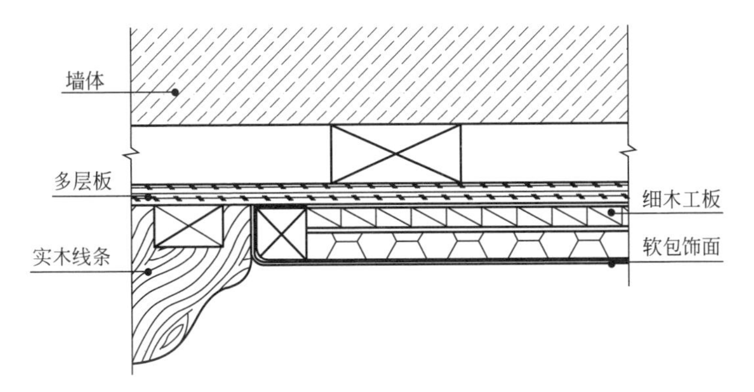

墙面软包收边节点示意图

墙面软包收边施工完成图

工艺说明

收边线条由工厂加工制作，应确保尺寸准确、边角顺直，防止变形，木饰面线条采用卡式固定，并与基层粘合，且与软包层接缝应严密。

010204.2.4　成品木饰面安装

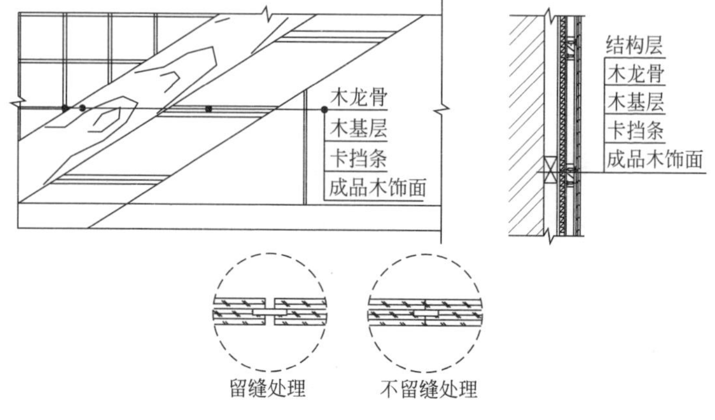

成品木饰面安装节点示意图

成品木饰面安装施工完成图

工艺说明

木基层应做好防火、防腐处理，基层的木卡档要求安装牢固，成品木饰面背面应做防潮处理。木饰面安装为贴平往上的安装方式，踢脚线在木饰面安装完毕后施工。

010204.2.5　木墙裙安装

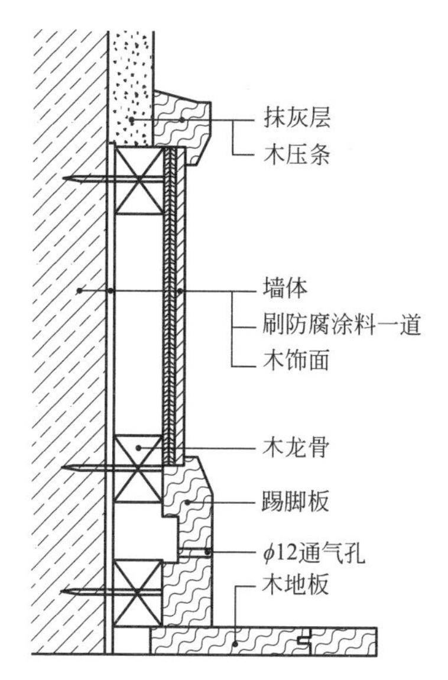

木墙裙安装节点示意图

木墙裙安装施工完成图

工艺说明

木压条、踢脚板及木饰面板均采用成品木制品，工厂化加工；木龙骨须经防腐处理，木压条用强力胶与木龙骨粘牢；木龙骨、踢脚板应按规范要求预置通气孔。

010204.2.6　木饰面圆柱安装

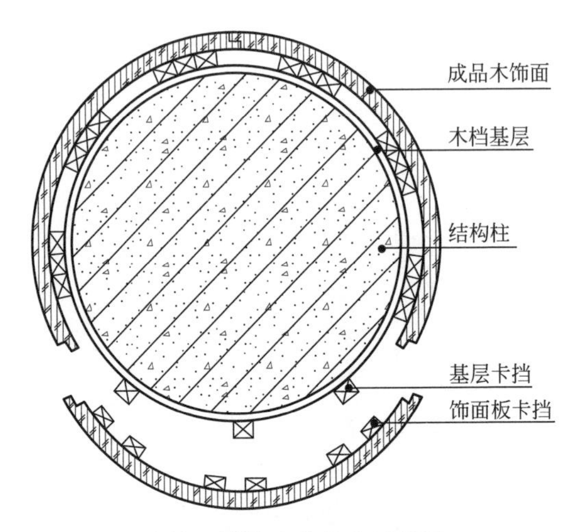

木饰面圆柱安装节点示意图

木饰面圆柱安装施工完成图

工艺说明

木饰面和木档基层含水率控制在12%以下，并做好防火防腐处理，安装时饰面的背面竖向卡挡与基层的竖向卡挡相连接，并用泡沫胶固定。

010204.2.7　拉丝不锈钢墙面

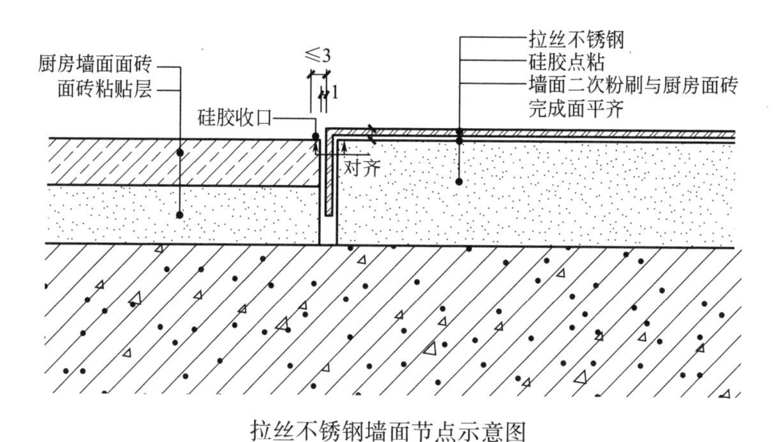

拉丝不锈钢墙面节点示意图

工艺说明

（1）二次粉刷部位厚度控制与瓷砖完成面平齐；（2）不锈钢板与粉刷基层采用硅胶点粘固定；（3）瓷砖与不锈钢板间距1mm；（4）瓷砖与不锈钢板之间打硅胶收头，硅胶宽度小于等于3mm。

010204.2.8　木饰面挂板墙面节点

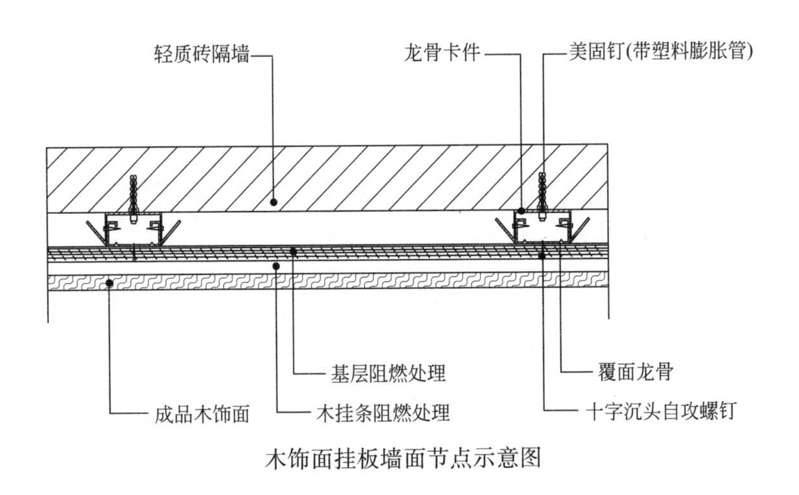

木饰面挂板墙面节点示意图

工艺说明

（1）12mm 厚多层板基层（刷防火涂料 3 遍），用自攻螺钉与轻钢龙骨固定，内部加隔声棉；（2）木饰面挂条中距 600mm，用枪钉与多层板固定；（3）木饰面挂条背面刷胶与木饰面用枪钉固定；（4）木饰面卡件安装，木饰面平整度调整。

010204.2.9 金属挂板墙面节点

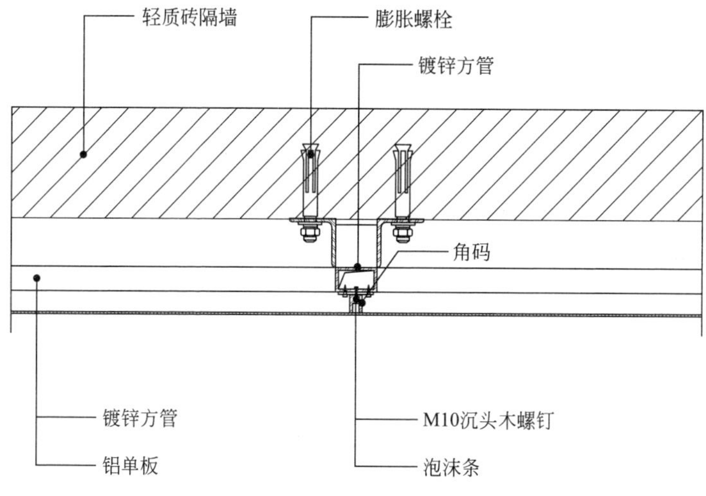

金属挂板墙面节点示意图

工艺说明

（1）按照现场排布方案布置，用膨胀螺栓将角码固定在墙体上，竖向方管采用电焊工艺与角码连接，横向方管与竖向方管电焊焊接；（2）铝板专用角码采用 M10 沉头木螺钉与方管固定，内嵌泡沫条；（3）安装金属挂板。

010204.2.10 金属薄板粘贴墙面节点

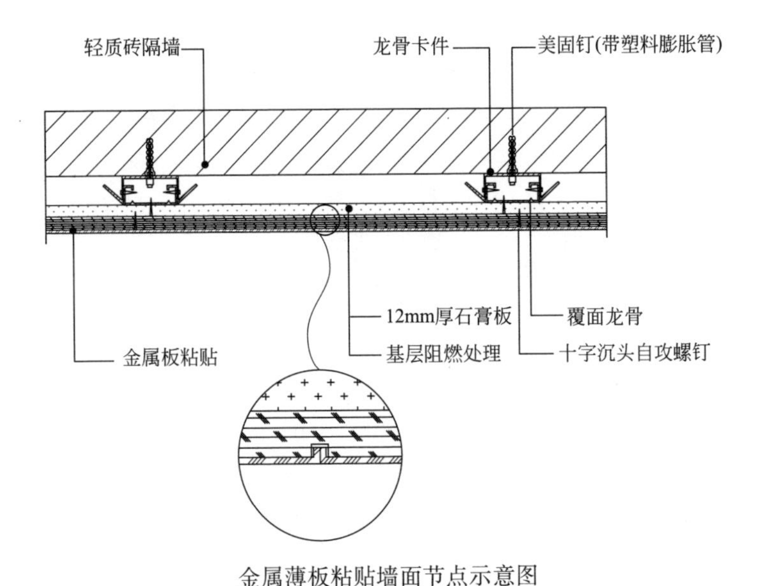

金属薄板粘贴墙面节点示意图

工艺说明

（1）在轻钢龙骨隔墙内嵌隔声棉基层基础上，用自攻螺钉将12mm厚石膏板和多层板（刷防火涂料3遍）固定在轻钢龙骨钢架上；（2）采用专用胶将金属板粘结固定。

010204.2.11 玻璃饰面墙面节点

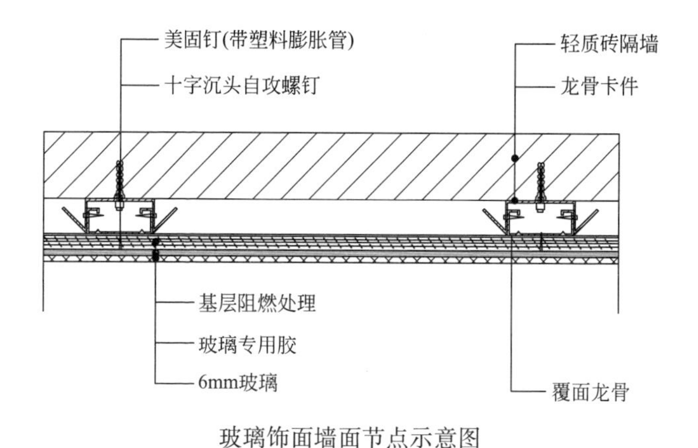

玻璃饰面墙面节点示意图

工艺说明

（1）用美固钉（带塑料膨胀管）将龙骨卡件固定在轻质砖隔墙上；（2）玻璃基层采用 12mm 厚石膏板和多层板（刷防火涂料 3 遍），用自攻螺钉固定；（3）安装玻璃时采用专用玻璃胶。

010204.2.12　GRG/GRC 挂板墙面节点

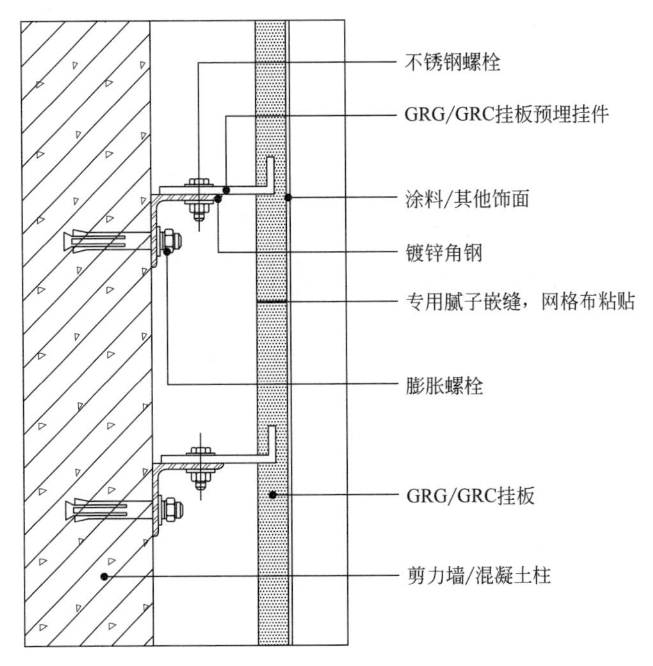

GRG/GRC 挂板墙面节点示意图

工艺说明

所有型钢规格符合国家标准，镀锌处理，焊接部位做防锈处理。

010204.2.13　木质吸声板墙面节点

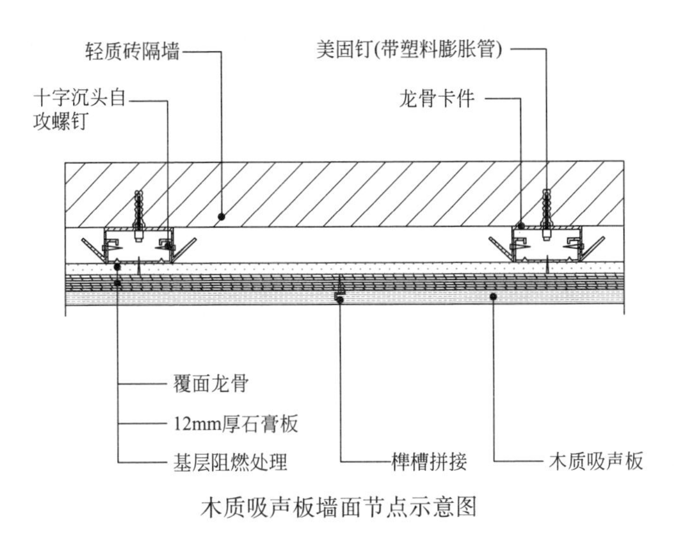

木质吸声板墙面节点示意图

工艺说明

（1）用美固钉（带塑料膨胀管）将龙骨卡件固定在轻质砖隔墙上，安装覆面龙骨；（2）12mm厚石膏板和多层板（刷防火涂料3遍）用自攻螺钉固定在覆面龙骨上；（3）安装木质吸声板时采用榫槽拼接。

010204.2.14 装配式饰面板安装节点（面板之间无装饰线条）

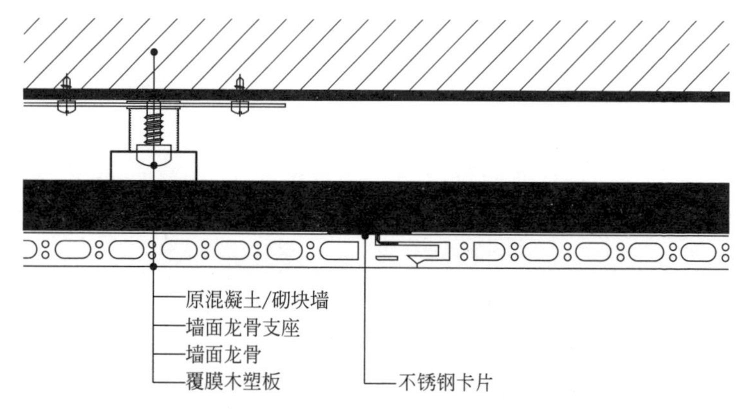

装配式饰面板安装节点（面板之间无装饰线条）示意图

装配式饰面板安装（面板之间无装饰线条）施工完成图

工艺说明

（1）在原墙体较平整的情况下，将不锈钢卡件固定至墙面，竖向间距不得大于600mm，再将装配式饰面板卡至不锈钢卡片中固定。（2）在墙面不平整的情况下，安装调平龙骨，将调平龙骨水平安装在墙面上，龙骨竖向间距不得大于600mm，再将装配式饰面板卡至不锈钢卡片中固定。

010204.2.15　装配式饰面板安装节点（面板之间有装饰线条）

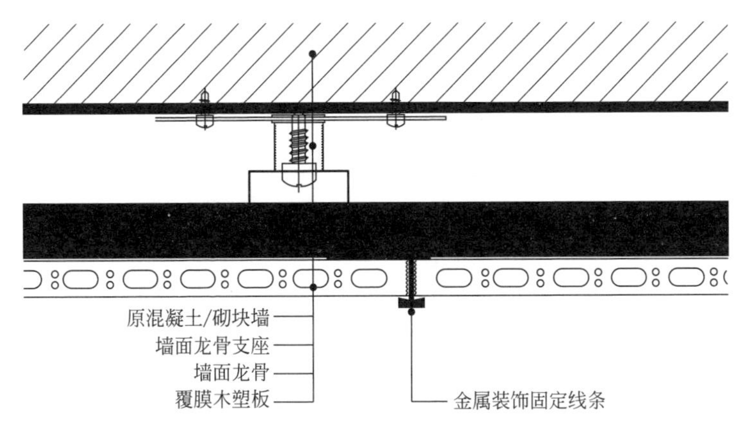

装配式饰面板安装节点（面板之间有装饰线条）示意图

装配式饰面板安装（面板之间有装饰线条）施工现场图

工艺说明

（1）在原墙体较平整的情况下，将金属装饰线条固定至墙面，再将装配式饰面板卡至金属装饰线条中固定。（2）在墙面不平整的情况下，安装调平龙骨，将调平龙骨水平安装在墙面上，龙骨竖向间距不得大于600mm，再将装配式饰面板卡至金属装饰线条中固定。

010204.2.16 装配式踢脚线安装节点

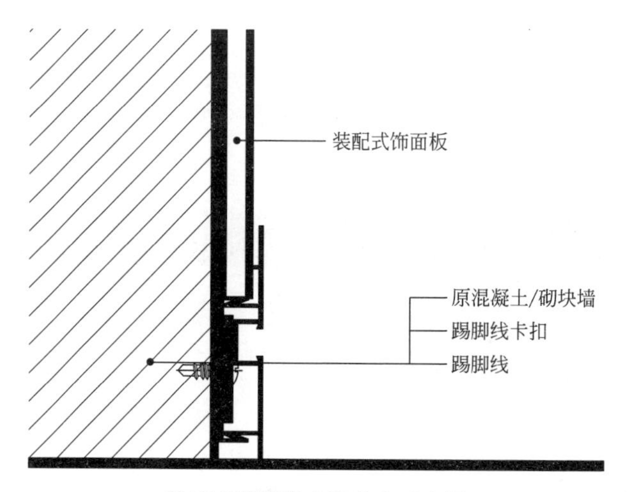

装配式踢脚线安装节点示意图

装配式踢脚线安装施工完成图

工艺说明

（1）在原墙面平整或已找平的情况下，将装配式踢脚线卡扣固定在墙面。（2）将配套踢脚线卡至卡扣配件上固定并调整平整度。

010204.3　油漆、涂料、裱糊工程

010204.3.1　不同材质隔墙涂料施工节点

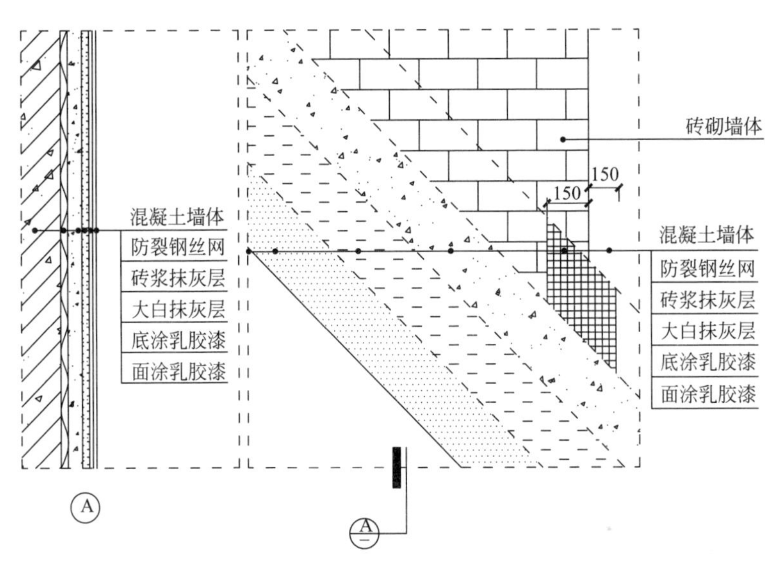

不同材质隔墙涂料施工节点示意图

工艺说明

不同墙体之间须加钢丝网防开裂，钢丝网覆盖墙体每边不少于150mm。

010204.3.2 木饰面油漆施工节点

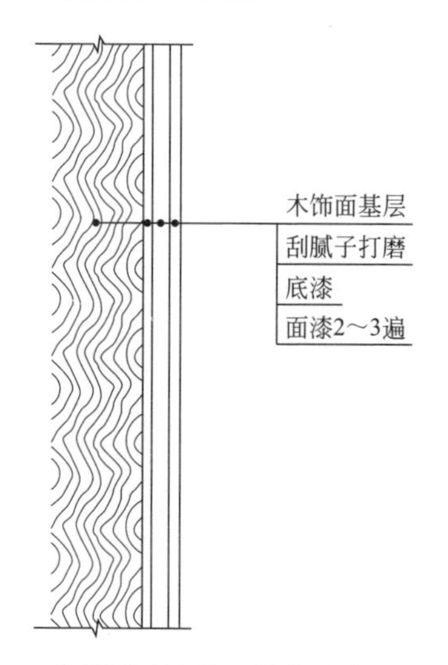

木饰面油漆施工节点示意图

木饰面油漆施工完成图

工艺说明

基层腻子应刮实、磨平达到牢固，无粉化、起皮和裂缝，溶剂型涂料应涂刷均匀、粘结牢固，不得漏涂，无透底、起皮和反锈。有水房间应采用耐水性的腻子，后一遍涂料必须在前一遍涂料干燥后进行。

010204.3.3　黏土砖墙面壁纸施工节点

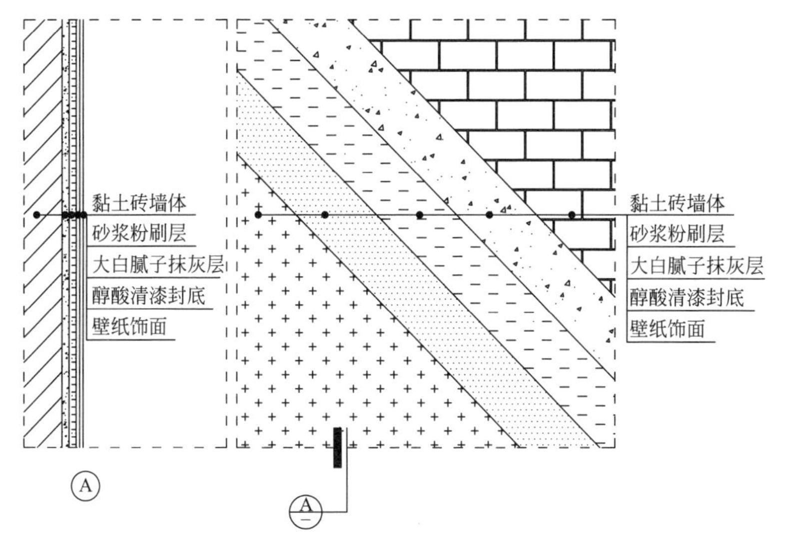

黏土砖墙面壁纸施工节点示意图

工序

基层处理→喷、刷胶水→填补缝隙、局部刮腻子→吊顶拼缝处理→吊直、套方、弹线→满刮腻子→腻子面清漆→计算用料、裁纸（按幅下料）→刷胶→裱糊→修整。

工艺说明

（1）墙面批灰基层完成后须刷醇酸清漆 2 遍，批灰腻子里须加 10％的清漆。（2）在墙面管线槽部位、砌体开裂部位，先采用专用修补砂浆修补，再用专用界面剂处理，贴网格布或贴纸带。

010204.3.4 轻质砖墙面壁纸施工节点

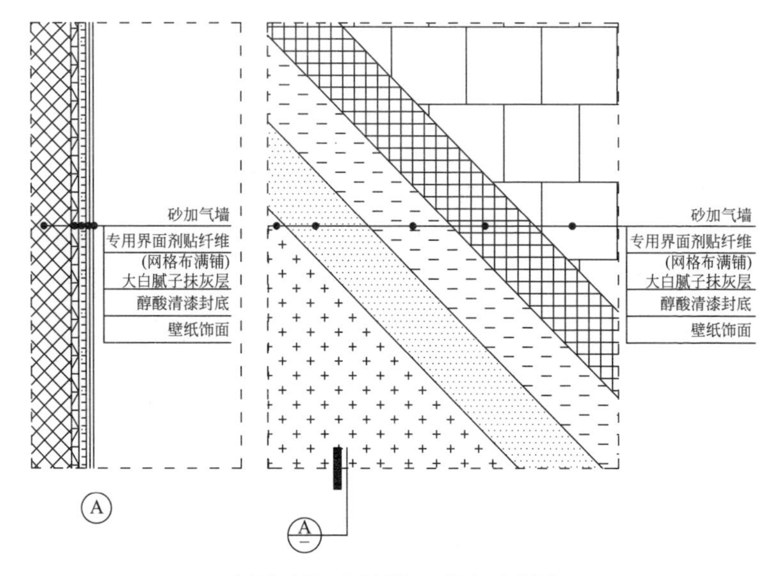

轻质砖墙面壁纸施工节点示意图

工序

基层处理→纤维网格布专用界面剂满铺→吊顶拼缝处理→吊直、套方、弹线→满刮腻子→腻子面清漆→计算用料、裁纸→刷胶→裱糊→修整。

工艺说明

(1) 轻质砖墙面要求用网孔为5mm×5mm玻璃纤维网格布满铺，用专用界面剂薄层灰泥刮贴，厚度不宜超过3mm。(2) 墙面批灰基层完成后需刷醇酸清漆2遍，批灰腻子里须加10%的清漆。(3) 在墙面管线槽部位、砌体开裂部位，先采用专用修补砂浆修补，再用专用界面剂处理，贴网格布或贴纸带。

010204.4　玻璃隔断工程

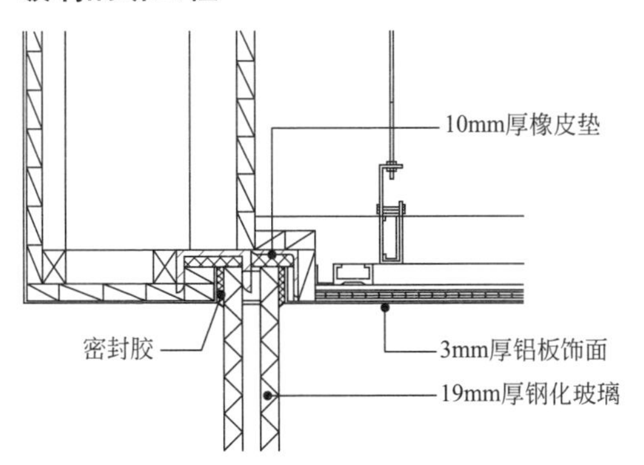

玻璃隔断节点示意图

玻璃隔断施工完成图

工序

定位放线→预埋件安装→立柱固定→夹槽安装→安装玻璃→防撞栏杆安装→硅酮胶封闭→清理→保护。

工艺说明

（1）沿顶和沿地龙骨与主体结构连接牢固，保证隔断的整体性。（2）龙骨在安装时标高定位要准。施工时应拉通线，做到标高位置正确。按照设计要求和玻璃规格正确分格。（3）天地龙骨与周边大龙骨连接方法、主龙骨与小龙骨连接方法，都应符合设计和施工规范的要求。（4）压条缝隙宽窄应一致，施工时应注意玻璃规格，分块尺寸，安装位置应正确。

010204.5 墙面零星工程

010204.5.1 墙面阳角收口节点

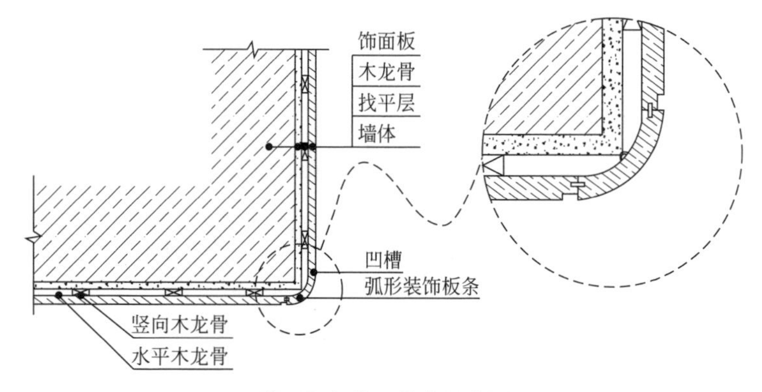

墙面阳角收口节点示意图

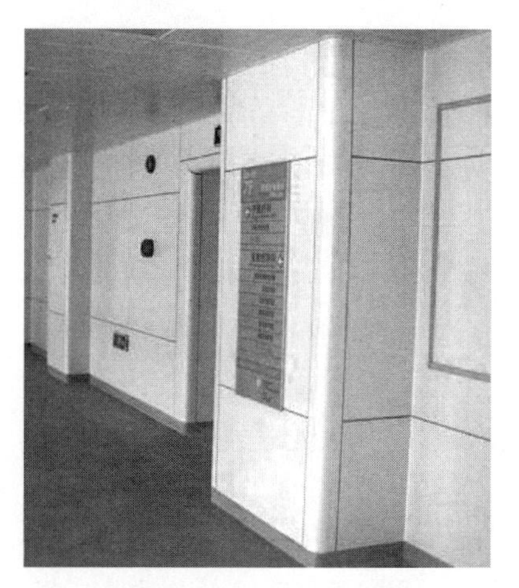

墙面阳角收口施工完成图

工艺说明

阳角弧形装饰条采用凹槽的过渡处理，减少与平面交接处收口的难度。平面装饰板用分隔线分隔成条块状，弧形装饰条与踢脚线上口接缝应严密。

010204.5.2　柱脚细部收口节点

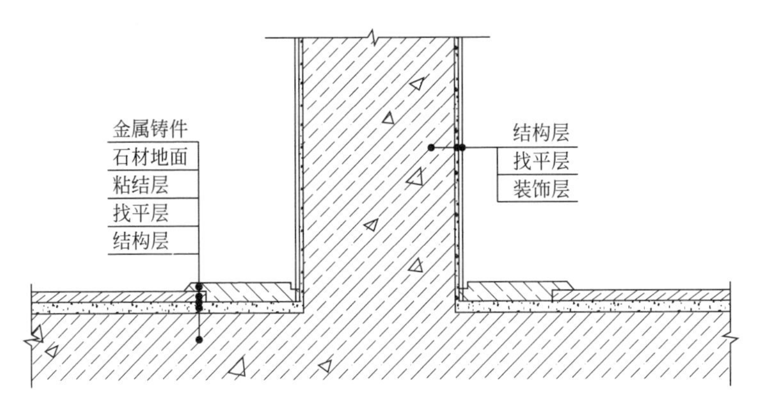

柱脚细部收口节点示意图

柱脚细部收口施工完成图

工艺说明

根据设计及现场实际结构尺寸，定制配套的金属板。金属板固定可采用环氧类胶粘剂，金属板之间的组合应确保表面平整、拼花图案对称一致。

010204.5.3　装配式饰面板阳角安装节点

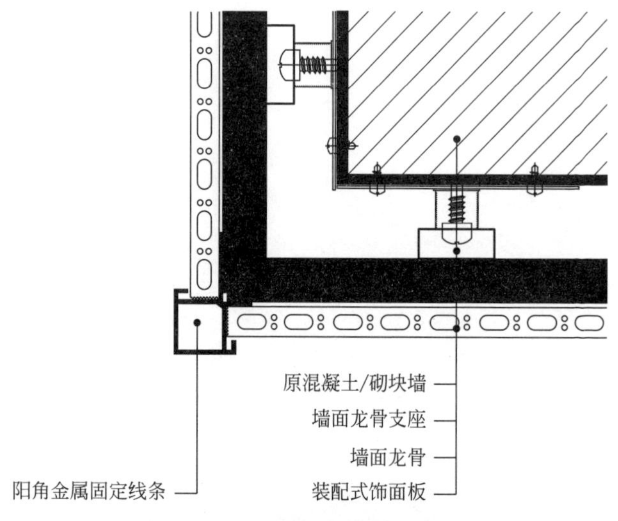

装配式饰面板阳角安装节点示意图

装配式饰面板阳角安装施工完成图

工艺说明

将阳角金属线条固定于原墙阳角或找平层阳角上。将装配式饰面板卡进阳角金属线条内固定。

第三节 • 吊顶装饰工程

010301 顶棚吊顶

010301.1　轻钢龙骨石膏板吊顶

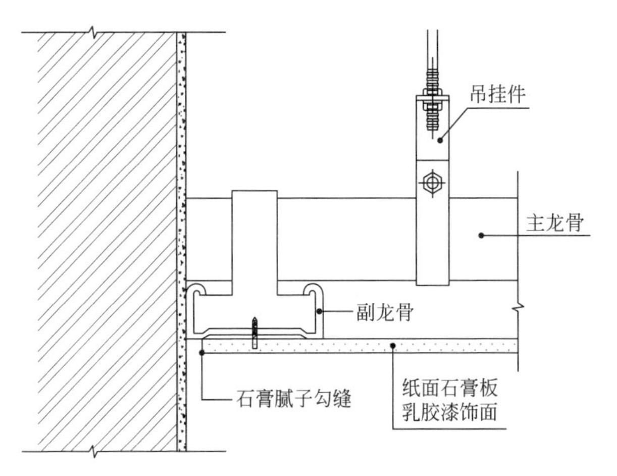

轻钢龙骨石膏板吊顶节点示意图

轻钢龙骨石膏板吊顶施工完成图

工艺说明

应控制好吊杆长度，确保吊顶平整度；当空间尺寸较大时应按规范确定起拱高度；大面积吊顶应分区设置，防止出现裂缝；纸面石膏板吊顶转角应加强，转角处应使用L形石膏板。

010301.2　T形龙骨矿棉板吊顶

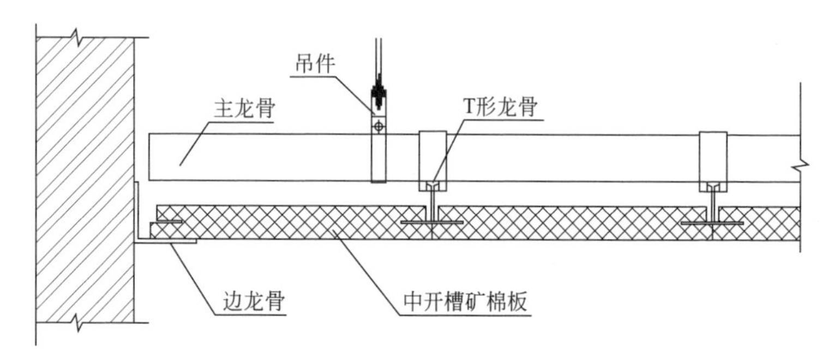

T形龙骨矿棉板吊顶节点示意图

T形龙骨矿棉板吊顶施工完成图

工艺说明

矿棉板运输过程中做好保护，以免板面破损或变形；安装时龙骨按要求调平或起拱，使顶面平整。

010301.3　U形轻钢龙骨吊平顶施工

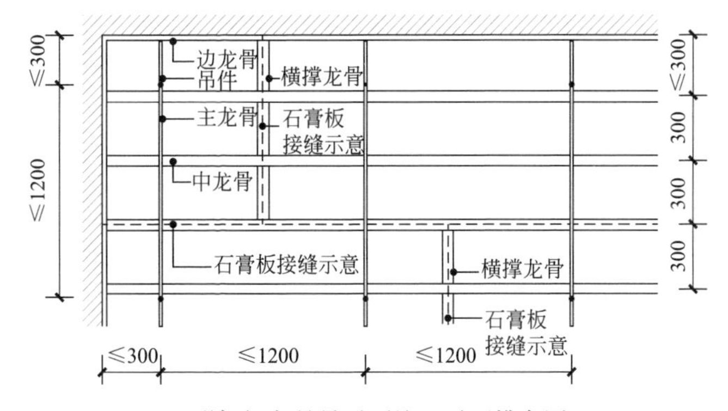

U形轻钢龙骨吊平顶施工平面排布图

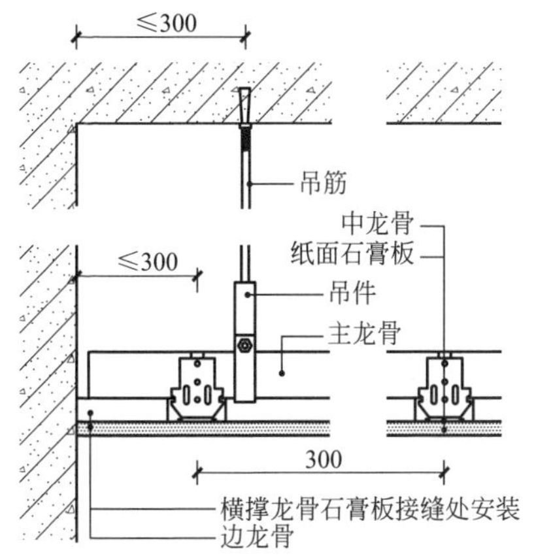

U形轻钢龙骨吊平顶节点示意图

工艺说明

（1）邻墙主龙骨与墙面间距小于等于300mm；（2）沿主龙骨方向，吊筋与吊筋间距小于等于1200mm，邻墙吊筋与墙面间距小于等于300mm；（3）主龙骨与主龙骨间距小于等于1200mm，邻墙中龙骨与墙面间距小于等于300mm；（4）中龙骨与中龙骨间距小于等于300mm，横撑龙骨在石膏板接缝处设置；（5）吊筋直径为8mm。

010301.4 造型石膏板吊顶

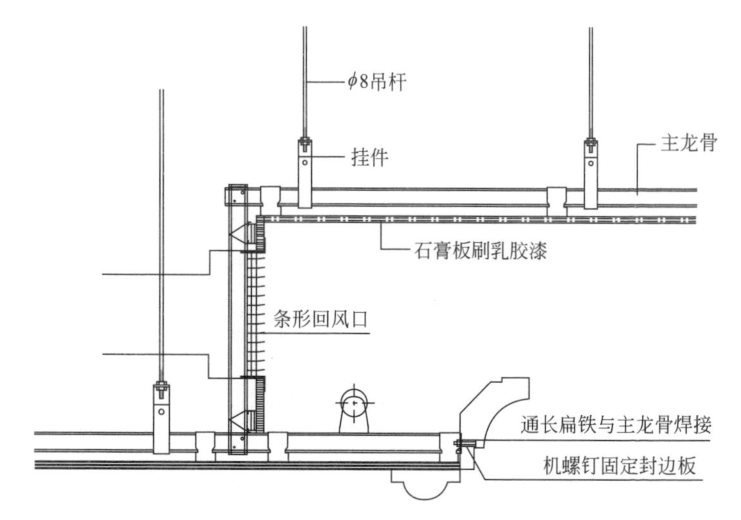

造型石膏板吊顶节点示意图

造型石膏板吊顶施工完成图

工艺说明

主体骨架采用轻钢龙骨型材，造型部位采用木质板材衬底。木基层应做好防火防腐处理。木饰部件在工厂加工，现场组装。

010301.5　卡式龙骨薄吊顶

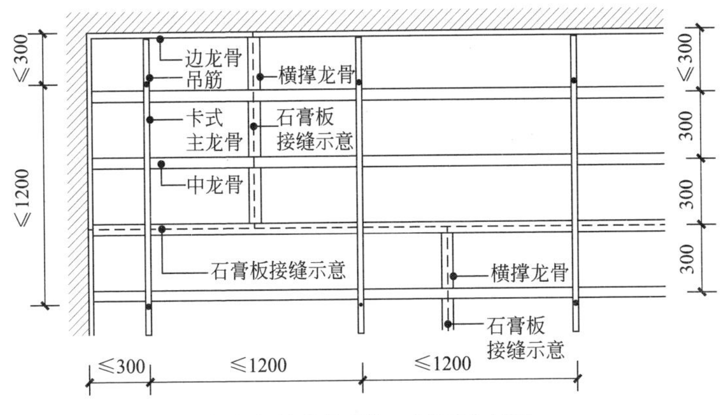

卡式龙骨薄吊顶施工平面排布图

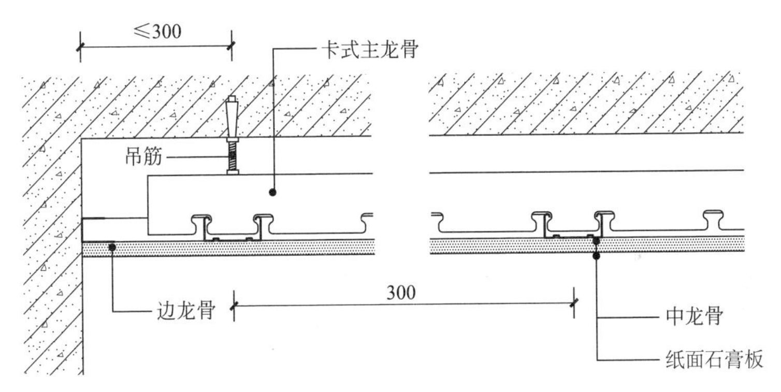

卡式龙骨薄吊顶节点示意图

工艺说明

（1）邻墙主龙骨与墙面间距小于等于300mm；（2）沿主龙骨方向，吊筋与吊筋间距小于等于1200mm，邻墙吊筋与墙面间距小于等于300mm；（3）主龙骨与主龙骨间距小于等于1200mm，邻墙中龙骨与墙面间距小于等于300mm；（4）中龙骨与中龙骨间距小于等于300mm，横撑龙骨在石膏板接缝处设置。

010301.6 吊顶成品检修口（不上人）安装

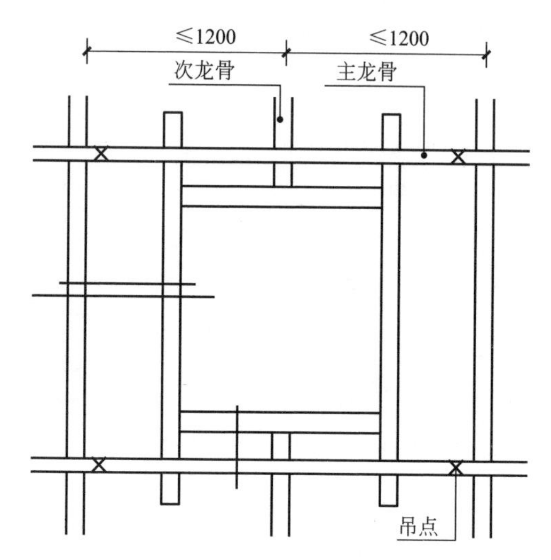

吊顶成品检修口（不上人）安装龙骨排布示意图

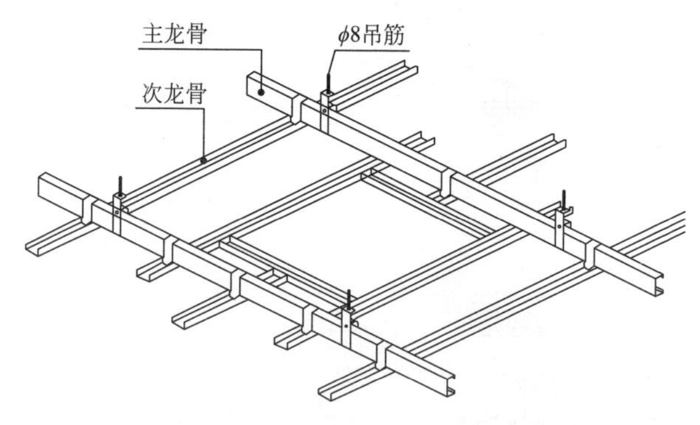

吊顶成品检修口（不上人）安装龙骨轴测示意图

工艺说明

吊顶检修口应采用成品检修口，规格满足检修要求。周边龙骨（铝角）应做加固处理。

010301.7 吊顶成品检修口（上人）安装

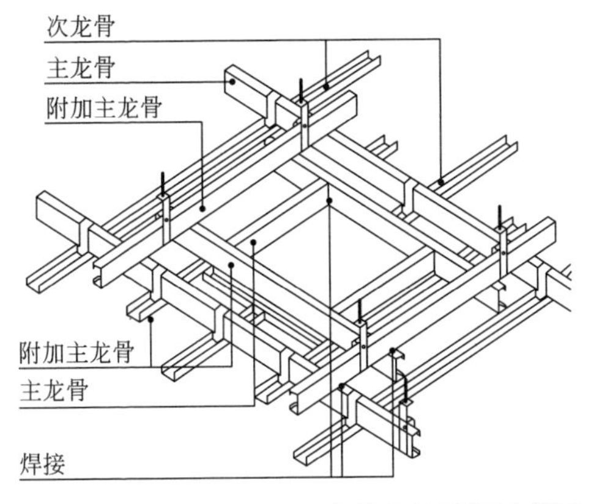

吊顶成品检修口（上人）安装龙骨轴测示意图

吊顶成品检修口（上人）安装施工现场图

工艺说明

(1) 吊顶检修口应采用成品检修口，规格满足检修要求；(2) 检修口上部应四周附加一圈主龙骨，挂件等须从楼板直接固定，下口应根据检修开口大小增设附加主龙骨，以增加其稳固性。

010301.8 阴角槽施工构造

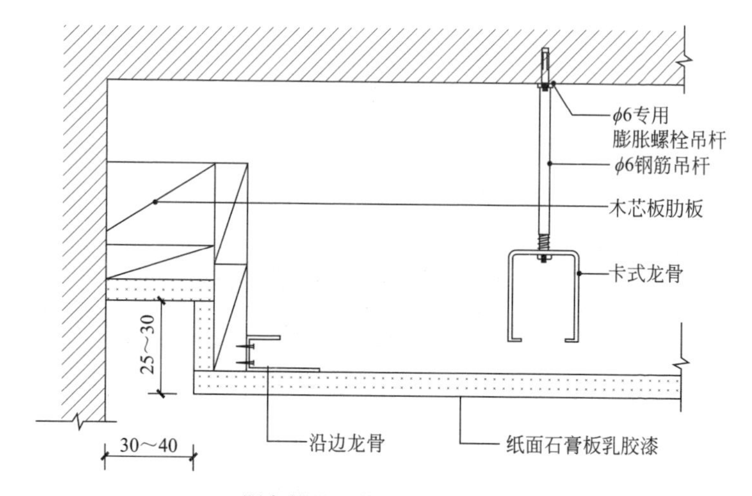

阴角槽施工构造节点示意图

阴角槽施工构造施工现场图

工艺说明

楼道顶棚与墙面交接处设计为凹槽，减少正面开裂隐患、收口在阴角处观感较好。

010301.9　单层石膏板吊顶伸缩缝处理节点

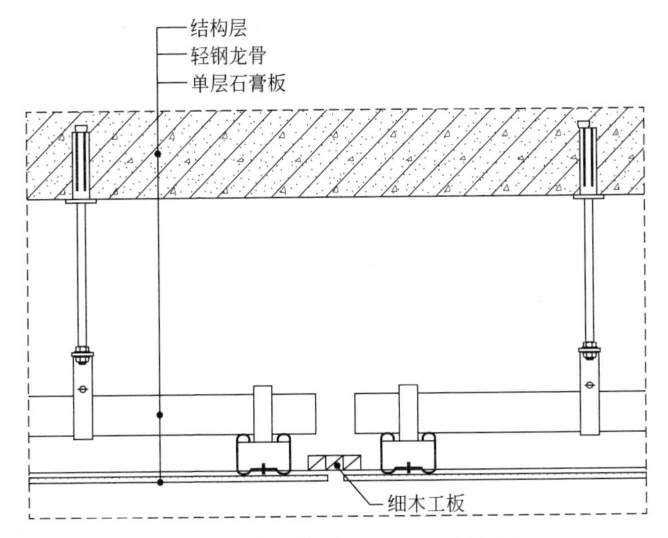

单层石膏板吊顶伸缩缝处理节点示意图

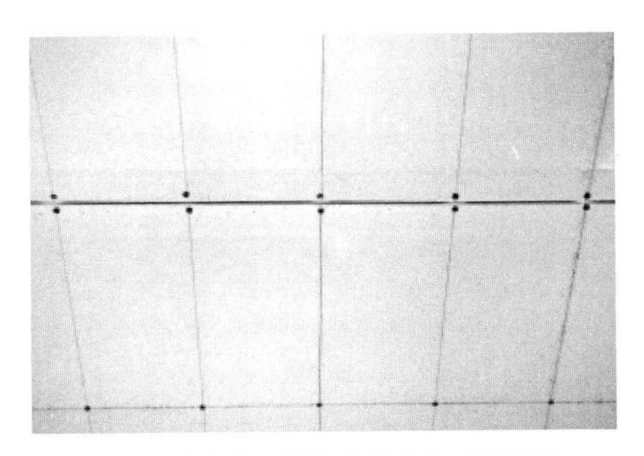

单层石膏板吊顶伸缩缝处理施工现场图

工艺说明

大面积吊顶应设置伸缩缝，伸缩缝处的石膏板与龙骨须断开，伸缩缝处吊顶上衬细木工板（防火处理）与边龙骨连接，下口留10～20mm缝。

010301.10 双层石膏板吊顶伸缩缝处理节点

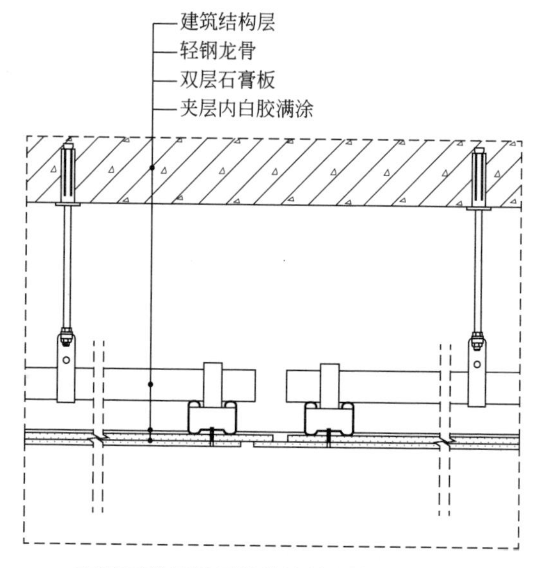

双层石膏板吊顶伸缩缝处理节点示意图

双层石膏板吊顶伸缩缝处理施工现场图

工艺说明

大面积吊顶应设置伸缩缝。伸缩缝处的石膏板与龙骨须断开。双层石膏板吊顶须留10～20mm缝，交接长度为30～50mm。伸缩缝边缘至吊筋间距不大于300mm。

010301.11　石膏板顶棚与瓷砖墙面收口

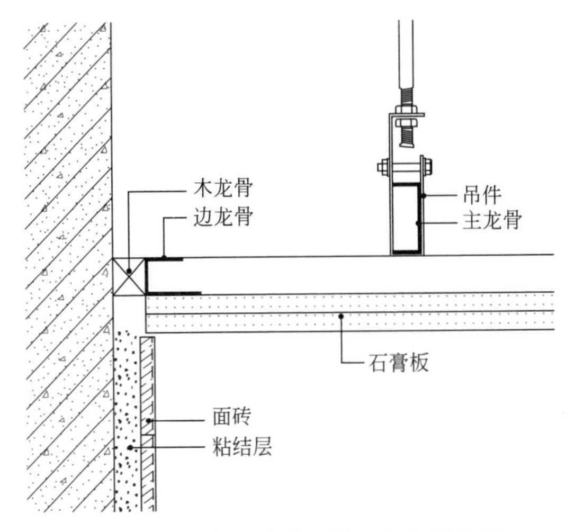

石膏板顶棚与瓷砖墙面收口节点示意图

石膏板顶棚与瓷砖墙面收口施工完成图

工艺说明

使用木龙骨将边龙骨垫起，边龙骨距离瓷砖完成面不大于5mm，石膏板完成面高于瓷砖顶面3～4mm。嵌缝膏嵌满接缝，高差通过批腻子找平。

010301.12　石膏板顶棚与石材墙面收口

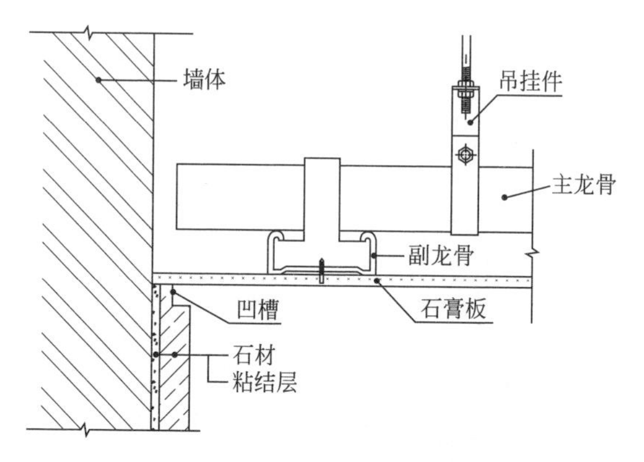

石膏板顶棚与石材墙面收口节点示意图

石膏板顶棚与石材墙面收口施工完成图

工艺说明

墙面石材预加工凹槽，槽体须尺寸统一；石材之间拼接部位，凹槽须顺直，整体须平整；石材与石膏板涂料交接清晰，无交叉污染。

010301.13　单层石膏板吊顶与涂料、壁纸墙面交接处凹槽做法

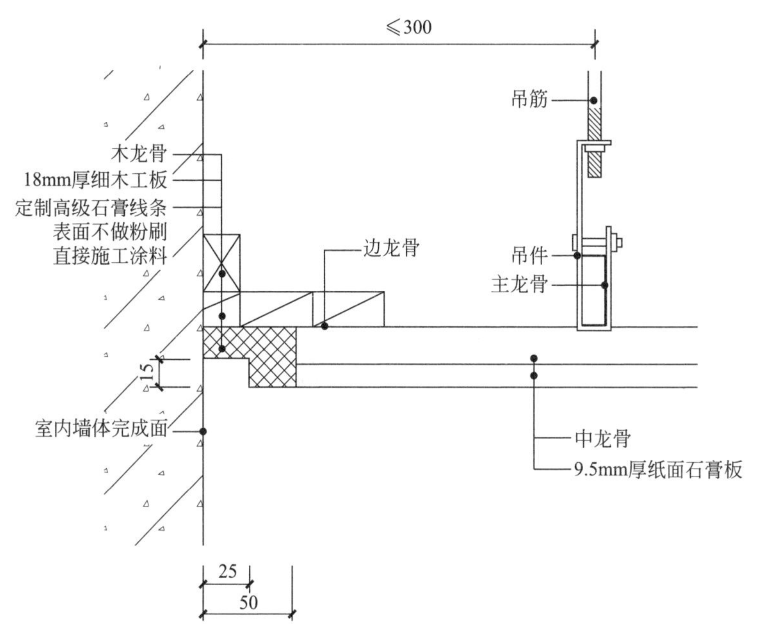

单层石膏板吊顶与涂料、壁纸墙面交接处凹槽做法节点示意图

工艺说明

（1）石膏线条成品一定要求使用精石膏粉制作的高品质石膏线条，确保石膏线条不需要批补腻子，可以直接涂刷乳胶漆；（2）石膏线条使用粘结石膏粘贴在细木工板基层上，接口及转角处进行局部打磨修补，石膏线条与石膏板连接处使用绷带加强；（3）细木工板基层不与石膏线条接触部位涂刷防火涂料，使用地板钉固定在墙面，木枕必须用防腐液浸泡。

010301.14 双层石膏板吊顶与涂料、壁纸墙面交接处凹槽做法

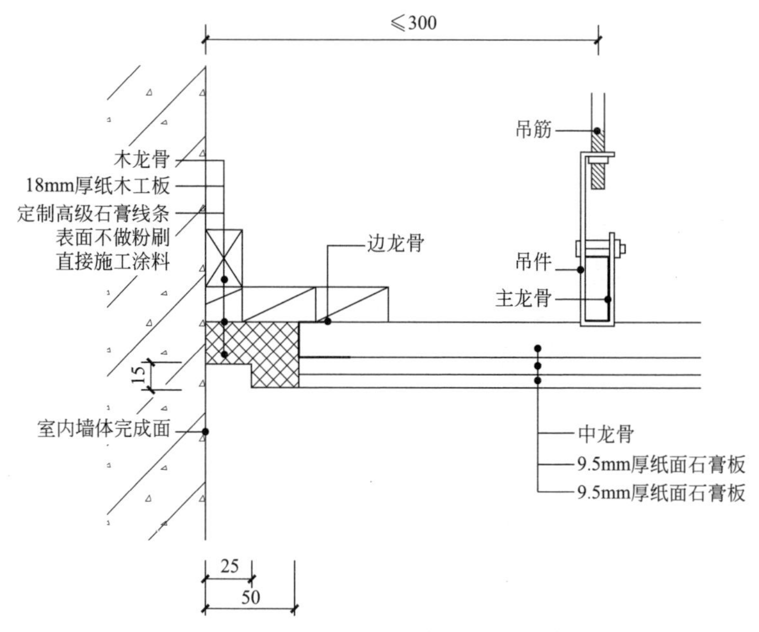

双层石膏板吊顶与涂料、壁纸墙面交接处凹槽做法节点示意图

工艺说明

（1）石膏线条成品一定要求使用精石膏粉制作的高品质石膏线条，确保石膏线条不需要批补腻子，可以直接涂刷乳胶漆；（2）石膏线条使用粘结石膏粘贴在细木工板基层上，接口及转角处进行局部打磨修补，石膏线条与石膏板连接处使用绷带加强；（3）细木工板基层不与石膏线条接触部位涂刷防火涂料，使用地板钉固定在墙面，木枕必须用防腐液浸泡。

010301.15 石膏板吊顶与瓷砖、大理石墙面交接处凹槽做法

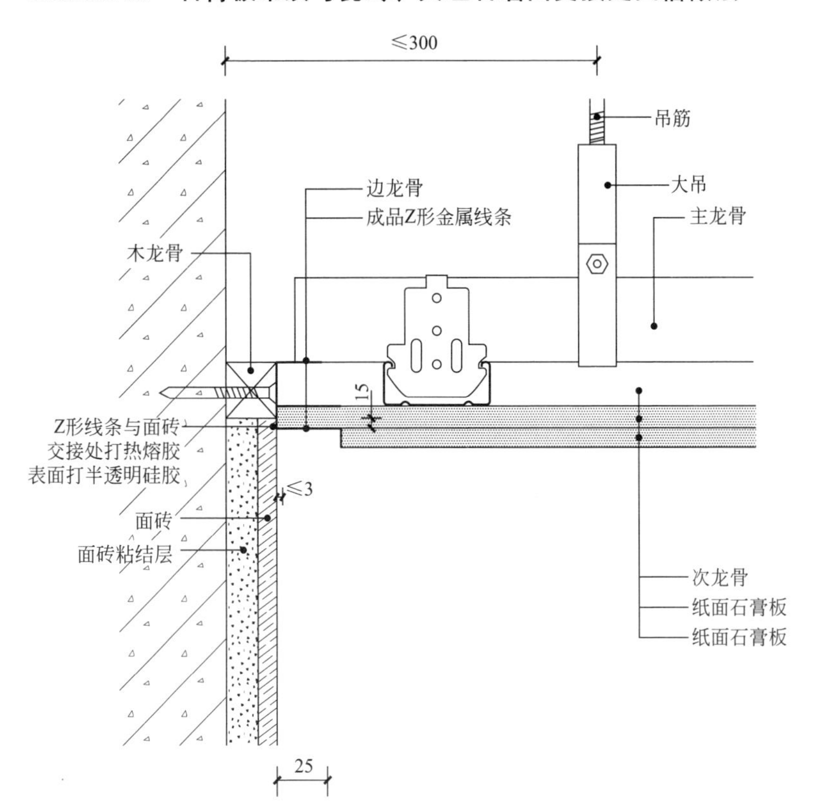

石膏板吊顶与瓷砖、大理石墙面交接处凹槽做法节点示意图

工艺说明

(1) 瓷砖顶面使用木龙骨压顶，木龙骨与墙面采用垫片调整，使龙骨侧面与瓷砖完成面平齐。Z形凹槽采用铝合金材质，喷涂白色面漆，厚度为大于等于1mm；(2) Z形凹槽与L形边龙骨采用自攻螺钉固定在木龙骨上，Z形凹槽下压瓷砖5mm，与瓷砖的接缝处打半透明硅胶收头，硅胶宽度小于等于3mm；(3) 木龙骨六面涂刷防火涂料，木枕必须用防腐液浸泡。

010301.16 吊顶留孔做法

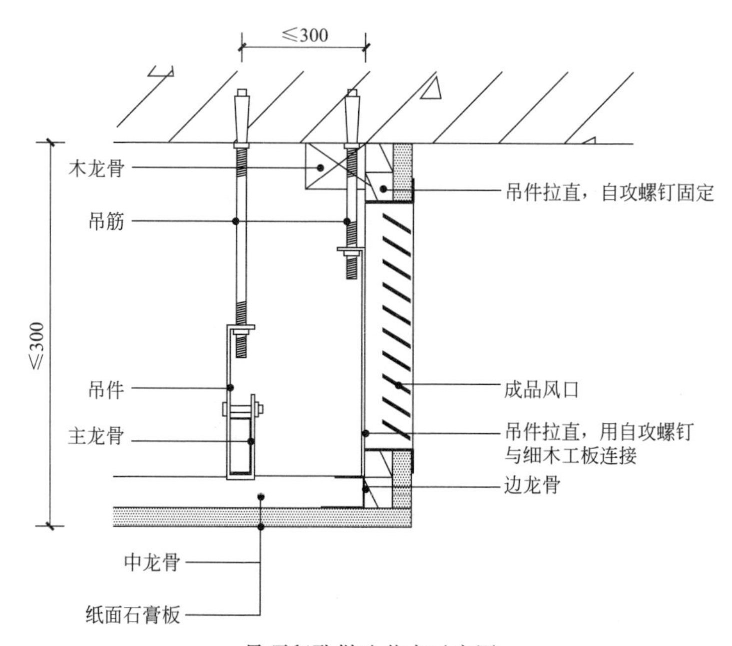

吊顶留孔做法节点示意图

（空调风管机侧向风口剖面，吊顶高度小于等于 300mm）

工艺说明

（1）木龙骨六面涂刷防火涂料，细木工板与石膏板接触的一侧涂刷防火涂料，木枕必须用防腐液浸泡；（2）木龙骨与顶棚固定采用锤击式膨胀钉，钉间距 400～500mm；（3）使用吊筋承载细木工板的重量，吊筋固定在龙骨接缝处，将大吊砸直后用自攻螺钉固定在细木工板上；（4）本节点需要特别注意防止风口下方细木工板下坠，引起开裂。

010301.17　叠级吊顶防开裂施工

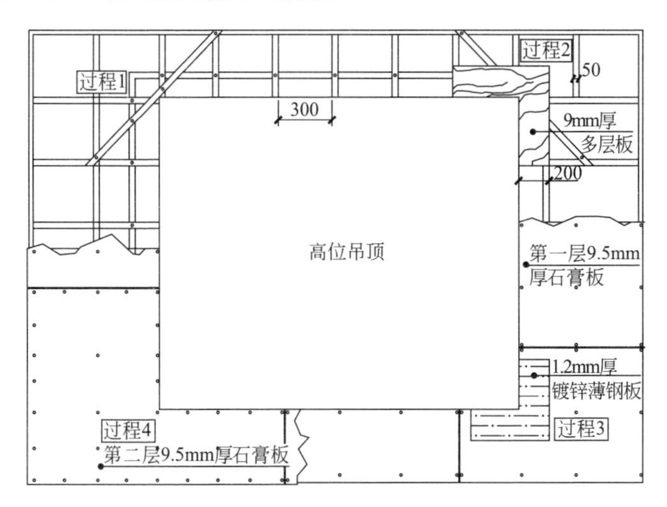

叠级吊顶防开裂排布示意图

叠级吊顶防开裂施工现场图

工艺说明

（1）第一层石膏板，转角处石膏板裁成L形固定，再外贴1.2mm厚镀锌薄钢板。龙骨基架造型内口200mm处增加横撑龙骨，用来固定L形石膏板。（2）第一层石膏板与第二层石膏板之间须错缝铺贴，夹层内满涂白乳胶。（3）副龙骨间距300mm，造型边框四角须增加斜撑龙骨。

010301.18 木饰面吊顶天花节点

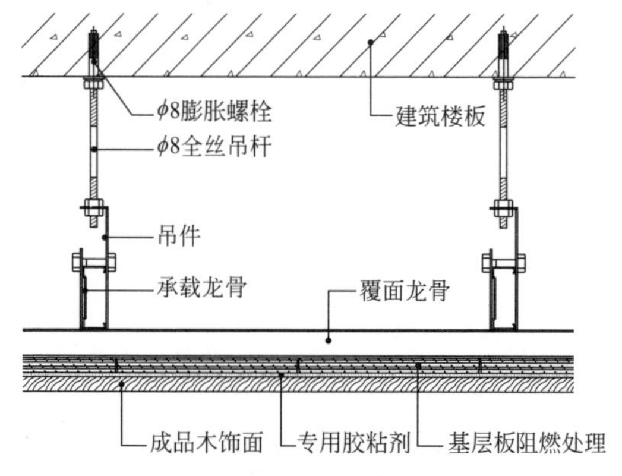

木饰面吊顶天花节点示意图

木饰面吊顶天花施工完成图

工艺说明

（1）饰面材料表面应洁净、色泽一致，不得有翘曲、裂缝及缺损。压条应平直、宽窄一致。（2）饰面板上的灯具、烟感器、喷淋头、风口箅子等设备的位置应合理、美观，与饰面板的交接应吻合、严密。（3）金属吊杆、龙骨的接缝应均匀一致，角缝应吻合，表面应平整，无翘曲、锤印。木质吊杆、龙骨应顺直，无劈裂、变形。（4）吊顶内填充吸声材料的品种和铺设厚度应符合设计要求，并应有防散落措施。（5）木饰面板吊顶工程安装的允许偏差和检验方法应符合现行国家标准《建筑装饰装修工程质量验收标准》GB 50210 的规定。

010301.19 软膜吊顶天花节点

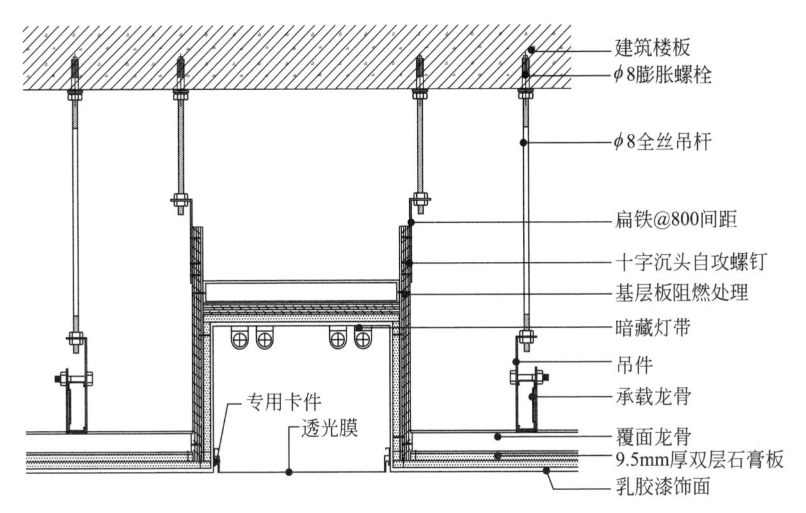

软膜吊顶天花节点示意图

软膜吊顶天花施工完成图

工艺说明

软膜吊顶天花是一种常用于室内装饰的材料，它有着轻巧、美观、耐用等特点，广泛应用于办公室、商业空间、酒店等场所。

(1) 根据设计图纸确定吊顶的高度和形状，并标出设置吊顶的位置。还需要检查吊顶的支撑结构，确保其强度和稳定性。(2) 安装骨架：根据设计要求和标高，使用吊顶架将骨架固定在顶棚上。在安装过程中，需要确保骨架的平整、水平和垂直度。(3) 安装软膜：先将软膜根据设计要求裁剪成适当的尺寸，再使用充气机将软膜充气并保持其紧张状态，然后将软膜安装到骨架上，并使用热风枪将软膜与骨架结合。(4) 安装吊顶灯具：先确定灯具的位置，并预留好线管位置，再将灯具安装到软膜吊顶天花上，然后将线缆和灯具连接。(5) 完成软膜吊顶天花的安装后，清除施工过程中产生的垃圾和灰尘，并进行表面清理，确保吊顶的整洁。

010301.20　挡烟垂壁吊顶天花节点

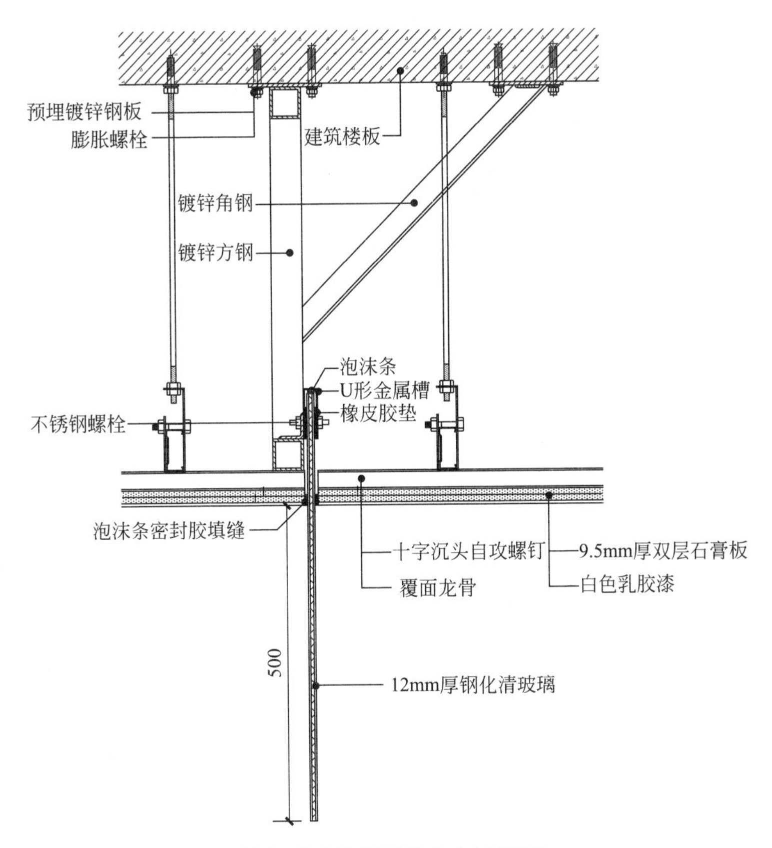

挡烟垂壁吊顶天花节点示意图

挡烟垂壁吊顶天花施工完成图

工艺说明

用不燃烧材料制成，从顶棚下垂不小于500mm的固定或活动的挡烟设施。活动挡烟垂壁系指火灾时因感温、感烟或其他控制设备的作用，自动下垂的挡烟垂壁。主要用于高层或超高层大型商场、写字楼以及仓库等场合，能有效阻挡烟雾在建筑顶棚下横向流动，以提高在防烟分区内的排烟效果，对保障人民生命财产安全起到一定作用。挡烟垂壁应采用不燃材料制作；制作挡烟垂壁的玻璃材料应为防火玻璃，其性能应符合现行国家标准《建筑用安全玻璃 第1部分：防火玻璃》GB 15763.1的规定。

010302 格栅/铝合金吊顶

010302.1 铝合金扣板吊顶

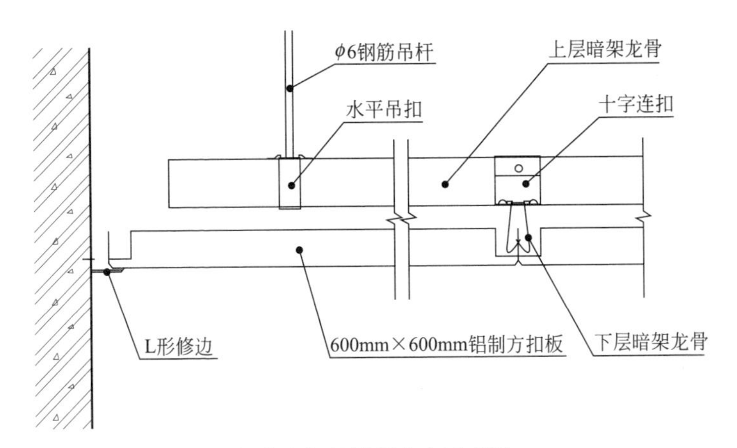

铝合金扣板吊顶节点示意图

铝合金扣板吊顶施工完成图

工艺说明

要注意主龙骨吊点间距，中间部分应起拱，龙骨起拱高度不小于房间面跨度的1/200。龙骨安装后应及时校正位置及高度。扣板安装时，垂直次龙骨方向从中间向两边安装。

010302.2 铝合金条板吊顶

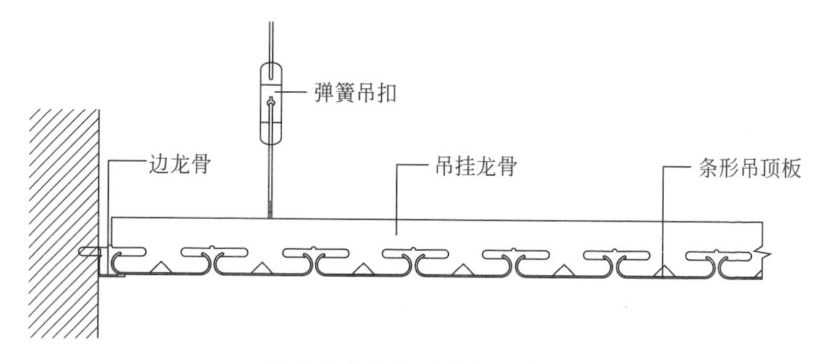

铝合金条板吊顶节点示意图

铝合金条板吊顶施工完成图

工艺说明

运输过程中应采取成品保护措施，确保材料不变形；安装过程中，注意防止条板变形等因素造成缝隙过大的现象。

010302.3　铝合金格栅吊顶

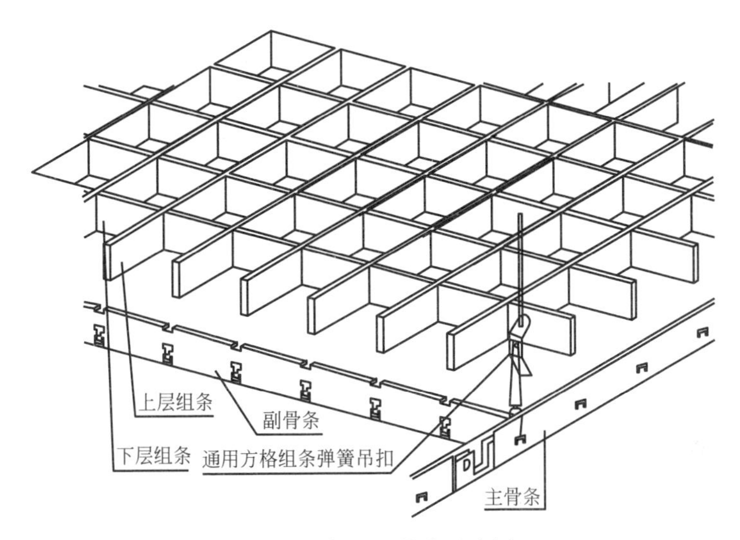

铝合金格栅吊顶排布示意图

铝合金格栅吊顶施工完成图

工艺说明

格栅组片时相邻的格栅两头宜错开，在吊装时两片进行叉接，使格栅吊顶形成一个整体，提高强度。

010303 顶棚其他装饰

010303.1 灯、灯带（槽）

010303.1.1 吊顶灯槽安装

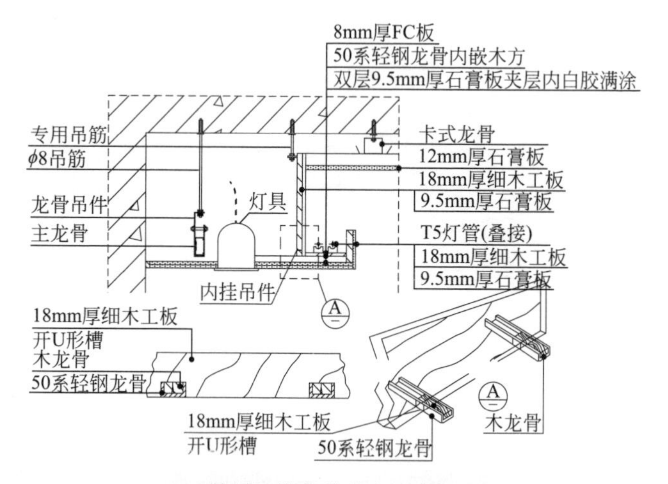

吊顶灯槽安装节点示意图

吊顶灯槽安装施工完成图

工艺说明

吊顶灯槽内侧板下口须与副龙骨做平，内侧板背面再用挂件固定，以增加灯槽的受力支撑。灯槽外口与内口副龙骨内嵌木龙骨连接。木基层须进行防火处理。灯槽内应衬垫一层石膏板。

010303.1.2　平顶灯槽安装

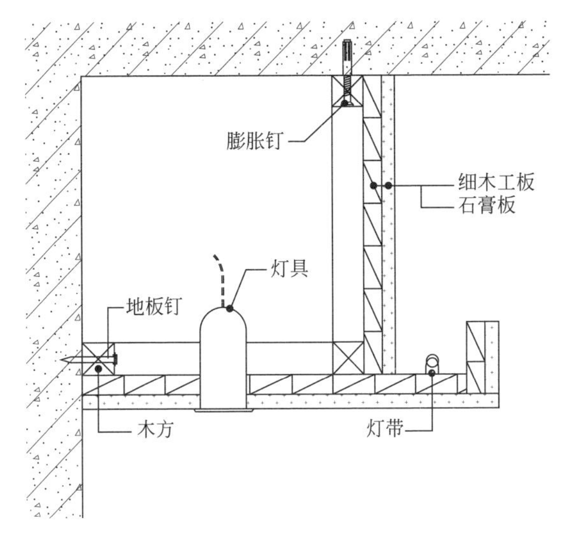

平顶灯槽安装节点示意图

平顶灯槽安装施工现场图

工艺说明

木龙骨应做好防火防腐处理，细木工板与石膏板接触一侧涂刷防火涂料；木龙骨与顶棚固定采用锤击式膨胀钉，与墙面固定采用地板钉，钉间距400～500mm。

010303.1.3 暗藏灯节点

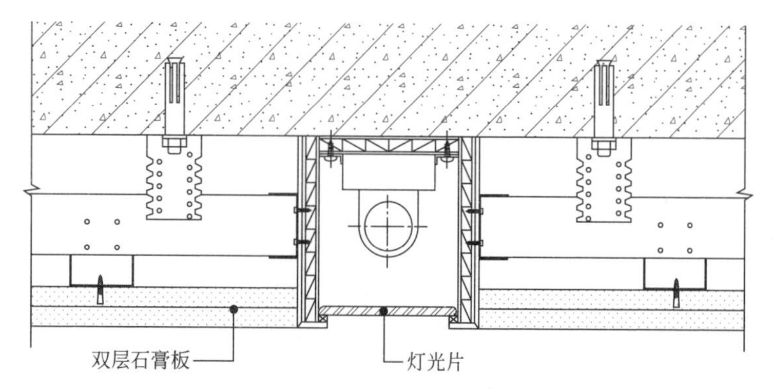

暗藏灯节点示意图

暗藏灯施工完成图

工艺说明

灯具应安装牢固；内置灯具宜采用冷光源，如采用热光源，灯具与灯光片应保持安全距离；灯具进行照明试验后方可灯光片封板。

010303.1.4　轻型吊灯安装

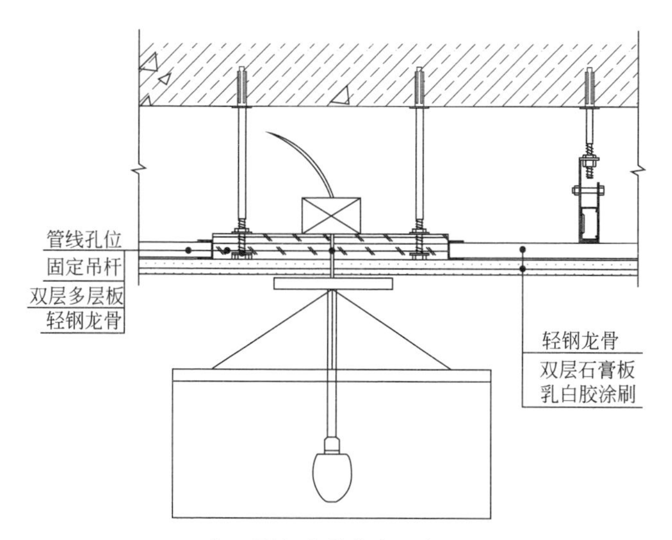

轻型吊灯安装节点示意图

轻型吊灯安装施工完成图

工艺说明

吊顶内的预装接线盒按点位完成，金属软管留置于至顶面灯具位置；$\phi 8$ 吊杆用金属膨胀螺栓与主体结构板连接，须安装轻型吊灯部位预装 400mm×400mm 的双层 18mm 阻燃多层胶合板，龙骨与板面平整后固定；精确标出接线孔位，以便后期安装灯具。

010303.1.5 大型吊灯安装

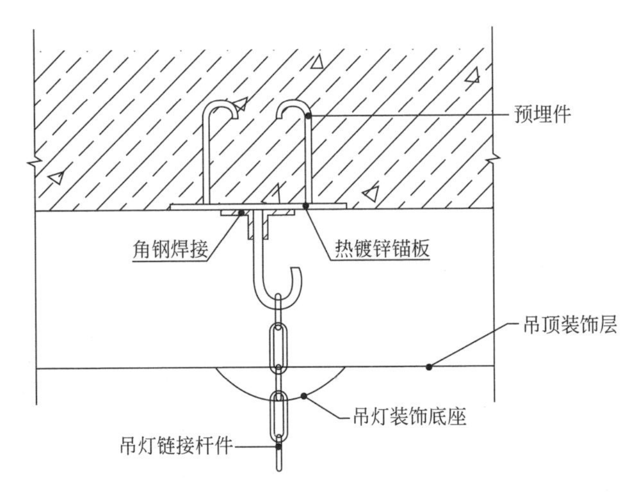

大型吊灯安装节点示意图

大型吊灯安装施工完成图

工艺说明

重量超过 3kg 的灯具，应在顶板上设立独立的吊杆预埋件，承担灯具的全部重量，不应使吊顶龙骨承受灯具荷载；大型灯具的预埋件及吊杆固定后，做两倍灯具重量的荷载试验，合格后才能安装灯具。

010303.2　送风口、回风口

010303.2.1　吊顶空调侧面出风口节点

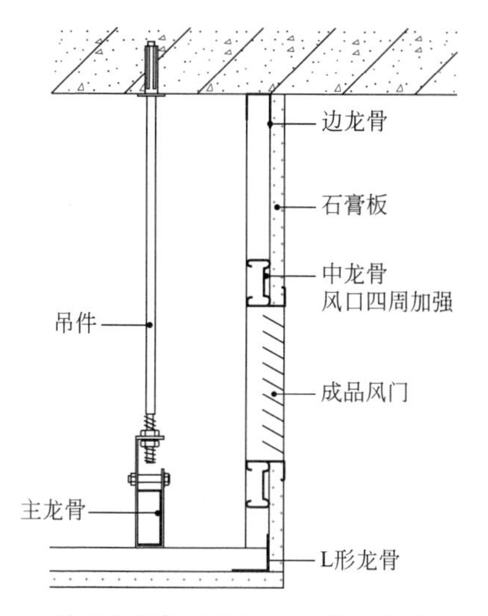

吊顶空调侧面出风口节点示意图

吊顶空调侧面出风口施工完成图

工艺说明

出风口采用成品风门，风口四周用中龙骨加强固定，用吊件承载重量，吊件间距400～500mm。

010303.2.2　吊顶空调顶面出风口节点

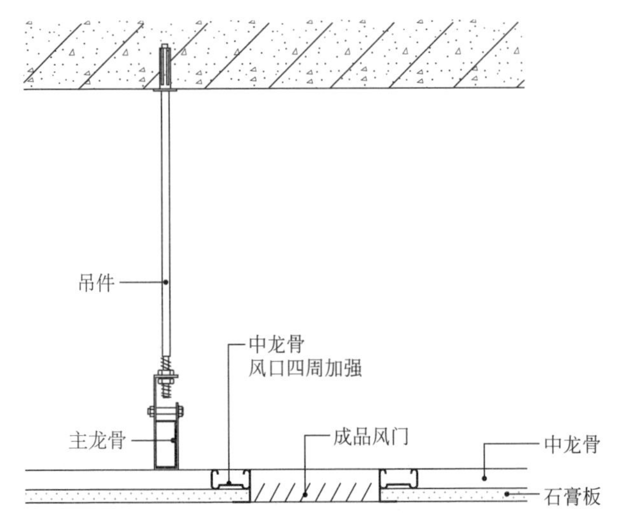

吊顶空调顶面出风口节点示意图

吊顶空调顶面出风口施工完成图

工艺说明

出风口采用成品风门，风口四周用中龙骨加强固定，用吊件承载重量，吊件间距400～500mm。

010303.2.3　浴霸、排风扇安装在石膏板吊顶做法

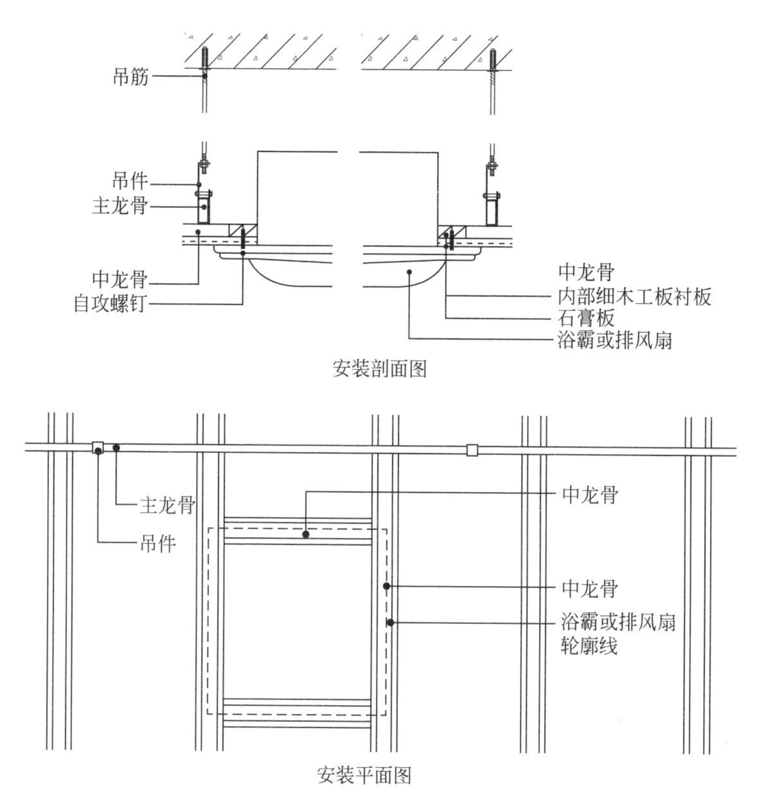

浴霸、排风扇安装在石膏板吊顶做法节点示意图

工艺说明

(1) 瓷砖顶面使用木龙骨压顶，木龙骨与墙面采用垫片调整，使龙骨侧面与瓷砖完成面平齐。Z形凹槽采用铝合金材质，喷涂白色面漆，厚度大于等于1mm。(2) Z形凹槽与L形边龙骨用自攻螺钉固定在木龙骨上，Z形凹槽下压瓷砖5mm，与瓷砖的接缝处打半透明硅胶收头，硅胶宽度小于等于3mm。(3) 木龙骨六面涂刷防火涂料，木枕必须用防腐液浸泡。

第四节 ● 装配式整体卫生间

010401 防水底盘安装节点（同层排水）

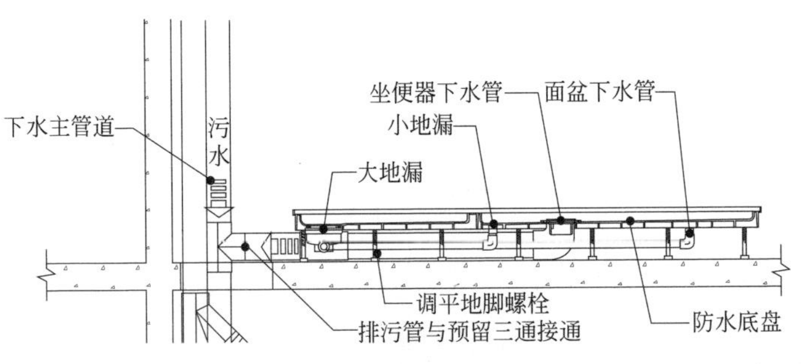

防水底盘安装节点（同层排水）示意图

工艺说明

（1）将防水底盘严格按照较低标高尺寸通过地脚螺栓调平，摆放方正、水平，误差不大于2mm。（2）底盘地漏、法兰安装连接。（3）将底盘与各管道通过管件固定连接安装，再将底盘摆放方正、水平。（4）排水管道安装完成后做闭水试验24小时，如无漏水情况，防水底盘安装完毕。

010402 壁板与防水底盘安装节点

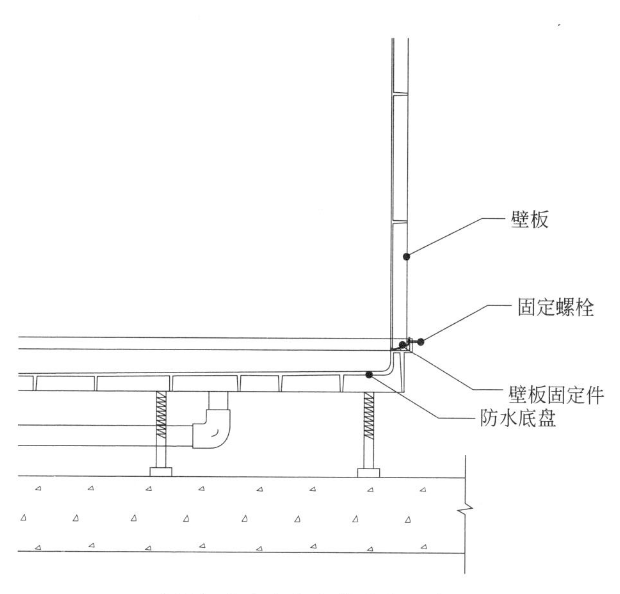

壁板与防水底盘安装节点示意图

工艺说明

（1）将壁板与壁板拼接完成。（2）完成拼接后将壁板后管件根据位置预埋。（3）用固定螺栓将固定件固定后，将拼装完成的墙板固定在壁板固定件上，并用水平仪测量垂直度。

010403 顶板与壁板安装节点

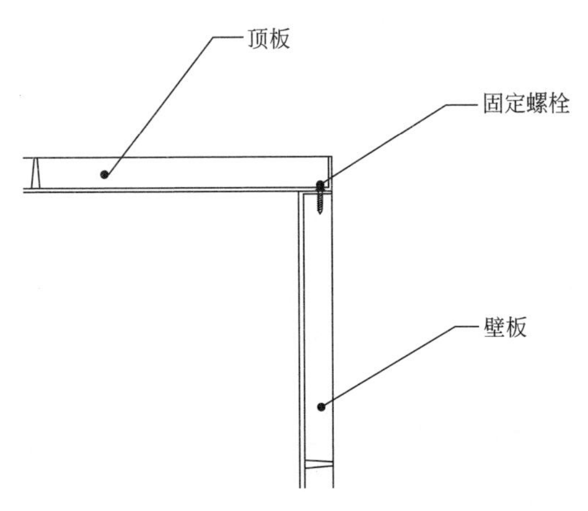

顶板与壁板安装节点示意图

工艺说明

（1）将顶板上的管线安装完毕。（2）将顶板用固定螺栓固定至壁板上并调整角度。

010404 窗套收口节点

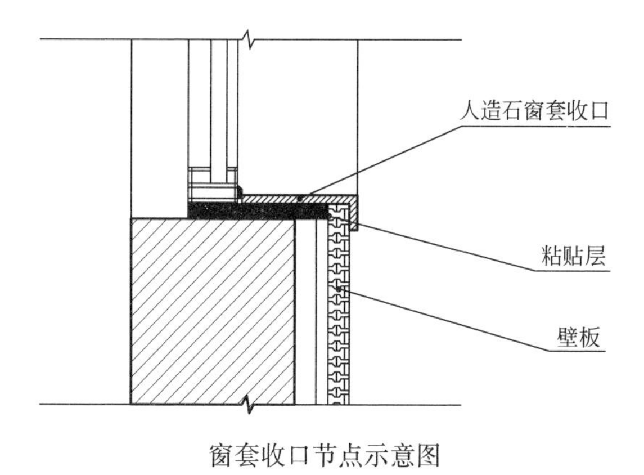

窗套收口节点示意图

工艺说明

装配式整体卫生间安装完毕后，壁板和窗台通过窗套进行收口处理。

第五节 • 细部装饰工程

010501 窗帘盒和窗台板制作与安装工程

010501.1 窗帘盒安装工程

010501.1.1 普通窗帘盒节点

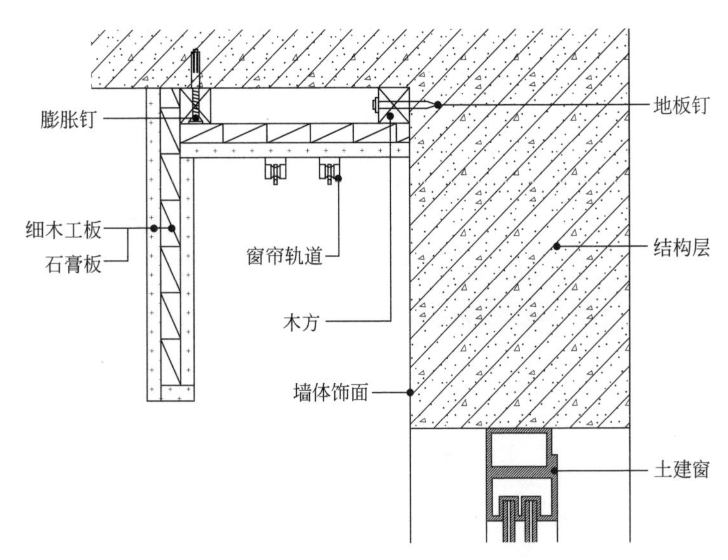

普通窗帘盒节点示意图

普通窗帘盒施工完成图

工艺说明

木龙骨应做好防火防腐处理，细木工板与石膏板接触一侧涂刷防火涂料。木龙骨与顶棚固定采用锤击式膨胀钉，与墙面固定采用地板钉，钉间距400～500mm。

010501.1.2 暗藏窗帘盒节点

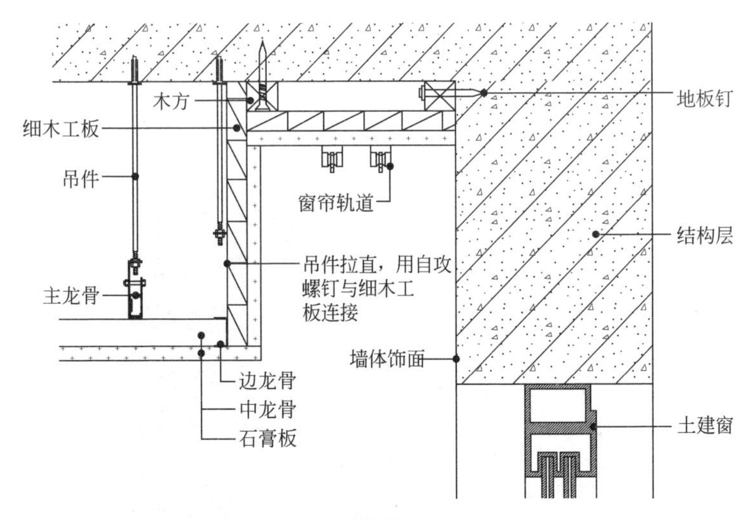

暗藏窗帘盒节点示意图

暗藏窗帘盒施工完成图

工艺说明

木龙骨应做好防火防腐处理，细木工板与石膏板接触一侧涂刷防火涂料；木龙骨采用地板钉与顶棚、墙面固定，钉间距400～500mm。使用吊筋承载窗帘盒的重量，安装时将大吊砸直，用自攻螺钉固定在细木工板上，吊筋与吊筋间距小于等于1200mm。

010501.1.3　窗帘盒木基层接口制作节点

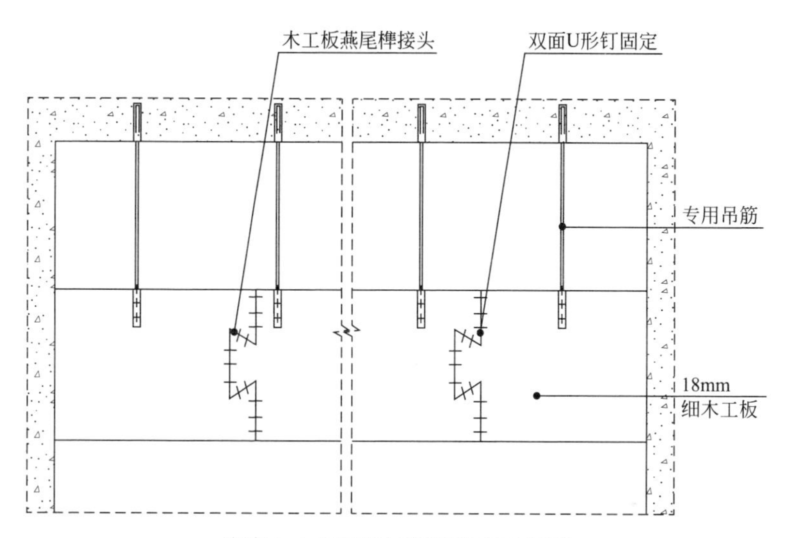

窗帘盒木基层接口制作节点示意图

工艺说明

窗帘盒细木工板对接连接处须用燕尾榫进行连接，以增加窗帘盒的抗拉力。细木工板基层须进行防火处理。

010501.2 窗台板安装工程

010501.2.1 普通窗台面铺贴石材

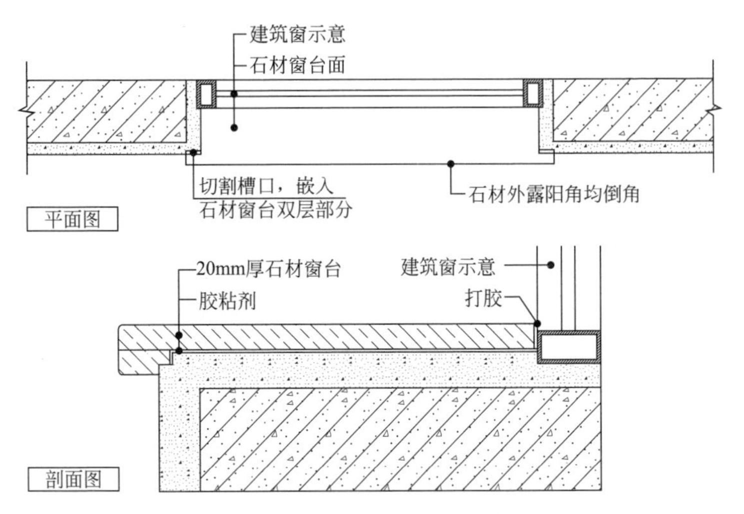

普通窗台面铺贴石材节点示意图

普通窗台面铺贴石材施工完成图

工艺说明

石材台面邻窗框处，留3～4mm间隙，用同色玻璃胶收口，石材台面与基层采用胶粘剂粘贴；浅色石材台板须采用白色石材胶粘剂施工。石材饰面要求安装平整、缝隙严密。

010501.2.2　凸窗台面铺贴石材

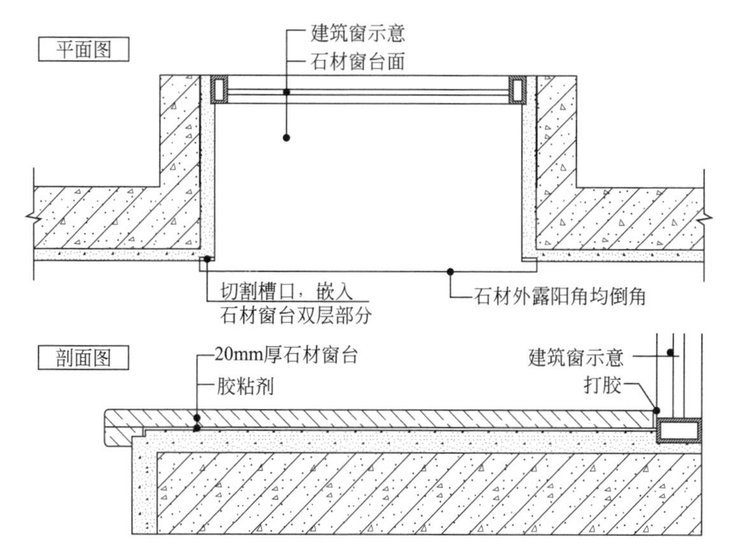

凸窗台面铺贴石材节点示意图

凸窗台面铺贴石材施工完成图

工艺说明

石材台面邻窗框处，留3～4mm间隙，用同色玻璃胶收口，石材台面与基层采用胶粘剂粘贴；浅色石材台板须采用白色石材胶粘剂施工。石材饰面要求安装平整、缝隙严密。

010501.2.3　凸窗台面石材胶粘剂条粘法

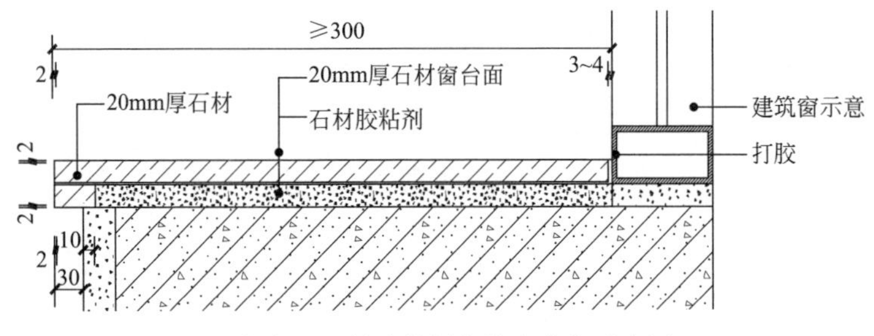

凸窗台面石材胶粘剂条粘法节点示意图

工艺说明

（1）石材台面邻窗框处，留 3～4mm 间隙，大硅胶收头，硅胶宽度小于等于 6mm。（2）石材台面与基层采用间距 300mm 的胶粘剂条粘方式进行粘贴。（3）须注意台面的倒角部位。（4）窗台基层墙面处须切割 20mm 高、25mm 宽、20mm 深的边槽，使台面双层部位嵌入。

010501.2.4　凸窗台面石材砂浆满铺法

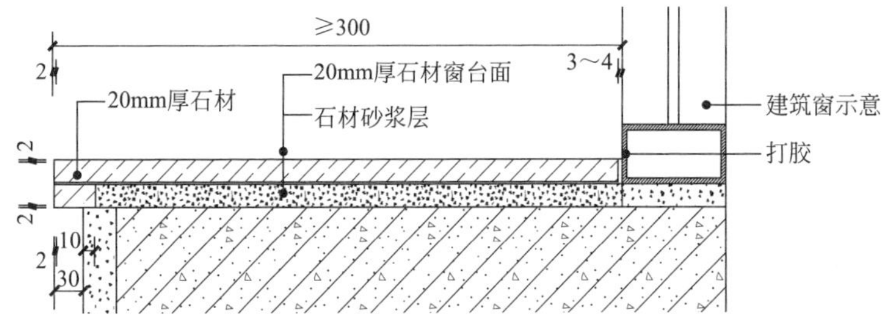

凸窗台面石材砂浆满铺法节点示意图

工艺说明

（1）石材台面邻窗框处，留3～4mm间隙，大硅胶收头，硅胶宽度小于等于6mm。（2）基层满铺干硬砂浆，浇浆铺设石材台面。（3）须注意台面的倒角部位。（4）窗台基层墙面处须切割20mm高、25mm宽、20mm深的边槽，使台面双层部位嵌入。

010501.2.5 室内飘窗及窗台台面做法

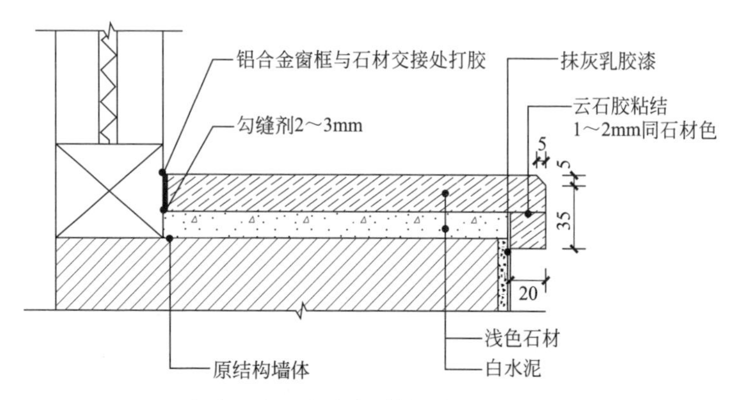

室内飘窗及窗台台面做法节点示意图

室内飘窗及窗台台面施工完成图

工艺说明

窗台石嵌入涂料墙内 5～10mm，涂料和窗台石收口观感好；窗台石可选择浅色石桥或人造石。

010501.2.6　厨房卫生间飘窗及窗台台面做法

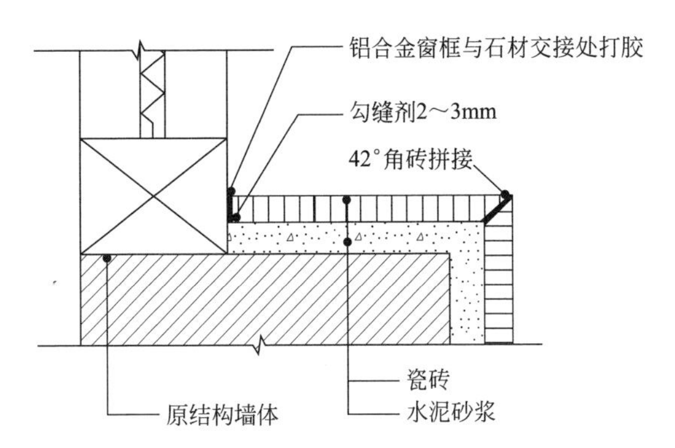

厨房卫生间飘窗及窗台台面做法节点示意图

厨房卫生间飘窗及窗台台面施工完成图

工艺说明

厨卫间窗户窗台石直接使用墙体装饰材料瓷砖铺贴收口，简单美观。

010502 门窗套制作与安装工程

010502.1 门套安装工程

010502.1.1 进户门半门套基层做法

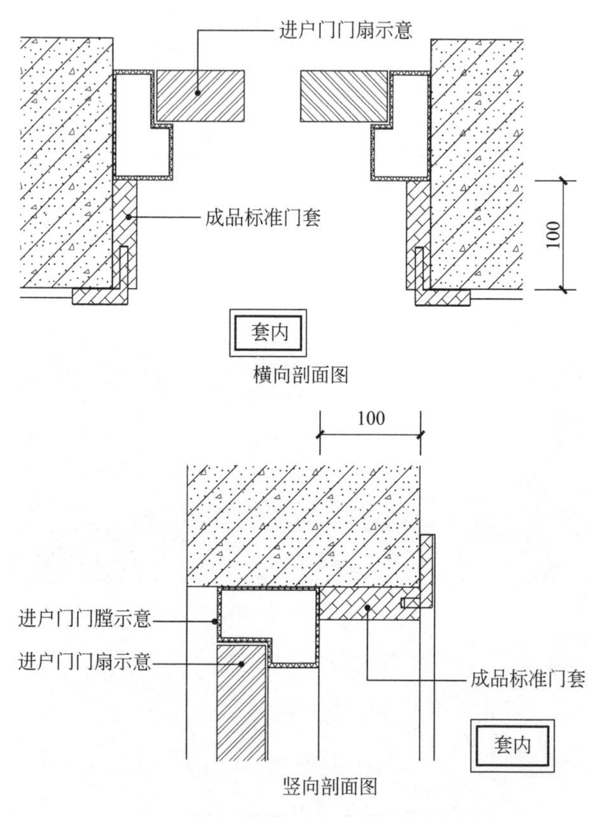

进户门半门套基层做法节点示意图

工艺说明

根据设计图纸要求，找好标高、平面位置、竖向尺寸，进行弹线。检查洞口的位置、尺寸是否方正、垂直，与设计要求是否相符。

010502.1.2　厨卫门套安装做法

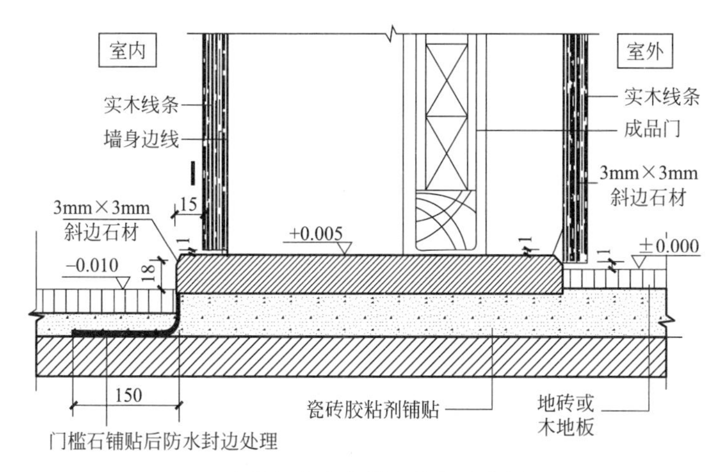

卫生间门套安装做法节点示意图

卫生间门套施工完成图

工艺说明

（1）门槛石用专用胶粘剂铺贴。石材门槛与地板交接处留3mm缝注耐候胶（颜色同地板或门槛石的色系）。（2）为避免门套受潮发霉，门套及门套线安装在门槛石上，门套线根部留3mm缝注耐候胶（颜色与门套线同色系或按设计要求）。

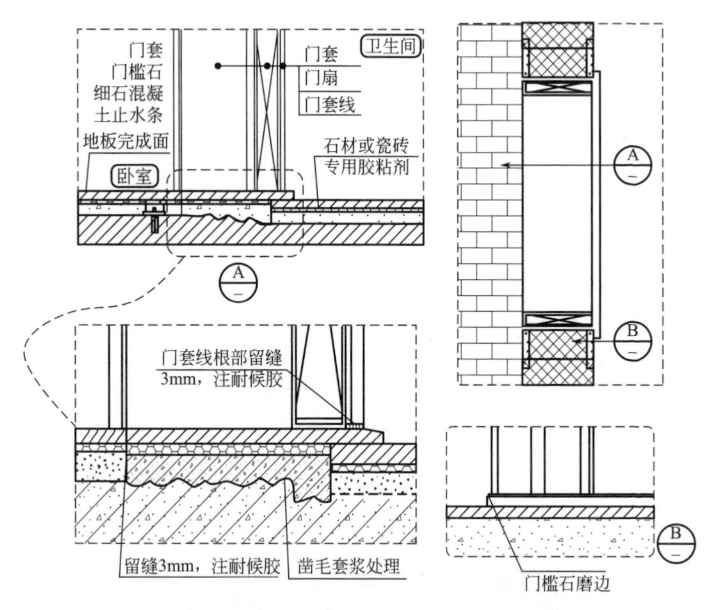

厨房门套安装做法节点示意图

厨房门套施工完成图

工艺说明

门樘板下口做止水条，止水条下须凿毛套浆处理，并与地面做统一防水。止水条标高应低于室内水平约10mm，门槛石用专用胶粘剂铺贴。石材门槛与地板交接处及门套线根部留3mm缝，注耐候胶。门框木质基层须进行“三防”处理（防火、防腐、防潮）。

010502.1.3 厨卫门套根部防水防潮施工节点

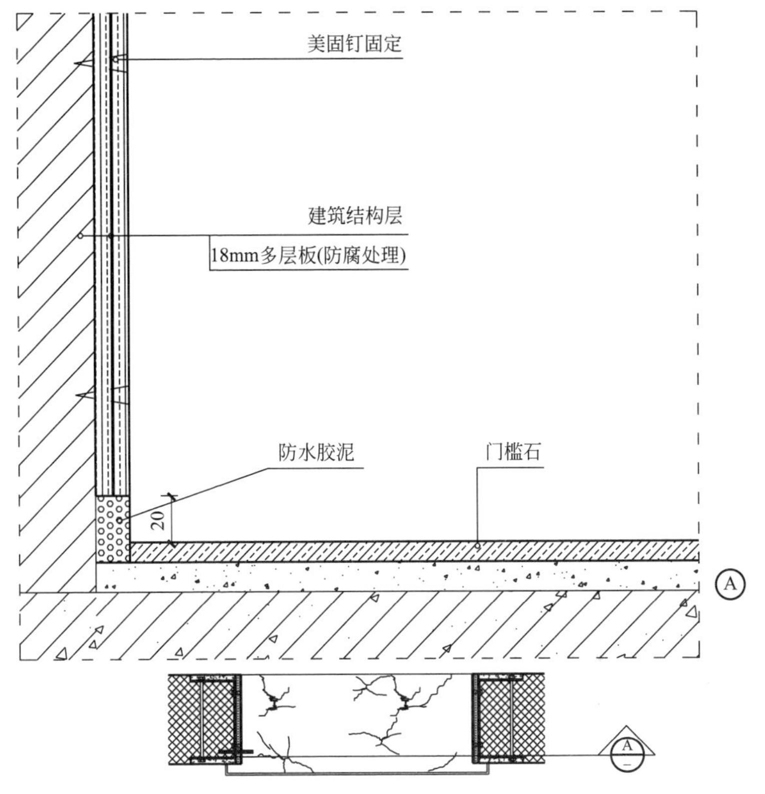

厨卫门套根部防水防潮施工节点示意图

工艺说明

(1) 卫生间、厨房门框基层板根部离门槛石面留缝约20mm，根部用防水胶泥填实，以防止水汽渗入门框内引起油漆饰面变形发霉。(2) 门框基层须进行“三防”处理。

010502.1.4 单层细木工板门套基层做法

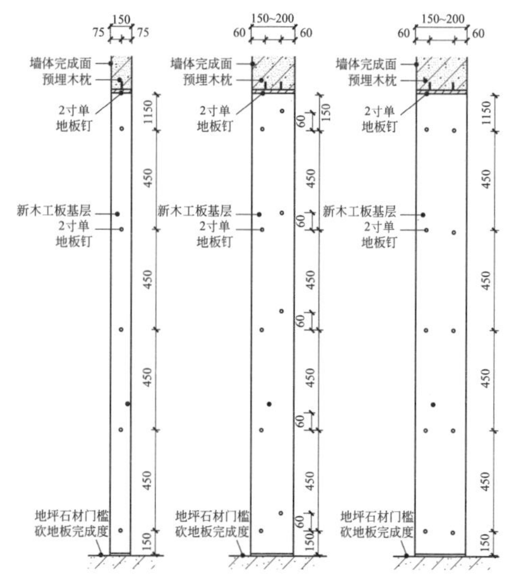

单层细木工板门套基层钉子定位立面做法示意图

工艺说明

(1) 细木工板邻洞口一侧涂刷防火涂料，木枕必须用防腐液浸泡。(2) 细木工板侧面底端距离门槛完成面预留 10mm 距离，侧面最下端的地板钉与地坪完成面距离 110mm，最上端的地板钉与门套基层上口距离小于等于 150mm，侧面其他的地板钉以 450mm 上下间距作为控制依据，可以根据门洞水泥块的预留位置微调。(3) 细木工板顶面的地板钉以 450mm 左右间距作为控制依据，最左端和最右端的地板钉距离门套基层左右口的距离小于等于 150mm。(4) 门套基层宽度小于等于 150mm，使用单排地板钉固定，地板钉沿细木工板中心线打入；门套基层宽度大于 150mm，小于等于 200mm 时，使用两排地板钉高低错落固定，地板钉距细木工板外边缘 60mm，高低差 80mm；门套基层宽度大于 200mm 时，使用两排地板钉并排固定，地板钉距细木工板外边缘 60mm。

010502.1.5　龙骨＋单层细木工板门套基层做法

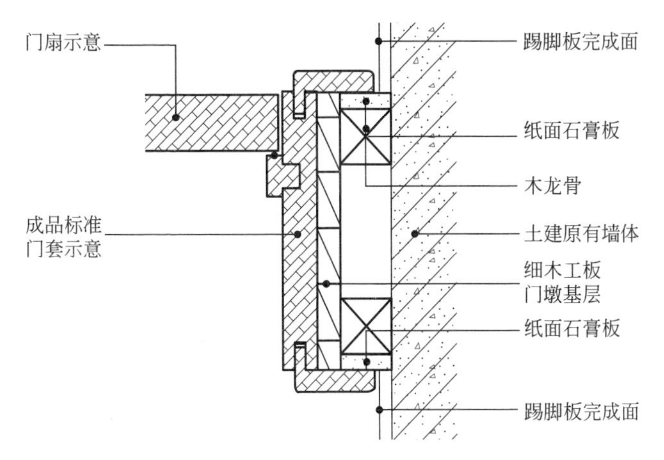

龙骨＋单层细木工板门套基层做法节点示意图

工艺说明

（1）核查预埋件及洞口：检测预埋件等是否符合设计安装要求，检查排列间距、尺寸、位置是否符合钉装龙骨的要求，量测门窗及其他洞口的位置、尺寸是否方正垂直，与设计要求是否相符。（2）铺设防潮层：设计有防潮要求的、在钉装龙骨前应进行涂刷防潮层的施工。（3）制作与安装龙骨：根据设计施工图纸，制作龙骨并进行安装，安装前须进行防腐处理，安装应牢固。（4）钉装面板：对龙骨位置、平直度、钉设牢固情况、防潮构造要求等进行检查，合格后钉装面板。

010502.1.6　L形转角门墩门套基层密拼做法

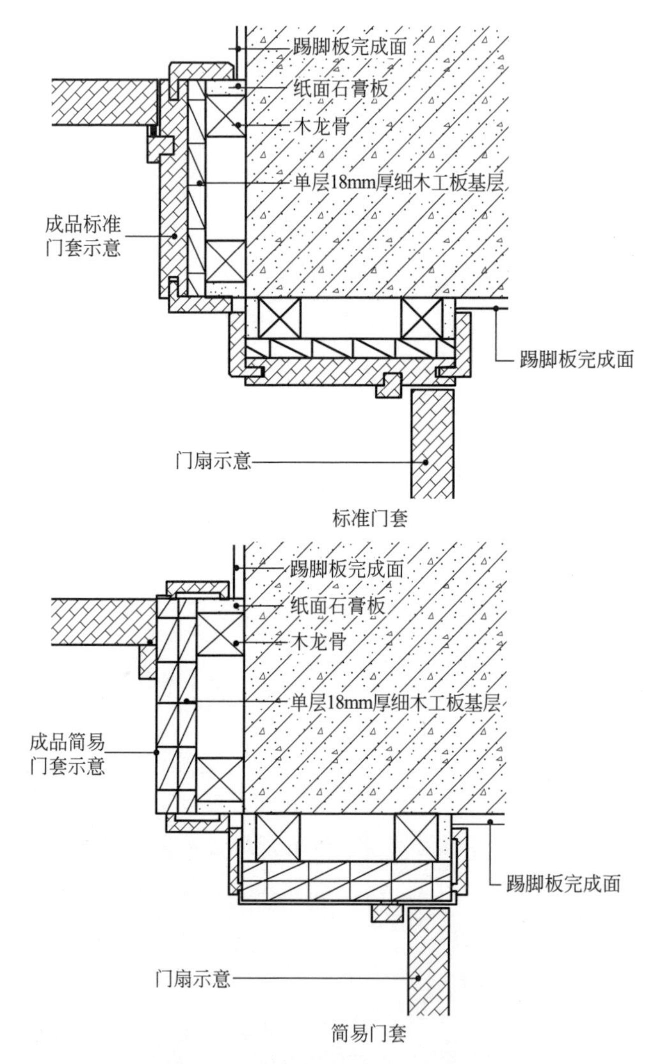

L形转角门墩门套基层密拼做法节点示意图

工艺说明

木龙骨做好防腐处理，成品门套背面刷防潮漆。

010502.1.7 一字形门墩门套基层做法

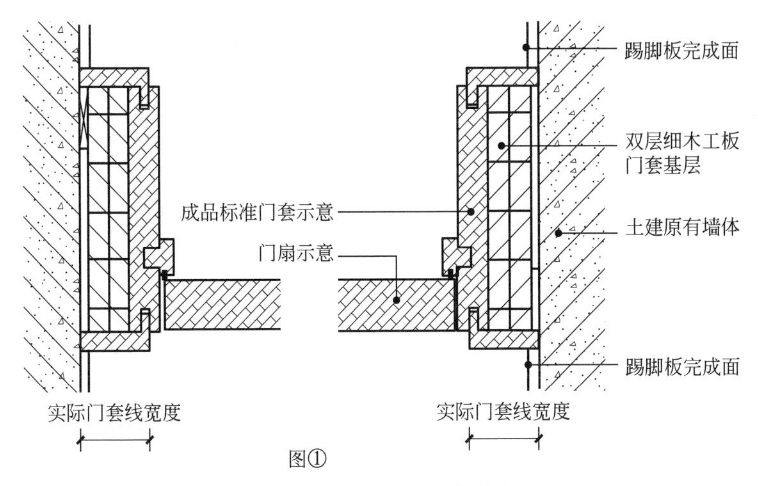

图①

门套基层做法节点（两端到墙边）

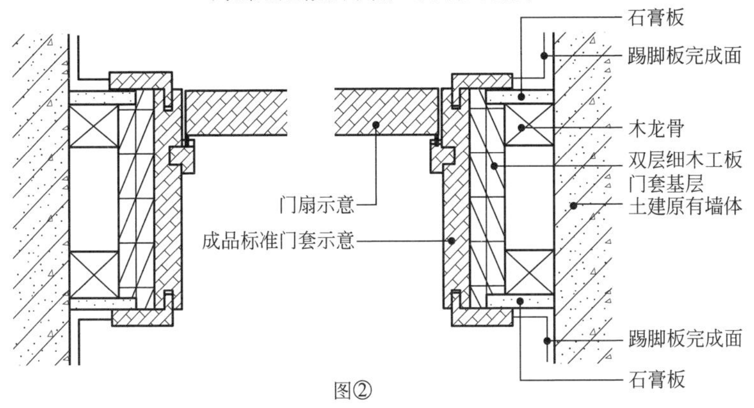

图②

门套基层做法节点（两端不到墙边）

一字形门墩门套基层做法节点示意图

工艺说明

（1）细木工板邻洞口一侧涂刷防火涂料，木龙骨必须用防腐液浸泡；（2）细木工板侧面底端距离门槛完成面预留10mm距离。

010502.1.8 成品门套施工节点 1

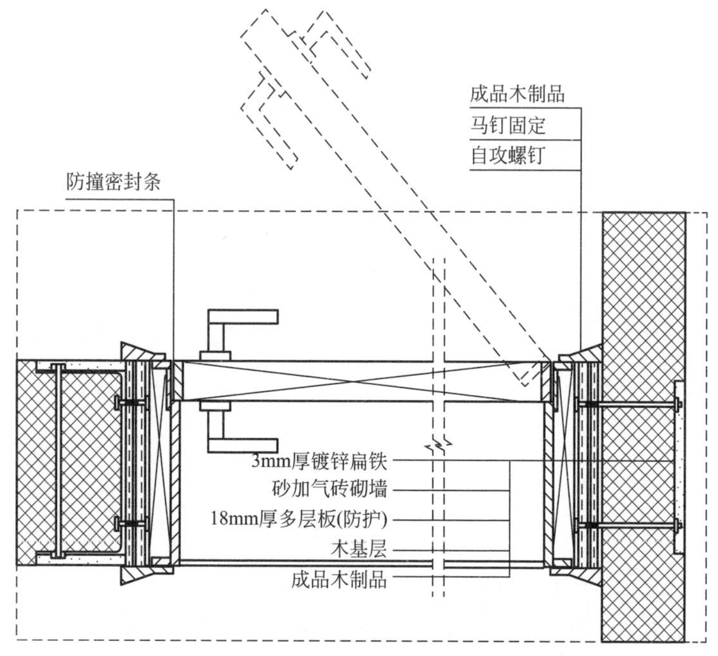

成品门套施工节点示意图 1

工艺说明

（1）轻质墙体采用 U 形镀锌扁铁对穿螺栓固定，门框及门扇均按设计要求。现场复核尺寸后，工厂加工制作，现场成品安装。（2）门框基层采用 18mm 多层板防火、防潮处理。（3）成品门套木皮厚度应不低于 60 丝，油漆须符合环保要求。（4）成品门套背面必须刷防潮漆或贴平衡纸。（5）房门均须配置门吸或门阻，安装位置根据现场实际位置确定。门套企口边嵌橡胶防撞条（色系与木饰面相同）。（6）为使靠墙处门套线与墙面拼接密缝，外面门套线比里面做大 10mm。

010502.1.9　成品门套施工节点 2

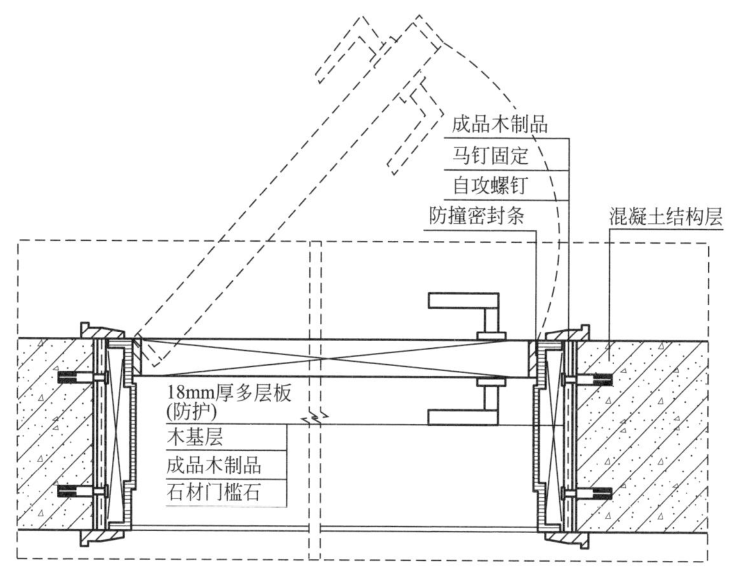

成品门套施工示意图 2

工艺说明

（1）门框及门扇均按设计要求，现场复核尺寸后，工厂加工制作。（2）门框基层采用 18mm 多层板防火、防潮处理。（3）成品门套木皮厚度应不低于 60 丝，油漆须符合环保要求。（4）成品门套背面必须刷防潮漆或贴平衡纸。（5）门套内外门套线双面做收口，以使内外统一、美观。（6）房门均须配置门吸或门阻，安装位置根据现场实际位置确定。门套企口边嵌橡胶防撞条（色系与木饰面相同）。（6）为使靠墙处门套线与墙面拼接密缝，外面门套线比里面做大 10mm。

010502.2　窗套安装工程

010502.2.1　石材窗套收口

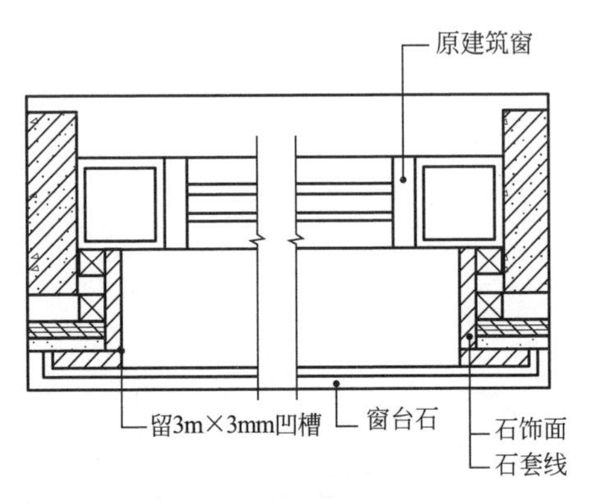

石材窗套收口节点示意图

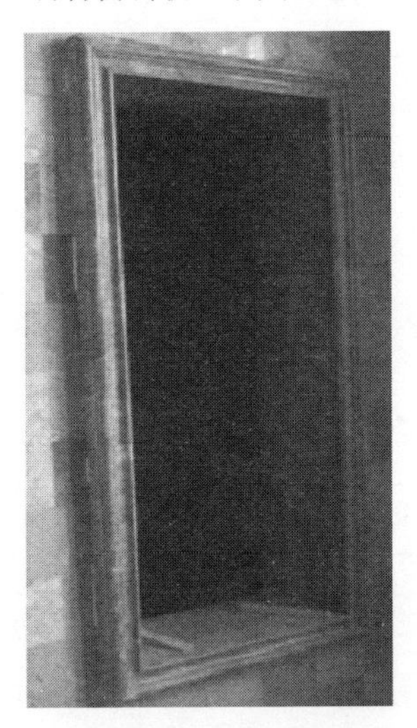

石材窗套收口施工完成图

工艺说明

石材窗套与铝合金窗框接口做法，可使整体观感达到美观的效果。

010502.2.2　木线条窗套收口

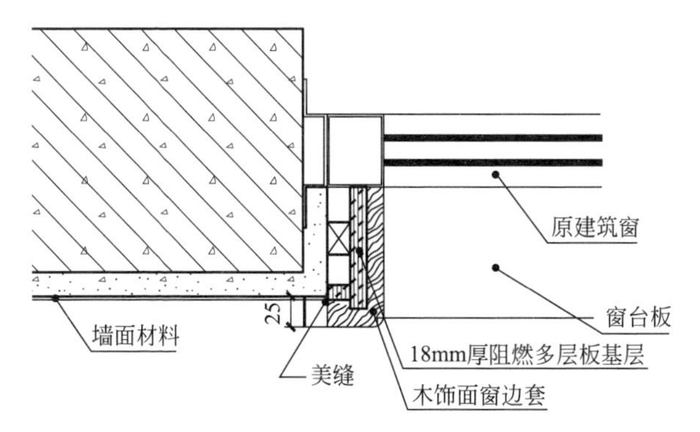

木线条窗套收口节点示意图

木线条窗套收口施工完成图

工艺说明

木制窗套应采用与窗框相同树种的木材，含水率不大于12%，不得有裂纹、扭曲、死节等缺陷。（1）检查安装部位的抹灰和门窗框的接缝平直度。（2）据贴套线的位置，配制套线长度和接头，转角采取割角45°斜面对接。应预装后使套线盖住抹灰及其他面层，盖宽不小于10cm。（3）钉套线时应紧密钉固在门窗框上，钉帽应砸扁冲入，钉的间距视贴脸板和木线条的树种、材质、断面尺寸而定，一般为400mm。（4）内边缘至窗框裁口距离允许偏差2mm，用尺量检查。

010502.2.3 金属窗套收口

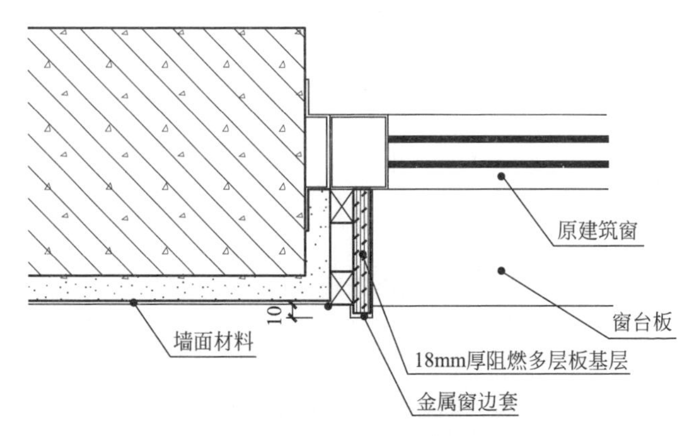

金属窗套收口节点示意图

金属窗套收口施工现场图

工艺说明

(1) 不锈钢窗套应垂直，饰面板粘贴平整、角尺不得有大小头、喇叭口存在；(2) 窗套的割角应整齐，接缝严密，表面光滑，无刨痕、毛刺。

010503 花饰制作与安装工程

010503.1　金属装饰线

010503.1.1　不锈钢条镶石材安装节点

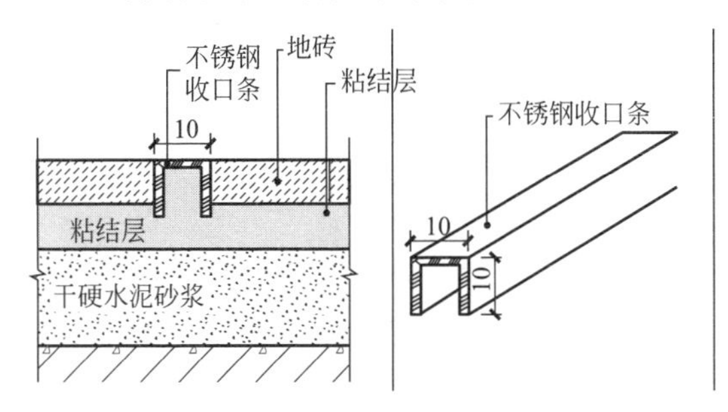

不锈钢条镶石材安装节点示意图

不锈钢条镶石材施工完成图

工艺说明

（1）在石材表面拉出装饰条尺寸的槽，深度根据需要确定，也就是装饰条高出板面的尺寸或者镶嵌尺寸确定，槽的深度比实际尺寸略深。（2）将云石胶涂抹在石材槽内，将不锈钢装饰条镶入石材槽中，确定好位置高度跟各处尺寸放置。（3）在等待几分钟后云石胶未完全干透的情况下用美工刀刮去多余的或者溢出的胶体，等待完全干透即可。

010503.1.2　不锈钢条镶木饰面安装节点

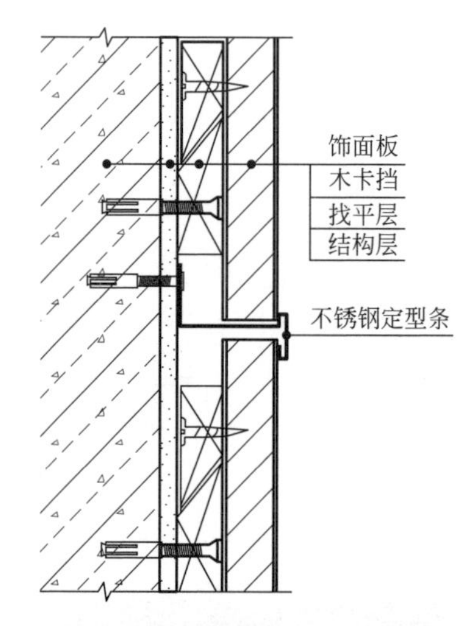

不锈钢条镶木饰面安装节点示意图

不锈钢条镶木饰面施工完成图

工艺说明

将工厂生产的挂式木卡挡，按线位用膨胀螺栓固定；先挂装下面部分饰面部件，安装不锈钢定型条后，再装上面部分饰面部件，连续作业；控制不锈钢定型条与饰面板之间缝隙的一致性。

010503.2　木制装饰线

010503.2.1　木饰面与木饰面的拼接收口

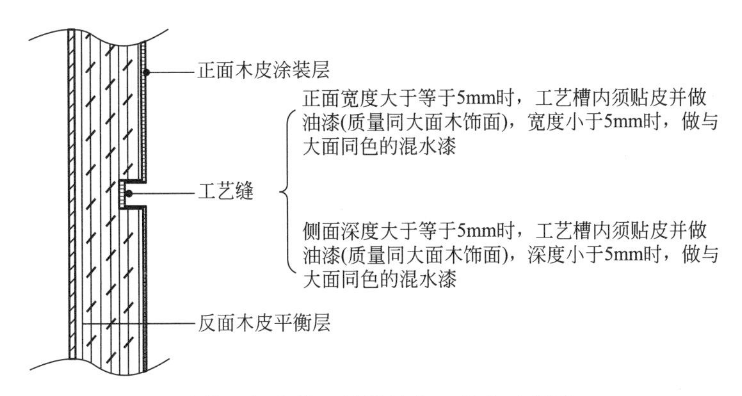

木饰面与木饰面的拼接收口节点示意图

木饰面与木饰面的拼接收口完成图

工艺说明

墙身大面积木饰面工艺槽，可以使大面积木饰面接口达到整齐平直的效果。

010503.2.2 玻璃与木线条拼接收口

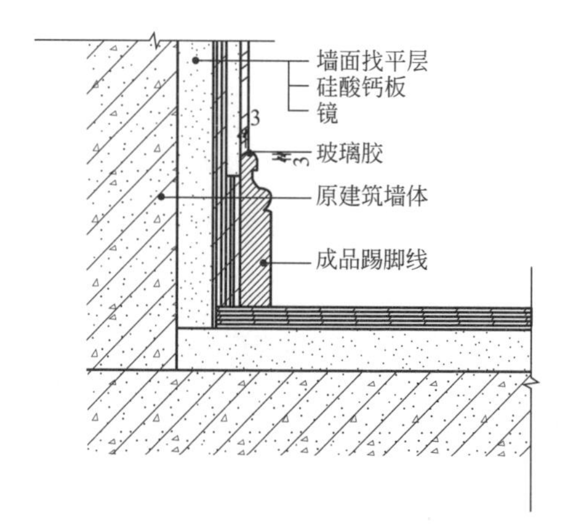

玻璃与木线条拼接收口节点示意图

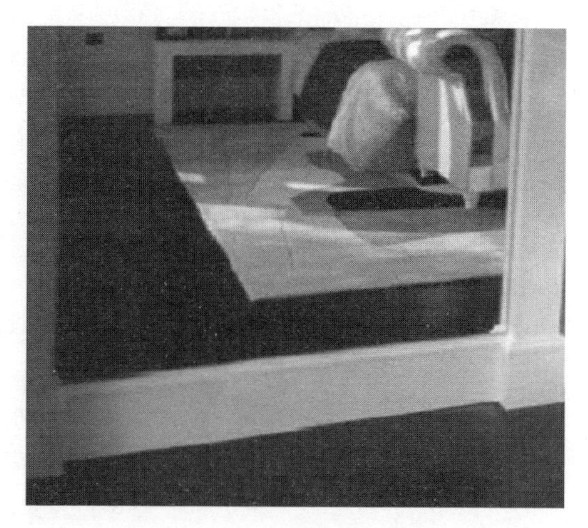

玻璃与木线条拼接施工完成图

工艺说明

木饰面与玻璃镜接口的做法可使接口达到整齐平直的效果。

010503.3　石材装饰线

010503.3.1　石材与墙纸拼接收口

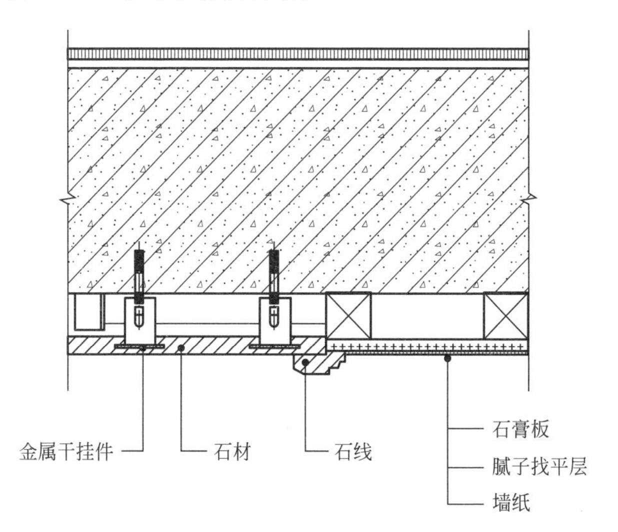

石材与墙纸拼接收口节点示意图

石材与墙纸拼接收口施工完成图

工艺说明

造型石线加工时，在与墙纸接合处预留槽位，方便墙纸收口压入槽内，达到收口美观的效果。

010503.3.2 石材与石饰线拼接收口

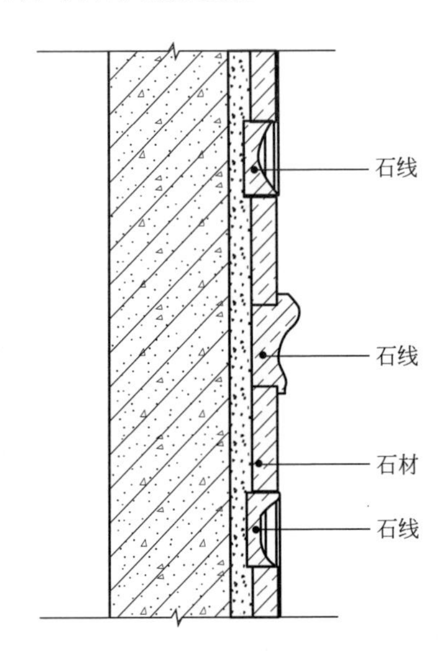

石材与石饰线拼接收口节点示意图

石材与石饰线拼接收口施工完成图

工艺说明

造型石线加工时须预留槽位与石材拼接，达到收口美观的效果。

010504 其他工程

010504.1 卫生间地漏施工节点

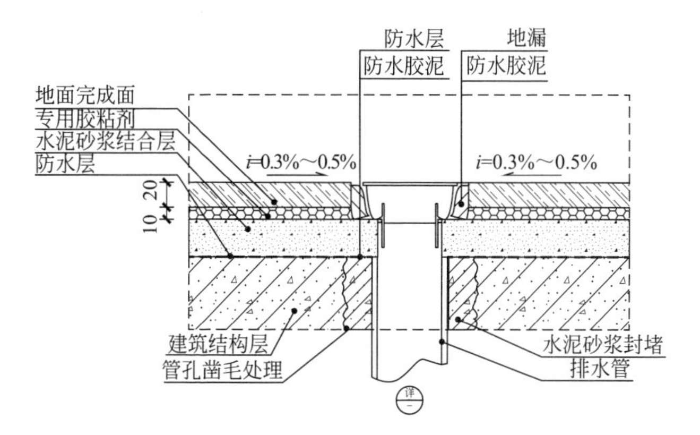

卫生间地漏施工节点示意图

卫生间地漏施工完成图

工艺说明

(1) 楼板开孔须大于排水管管径40~60mm，孔壁须进行凿毛处理。须用专用模具支撑，浇捣须用水泥砂浆分2次以上封堵浇捣密实。(2) 地漏的排水管口标高应根据地漏型号确定，使排水管与地漏连接紧密。地漏安装时周边的砂浆应填充密实。(3) 地漏、排水管口径须符合排水流量要求，排水管须设置盛（存）水弯。

010504.2 消防栓安装收口

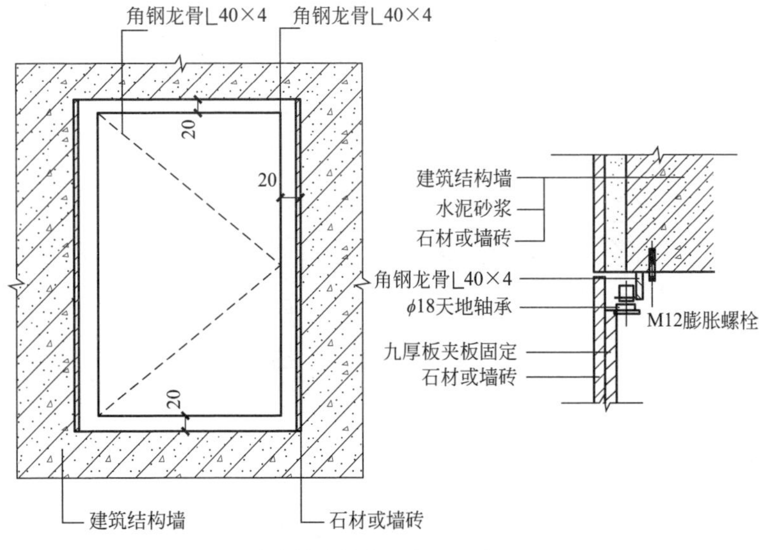

消防栓安装收口节点示意图

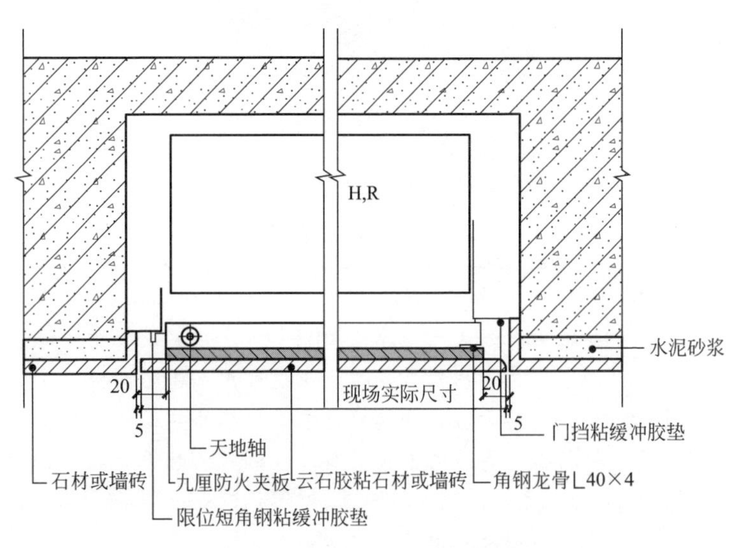

消防栓安装收口节点剖面示意图

消防栓安装收口

工艺说明

(1) 国标角钢龙骨∟40×4焊接消防栓装饰门内框架，要求用直角尺测量使框架四角成90°直角，焊点用防锈漆做三道防锈处理。在上下边框上弹出垂直线，用ϕ18天地轴将框架固定于上下边框上，并做好调整，使之加上基层夹板及石材厚度能自由开启。(2) 用云石将石材粘贴在钢架上。每块石材的粘结点不得少于4个，每个粘结点的面积不小于40mm×40mm，胶缝厚度为5mm为宜。(3) 用30mm专用自攻螺钉将经过防火处理的十二厘夹板固定在背侧角钢架上，再喷漆进行美观处理。(4) 关闭消防栓门使石桥表面与墙面石材相平，确定消防栓门的门挡位置，并安装吸附式门碰。

010504.3 管道井门安装收口

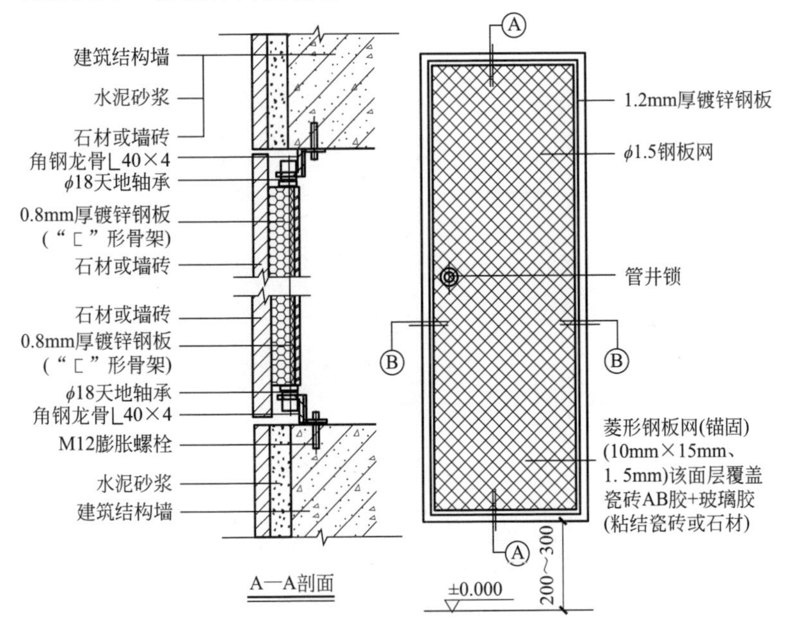

管道井门安装收口节点示意图

管道井门安装收口施工完成图

工艺说明

管道井门安装暗门做法，可使整体墙身装饰达到整齐平直的效果。

第二章 建筑幕墙

第一节 • 建筑幕墙埋件

020100 综合说明

1. 适用范围

本章节所涉及的节点工艺适用于建筑幕墙板式预埋件、槽式埋件以及后置埋件。

2. 材料要求

受力预埋件的锚板宜采用 Q235、Q345 级钢，锚板的厚度应根据受力情况计算确定，且不宜小于锚筋直径的 60%；受拉和受弯预埋件的锚板厚度尚宜大于 $b/8$，b 为锚筋的间距；受力预埋件的锚筋应采用 HRB400 或 HPB300 钢筋，不应采用冷加工钢筋。

采用后锚固技术的混凝土后置埋件时，混凝土基材可为钢筋混凝土、预应力混凝土或素混凝土构件。基材混凝土强度等级不应低于 C20，且不得高于 C60，安全等级为一级的后锚固连接，其基层混凝土强度等级不应低于 C30。

槽式预埋件的槽道采用碳素结构钢、低合金结构钢或不锈钢，经热轧或冷轧成型工艺制成的内壁为光面或齿形面的槽钢，锚件采用碳素结构钢、低合金结构钢或不锈钢，除锚件和不锈钢制品外，槽式预埋件的表面应进行热浸镀锌处理，镀锌厚度不小于 45μm。

机械锚栓的材质宜为碳素钢、合金钢、不锈钢或高抗腐不锈钢，应根据环境条件及耐久性要求选用；化学锚栓螺杆可为普通全牙螺杆和特殊倒锥形螺杆，螺杆材质应根据环境条件及耐久性要求选用；化学锚栓的锚固胶应为改性环氧树脂类或改性乙烯基酯类材料。

3. 工艺要求

直锚筋与锚板应采用 T 形焊接。当锚筋直径不大于 20mm 时宜采用压力埋弧焊，当锚筋直径大于 20mm 时宜采用穿孔塞焊。当采用手工焊时，焊缝高度不宜小于 6mm。

预埋件锚筋中心至锚板边缘的距离不应小于 $2d$ 和 20mm。预埋件受力直锚筋直径不宜小于 8mm，且不宜大于 25mm。直锚筋数量不宜少于 4 根，且不宜多于 4 排；受剪预埋件的直锚筋可采用 2 根。受拉锚筋的锚固长度应符合设计要求且不小于 200mm，当无法满足锚固长度的要求时，应采取其他有效的锚固措施。

埋设槽式预埋件的混凝土基材的厚度 h 应不小于 1.5 倍槽式预埋件锚筋的有效锚固深度，且不小于 150mm，当确有需要采用较小的基材厚度时，应当提供相应的认证报告。埋设槽型预埋件的混凝土基材的最小宽度应不小于 1.2 倍槽式预埋件宽度，且不小于 150mm。槽式预埋件的锚筋有效锚固深度不得小于 90mm。两个锚筋间的最小间距不得小于 100mm，最大间距不得大于 250mm。槽式预埋件与混凝土构件的最小边距应符合材料供应商提供的认证报告的要求，且不应小于 50mm，当槽式预埋件与混凝土构件边距较小时，宜选用 V 形等有利于减小混凝土边缘应力的截面。

模扩底型锚栓应采用专用设备钻孔、扩孔，清孔后应量测锚孔孔深、孔径及扩孔直径，合格后方可安装锚栓。自扩孔型锚栓钻孔、清孔完成后，应用游标卡尺或钢尺量测锚孔孔深，满足产品的使用说明书要求后方可安装锚栓。化学锚栓应按照设计和产品说明书规定的工序进行施工。锚固胶应采用锚栓配套产品。化学锚栓清孔应满足规范及产品说明书的要求。锚栓安装完成，在满足产品规定的固化温度和对应的静置固化时间后，才能进行下道工序施工。

020101 板式埋件

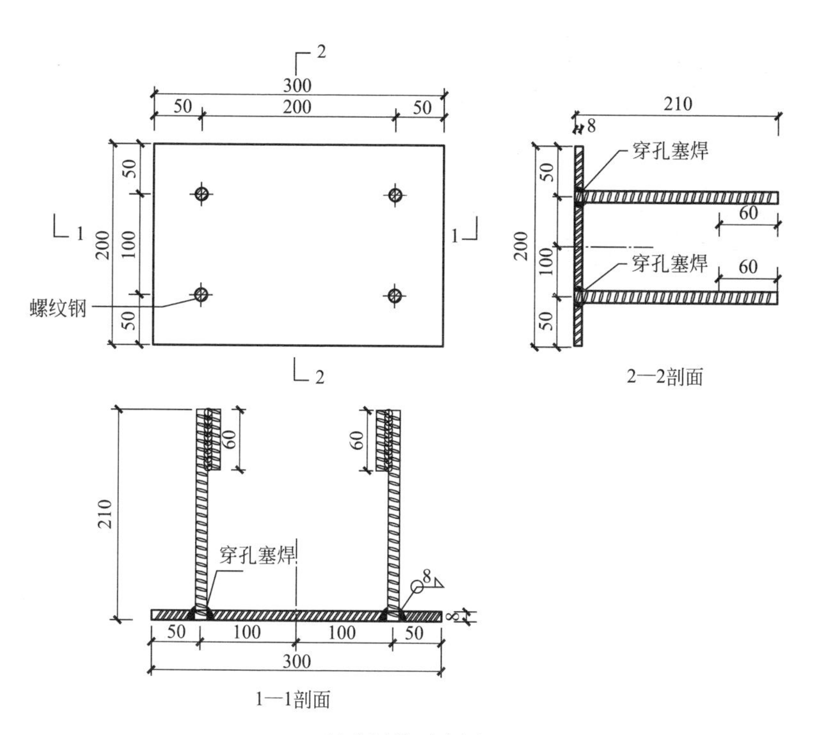

板式埋件示意图

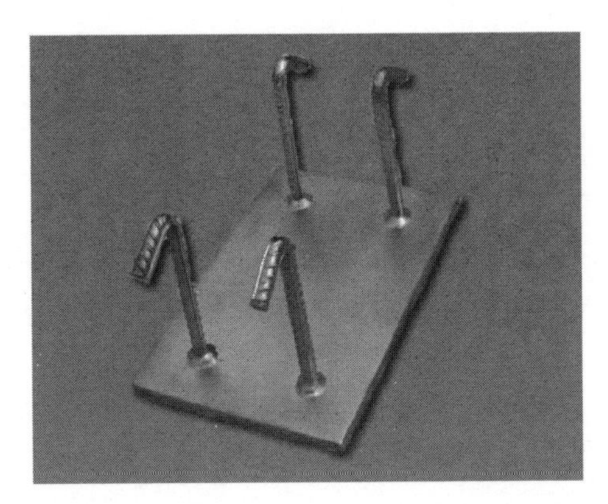

板式埋件实样图

工艺说明

板式埋件是由锚板与锚筋通过焊接而成的一种埋件。锚筋锚固形式有：(1) 90°弯钩（末端90°弯钩，弯钩内径$4d$，弯后直段长度$12d$）；(2) 135°弯钩（末端135°弯钩，弯钩内径$4d$，弯后直段长度$5d$）；(3) 一侧贴焊锚筋（末端一侧贴焊，长$5d$）；(4) 两侧贴焊锚筋（末端两侧贴焊，长$3d$）；(5) 焊端锚板（末端与厚度d的锚板穿孔塞焊）；(6) 螺栓锚头（末端旋入螺栓锚头）。

020102 板槽式埋件

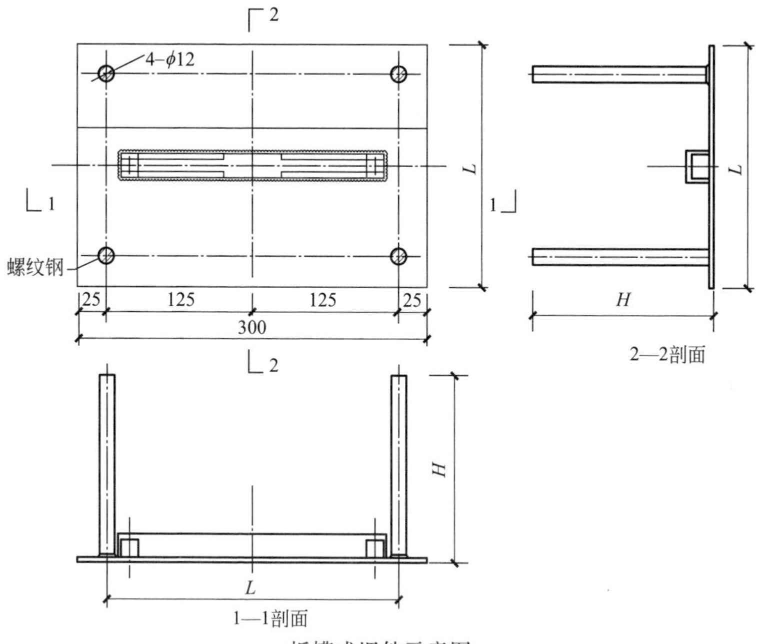

板槽式埋件示意图

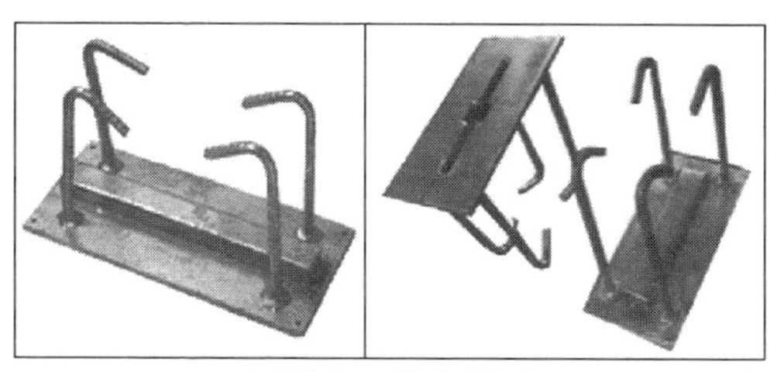

板槽式埋件实样图

工艺说明

板槽式埋件在普通平板式预埋件基础上增加了预留槽，连接方便；在埋件位置误差较大的情况下，也可像普通埋件一样焊接处理，灵活性较大。

020103 槽式（哈芬槽）埋件

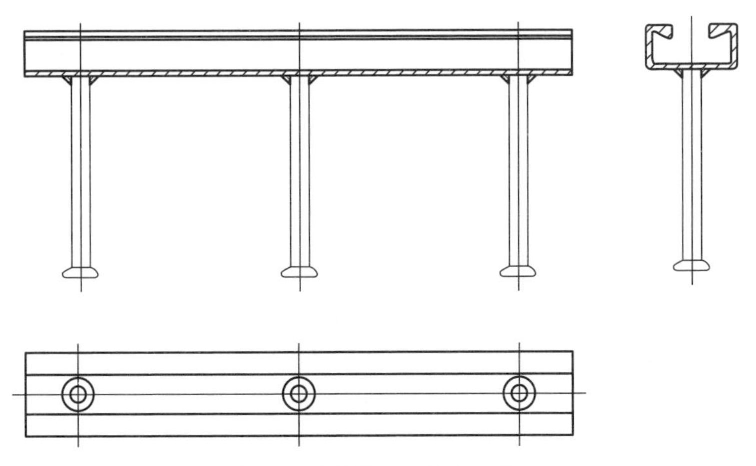

槽式（哈芬槽）埋件示意图

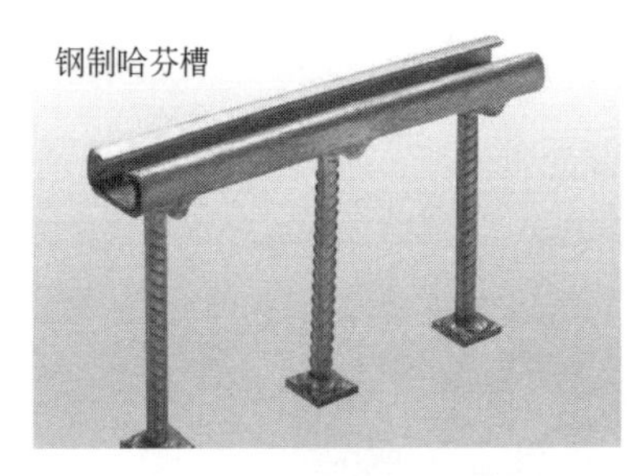

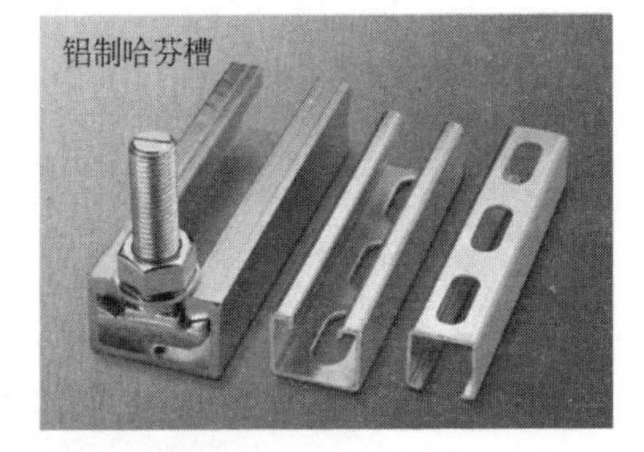

槽式（哈芬槽）埋件实样图

工艺说明

槽式预埋件的钢槽、锚筋和T形螺栓的原材料应采用热轧钢材或铸钢，焊接式槽式预埋件不应采用冷加工钢槽和锚筋。钢槽壁厚不应小于3mm，槽体与锚筋应采用焊接式、铸造式或机械咬合式连接。

020104 后置埋件

020104.1 后置埋板

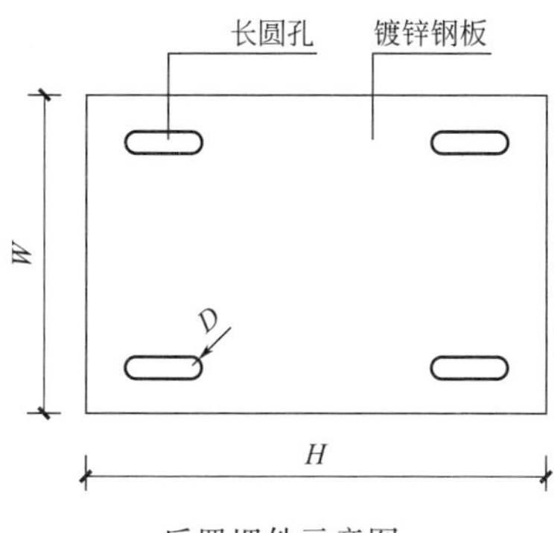

后置埋件示意图

后置埋件实样图

工艺说明

后锚固连接使用年限应与被连接结构的设计使用年限一致，并不宜小于30年。外露的后锚固连接，应有可靠的防腐措施。锚板厚度应按现行国家标准进行设计，且不宜小于锚栓直径的0.6倍；受拉和受弯锚板的厚度尚宜大于锚栓间距的1/8；外锚栓孔至锚板边缘的距离不应小于2倍锚栓孔直径和20mm。

020104.2　锚固件

020104.2.1　化学锚栓

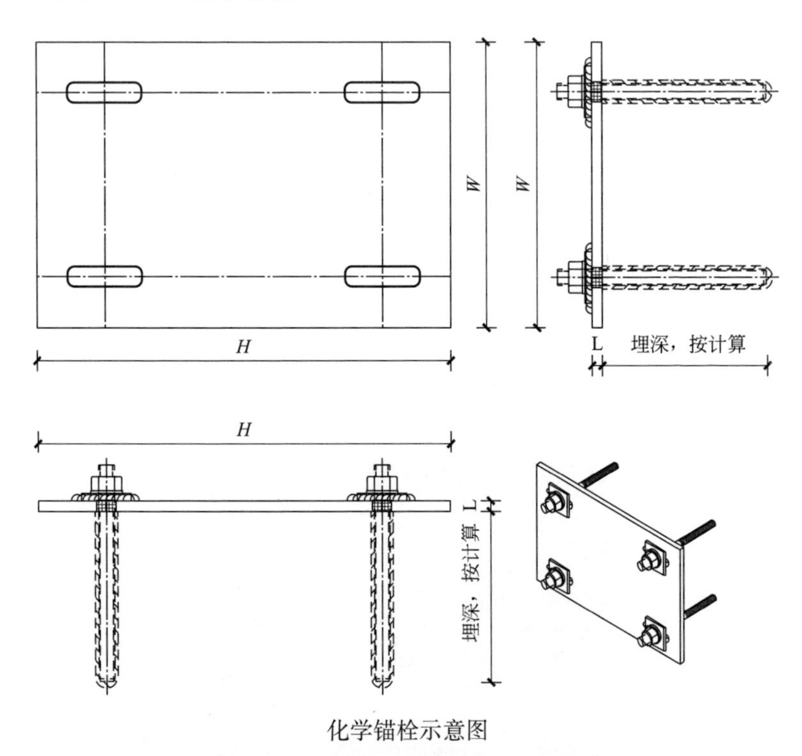

化学锚栓示意图

工艺说明

化学锚栓应按照设计和产品说明书规定的工序进行施工。在产品说明书规定的安装方向下安装时，锚栓和钻孔之间的空隙应填充密实，锚栓安装后不应产生锚固胶的流失，固化时间内螺杆不应有明显位移。化学锚栓安装时，基材等效养护龄期应超过600℃·d；表面温度和孔内表层含水率应符合设计和锚固胶使用说明书要求，无明确要求时，基材表面温度不应低于15℃；化学锚栓的施工严禁在大风、雨雪天气露天进行。

020104.2.2　机械锚栓

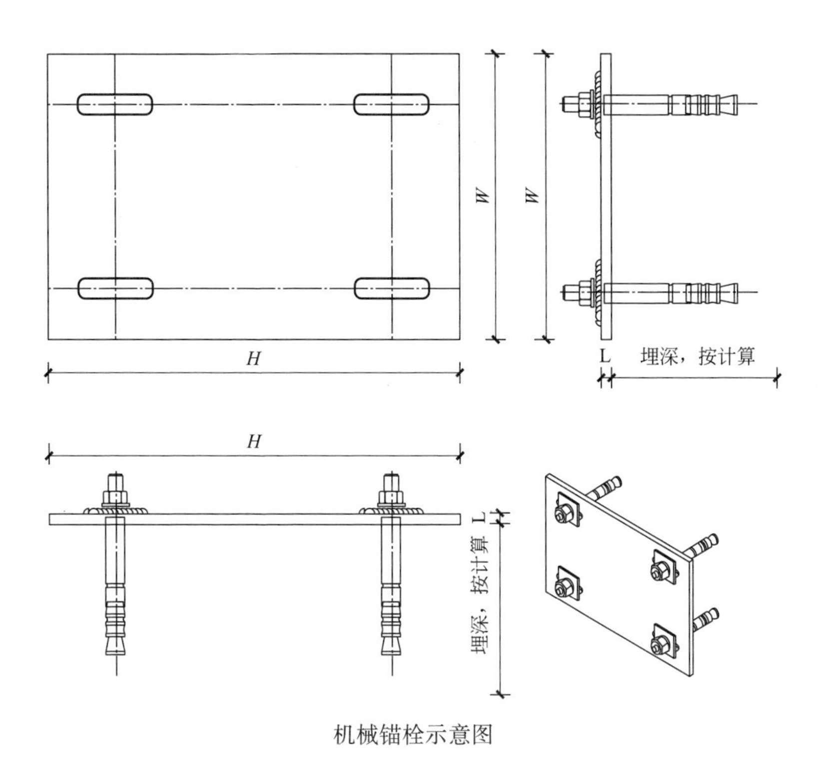

机械锚栓示意图

工艺说明

机械锚栓是指利用锚栓与锚孔之间的摩擦作用或锁键作用形成锚固的锚栓。模孔底锚栓放入锚孔之后，应量测锚栓的钢筒和螺杆相对于基面的外露长度，满足要求后将锚栓钢筒击打到位。锚栓钢筒安装到位后，应复测钢筒与基面的距离，满足要求后再安装锚固件。

第二节 • 建筑幕墙骨架系统构造

020200 综合说明

1. 适用范围

本章节所涉及的节点工艺适用于建筑幕墙骨架系统构造。

横梁、立柱可采用铝合金型材、钢型材或铝合金型材和钢型材组合的形式。

2. 材料要求

幕墙所用材料应符合国家、行业和本省现行有关标准的规定，并应有出厂合格证、质量保证书或出厂检测报告，进口材料应符合国家商检的规定。

除不锈钢外，钢材的外露表面应进行表面热浸镀锌处理、无机富锌涂料处理或采取其他有效的防腐措施；铝合金材料应进行表面阳极氧化、电泳涂漆、粉末喷涂或氟碳漆喷涂处理。

用穿条工艺生产的隔热铝型材，其隔热材料应使用PA66＋GF25Z（聚酰胺66＋25玻璃纤维）材料，不得使用PVC材料；用浇注工艺生产的隔热铝型材，其隔热材料应使用PUR（聚氨基甲酸乙酯）材料。

幕墙用碳素结构钢、合金结构钢、低合金高强度结构钢和碳钢铸件的钢种、牌号和质量等级应符合现行国家标准的规定。

幕墙用不锈钢宜采用奥氏体不锈钢材且应符合现行国家标准的要求。奥氏体不锈钢的铬、镍总含量不宜低于25%，其中镍含量不宜低于8%。

3. 工艺要求

幕墙的立柱与横梁采用螺栓连接时，连接处可设置柔性垫片或预留1～2mm的间隙注胶填充。除不锈钢外，幕墙中不同种类金属材料的直接接触处，应设置绝缘垫片或采取其他有效地防止双金属腐蚀措施。

幕墙的立柱宜悬挂在主体结构上，与主体结构的连接节点应有可靠的防松、防脱和防滑措施。

立柱与主体结构采用螺栓连接时，每个受力部位的螺栓不少于 2 个，且螺栓的直径不小于 12mm。

幕墙与主体钢结构连接件、锚板宜在主体钢结构加工时完成，不宜在现场焊接。未经主体结构设计单位同意，现场不得在钢结构柱及主梁上焊接各类转接件。

横梁通过角码、螺钉或螺栓与立柱连接时，角码应能承受横梁的剪力，其厚度不应小于 3mm；角码与立柱之间的连接螺钉或螺栓应满足抗剪和抗扭承载力要求。

构件式明框玻璃幕墙固定玻璃采用压板构造时，压板应连续通长，受力部位厚度不应小于 2.0mm，不应采用自攻螺钉与框架连接。螺钉间距按压板和紧固件受力分析计算确定，且间距不大于 400mm，螺钉直径不小于 5mm。铝合金横梁型材截面有效受力部位的厚度不应小于 2.0mm。铝合金型材孔壁与螺钉之间直接采用螺纹受拉、压连接时，应进行螺纹受力计算。螺纹连接处，型材局部加厚部位的壁厚不应小于 4mm，宽度不应小于 13mm。

横向隐框玻璃板块应当设置托板，托板应当与框架可靠连接，并应进行强度和挠度验算。托板可用铝合金或不锈钢板材，长度不应小于 100mm，厚度不应小于 2mm，托板应托住外片玻璃。

铝合金型材截面开口部位的厚度不应小于 3.0mm，闭口部位的厚度不应小于 2.5mm；热轧钢型材截面有效受力部位的厚度不应小于 3.0mm；冷成型薄壁型钢截面有效受力部位的厚度不应小于 2.5mm。

立柱上、下端均宜与主体结构铰接，宜采用上端悬挂方式；螺栓连接时，其上端支承点宜采用圆孔，下端支承点宜采用长圆孔。

两立柱接头部位应留空隙，空隙宽度不宜小于 15mm，并采用硅酮建筑密封胶密封。

020201 铝合金龙骨系统

020201.1 竖龙骨与埋件的连接

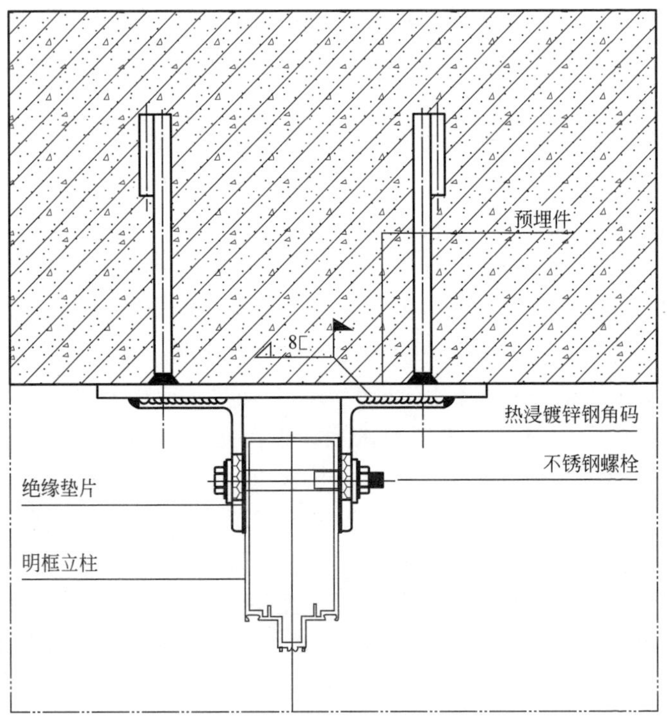

连接件与主体结构连接节点示意图（一）

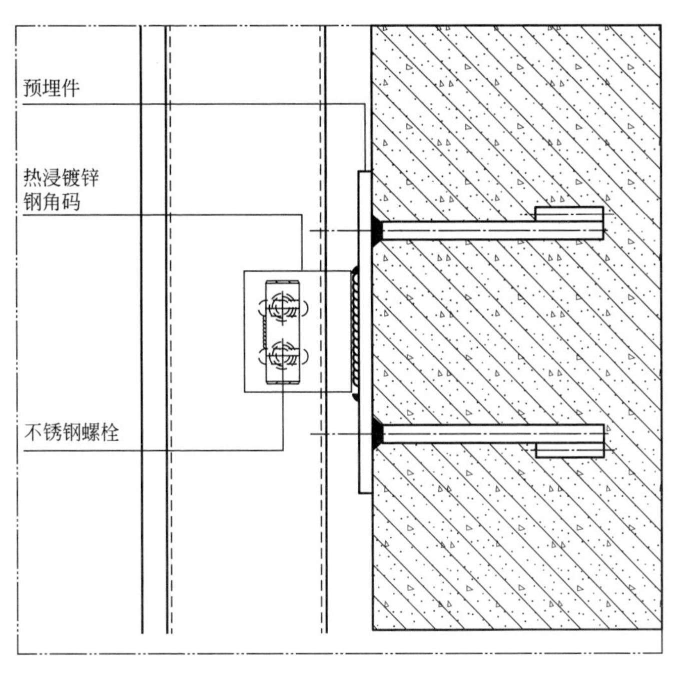

连接件与主体结构连接节点示意图（二）

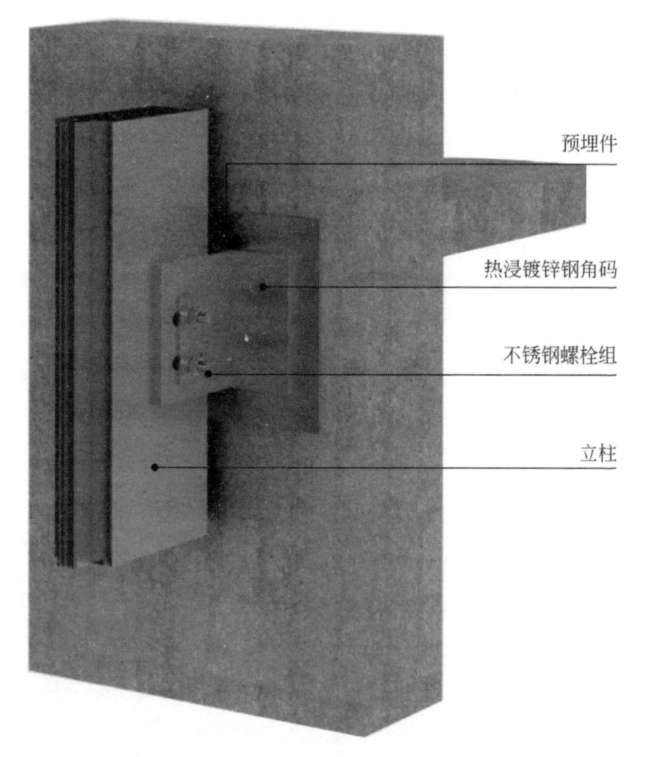

连接件与主体结构连接节点三维图

工艺说明

连接件与主体结构的锚固承载力设计值应大于连接件本身的承载力设计值，为防止偶然因素产生突然破坏，连接用的螺栓、铆钉等主要部件，至少布置 2 个。角码和立柱采用不同金属材料时，应采用绝缘垫片分隔或采取其他有效措施防止双金属腐蚀。多层或高层建筑中跨层通长布置立柱时，立柱与主体结构的连接支撑点每层不宜少于一个；在混凝土实体墙面上，连接支撑点宜加密。

020201.2 横龙骨与竖龙骨的连接

020201.2.1 开口型材

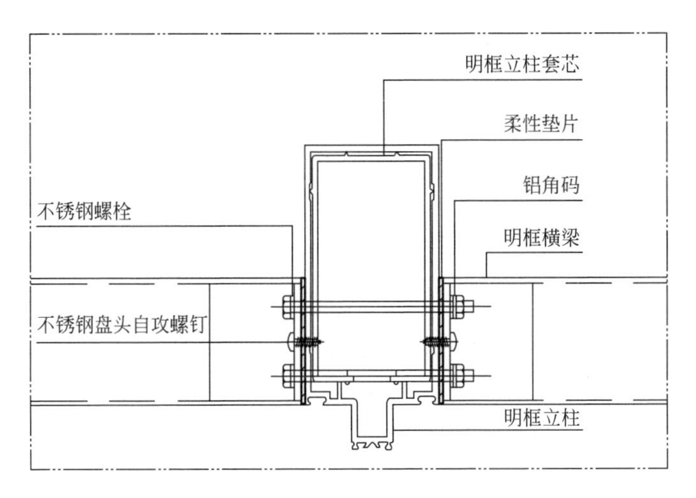

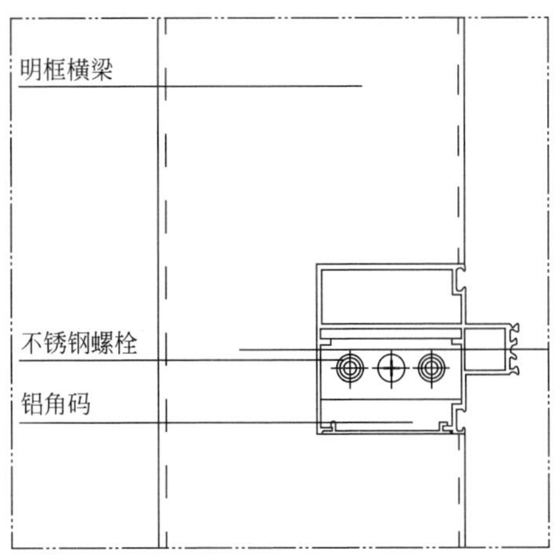

开口型材连接节点示意图

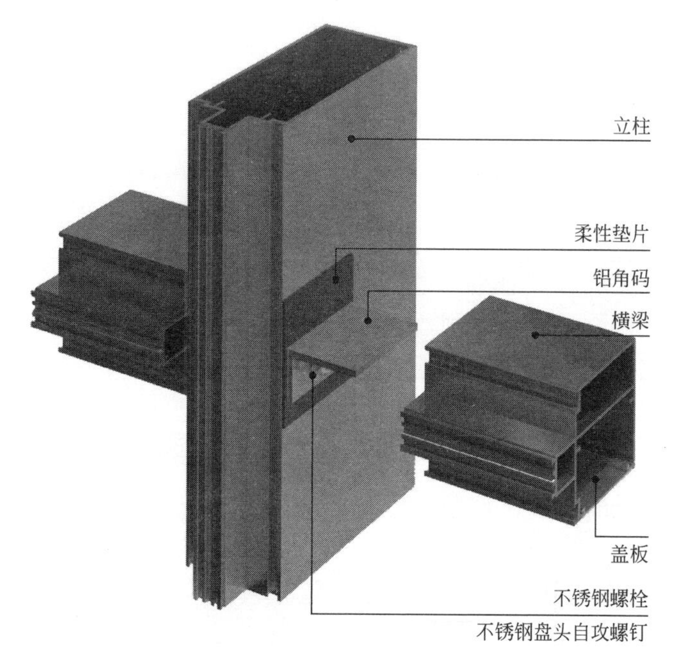

开口型材连接节点三维图

工艺说明

横梁与横梁扣盖组成横向支撑结构，横梁与立柱之间主要依靠角码、螺栓、自攻螺钉等配件连接。当采用大跨度开口截面横梁时，宜考虑约束扭转产生的双力矩。铝型材立柱截面开口部位的厚度不应小于3.0mm，闭口部位厚度不应小于2.5mm。

020201.2.2　闭口型材

020201.2.2.1　螺钉连接

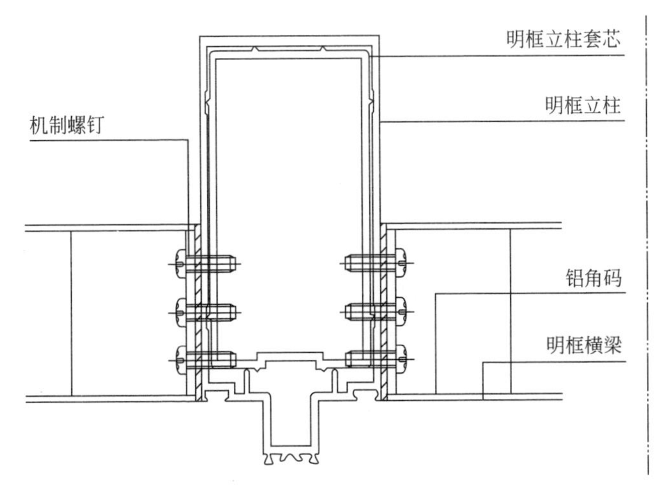

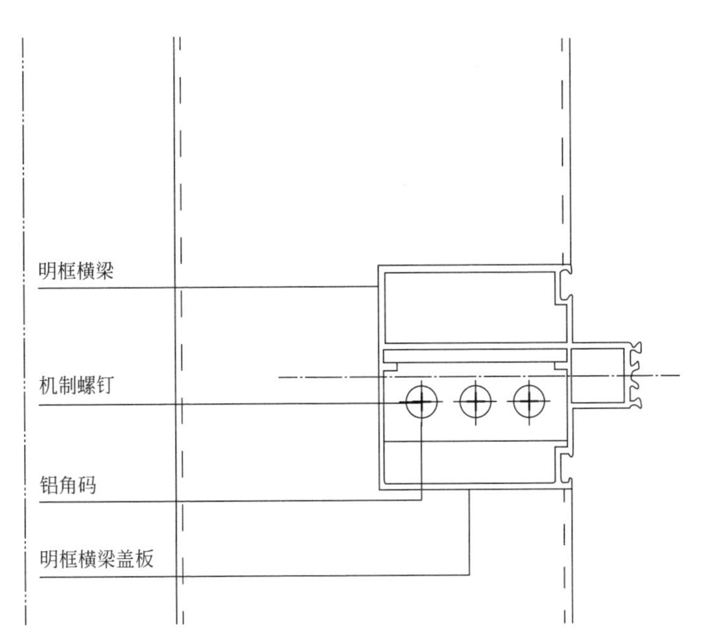

闭口型材螺钉连接节点示意图

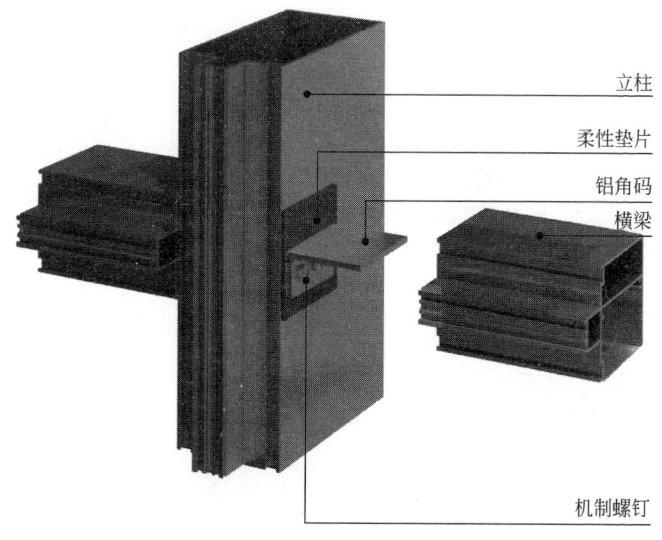

闭口型材螺钉连接节点三维图

工艺说明

横梁可通过角码、螺钉或螺栓与立柱连接。角码应能承受横梁的剪力，其厚度不应小于3mm，角码与立柱之间的连接螺钉或螺栓应满足抗剪和抗扭承载力要求。型材孔壁与螺钉之间直接采用螺纹受力连接时，其局部厚度尚不应小于螺钉的公称直径。

020201.2.2.2　弹簧钢销连接

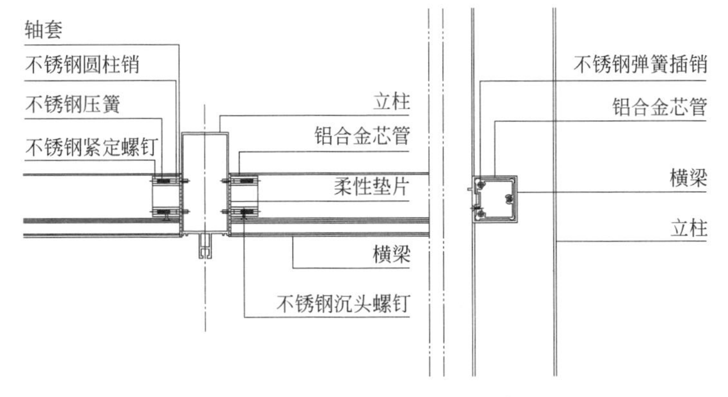

闭口型材弹簧钢销连接节点示意图

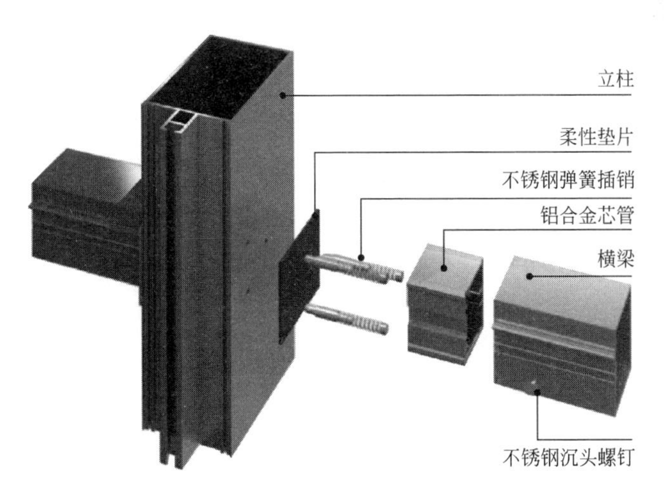

闭口型材弹簧钢销连接节点三维图

工艺说明

横梁与立柱之间通过铝合金芯管、不锈钢弹簧插销和螺钉等配件进行连接，横梁将所承受的荷载通过不锈钢弹簧插销传递给立柱。

020201.2.2.3 外置角码连接

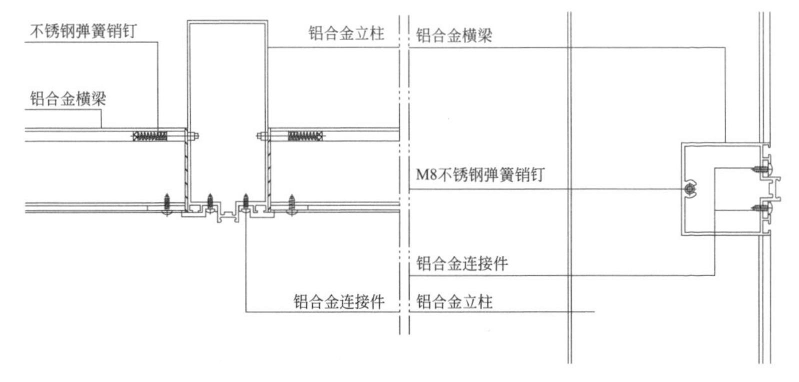

闭口型材外置角码连接节点示意图

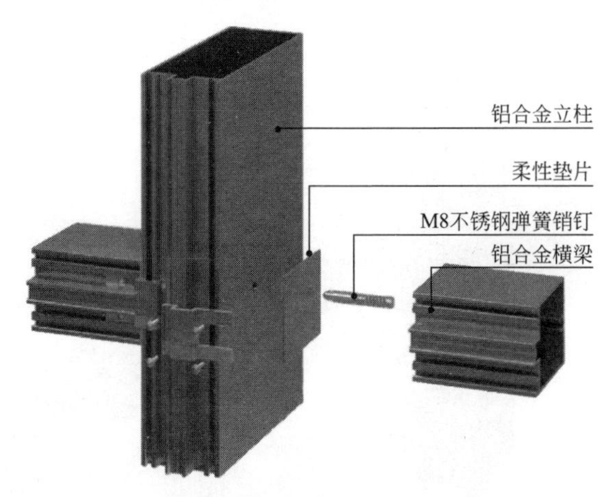

闭口型材外置角码连接节点三维图

工艺说明

横梁主体与立柱之间通过角码连接件、不锈钢弹簧钢销进行连接，连接角码、不锈钢弹簧钢销的尺寸、材质必须符合图纸设计要求。横梁外端与立柱之间通过铝合金连接件、不锈钢螺钉进行固定连接，不锈钢螺钉规格、数量应满足设计要求。

020202 钢骨架系统（方管）

020202.1　竖龙骨与埋件的连接

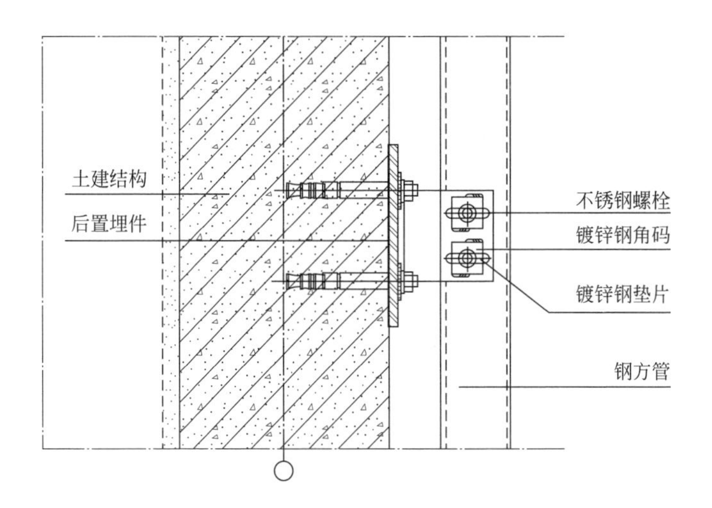

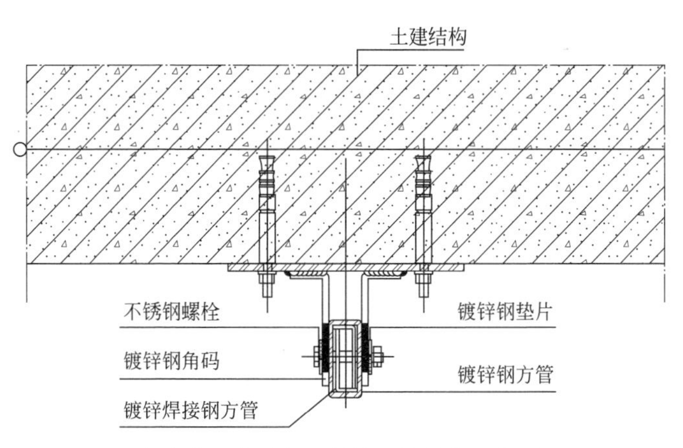

钢方管竖龙骨与埋件的连接节点示意图

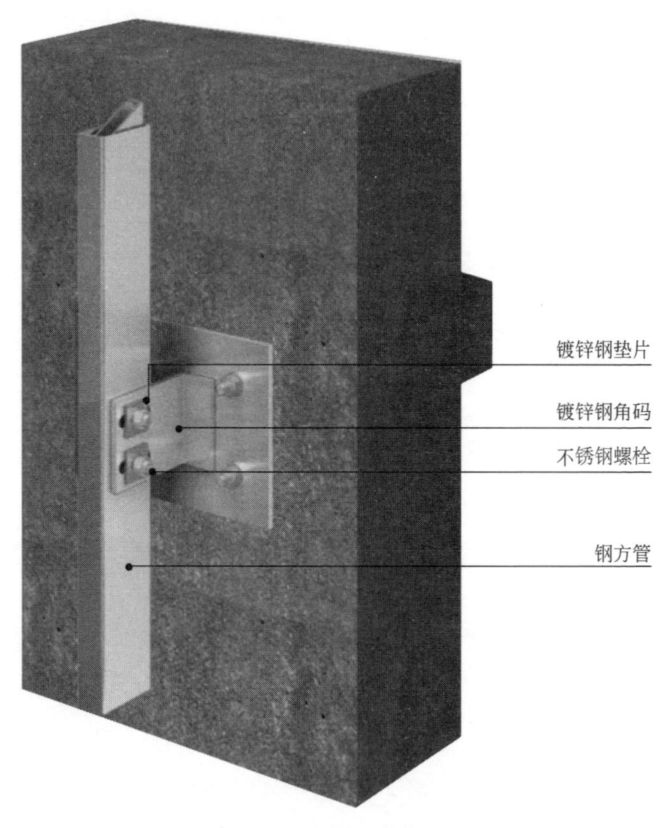

钢方管竖龙骨与埋件的连接节点三维图

工艺说明

立柱应采用螺栓与角码连接，再通过角码与预埋件或钢结构连接。螺栓直径不应小于10mm，连接螺栓应按现行国家标准进行承载力计算。立柱与角码采用不同金属材料时应采用绝缘片分隔。当立柱与主体间留有较大间距时，可在幕墙与主体结构之间设置过渡钢桁架或钢伸臂，钢桁架或钢伸臂与主体结构应可靠连接，幕墙与钢桁架或钢伸臂应可靠连接。

020202.2 层间上下龙骨的连接

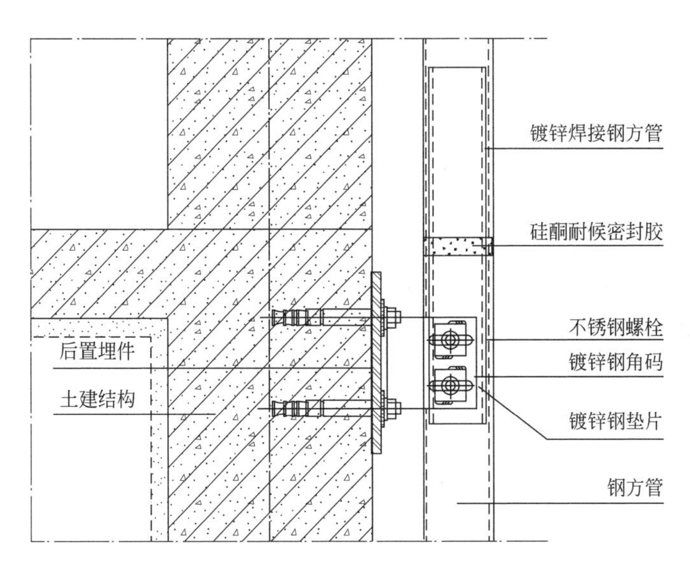

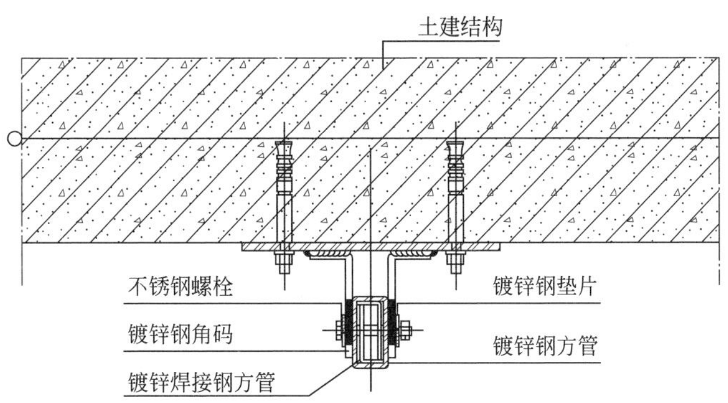

层间龙骨连接节点示意图

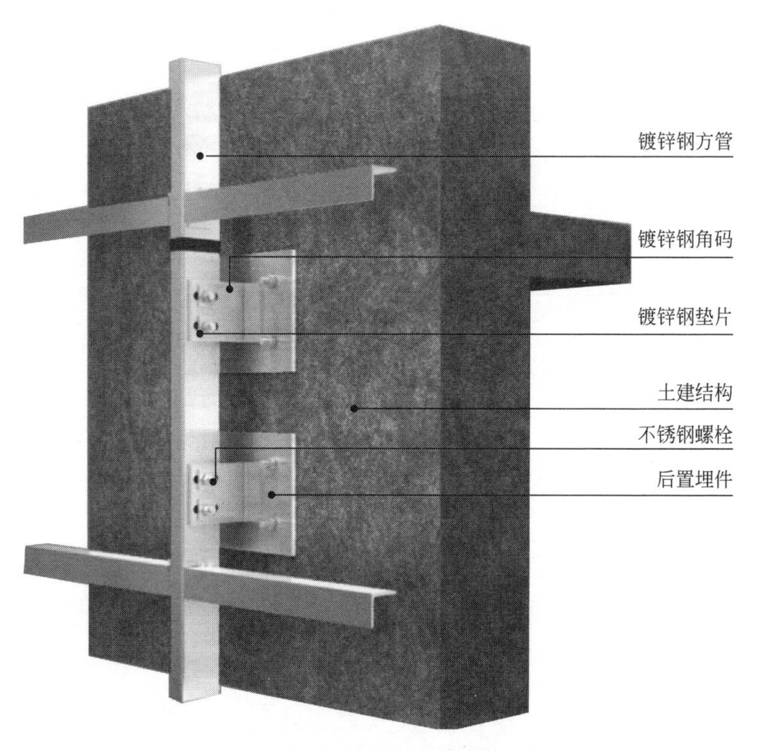

层间龙骨连接节点三维图

工艺说明

立柱自下而上是全长贯通，每层之间通过滑动接头连接。上下立柱之间应有不小于15mm的缝隙，并应采用芯柱连接。芯柱与立柱应紧密接触。芯柱与下柱之间应采用不锈钢螺栓固定。

020202.3　横龙骨与竖龙骨的连接

020202.3.1　电焊连接

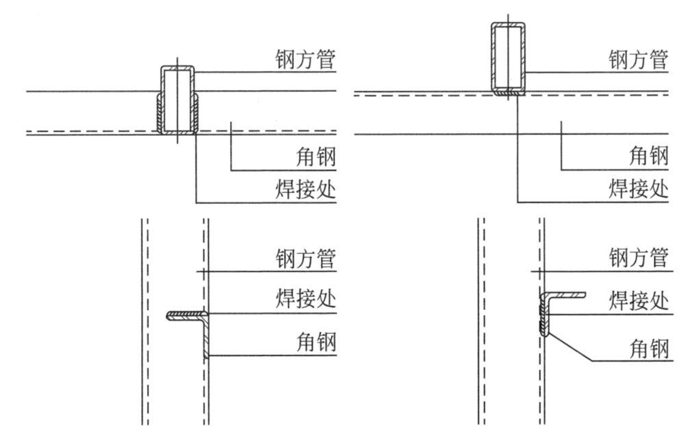

横竖龙骨电焊连接节点示意图

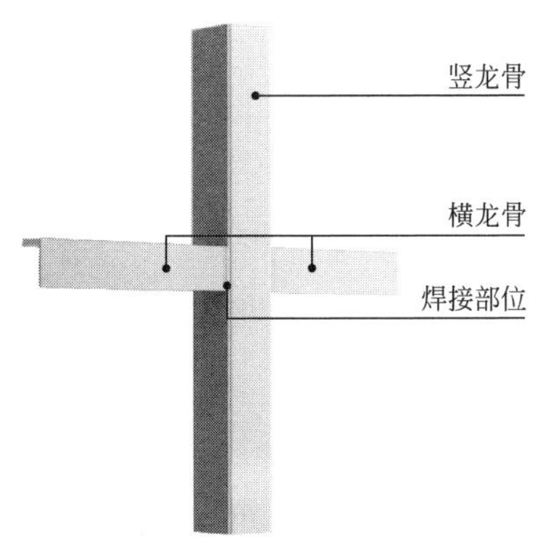

横竖龙骨电焊连接节点三维图

工艺说明

横龙骨焊接在竖龙骨的侧边，沿横龙骨断面进行焊接；焊接长度、焊缝高度及焊条规格型号须满足设计说明、节点图要求。横龙骨和竖龙骨焊接施工完成后，先敲除焊渣，在清理后刷两度防锈漆、两度富锌底漆进行防腐处理。

020202.3.2　螺栓连接

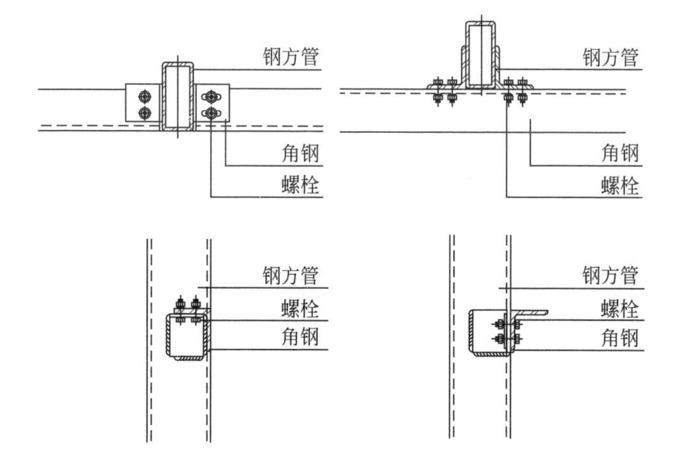

横竖龙骨螺栓连接节点示意图

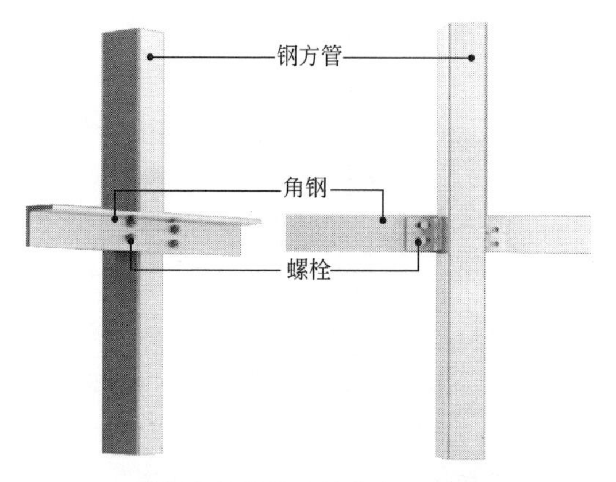

横竖龙骨螺栓连接节点三维图

工艺说明

横梁通过角码、螺钉或螺栓与立柱连接，角码应能承受横梁的剪力。螺钉直径不得小于4mm，每处连接螺钉数量不应少于3个，螺栓不应少于2个。横梁与立柱之间有一定的相对位移能力。

020203 钢骨架系统（槽钢）

020203.1　竖龙骨与埋件的连接

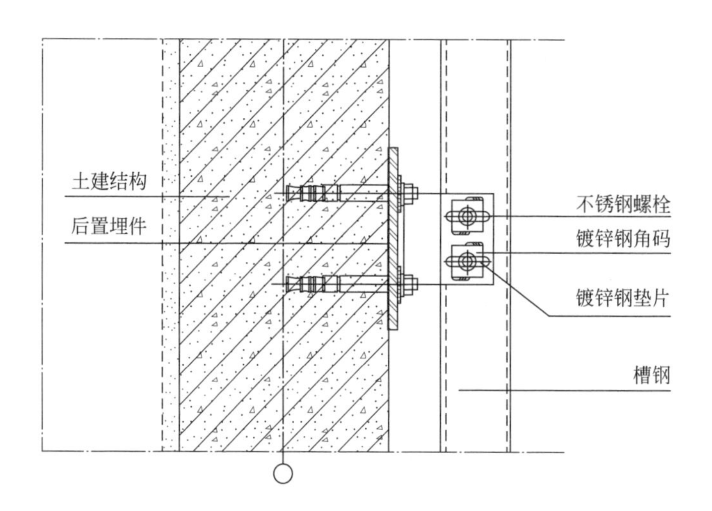

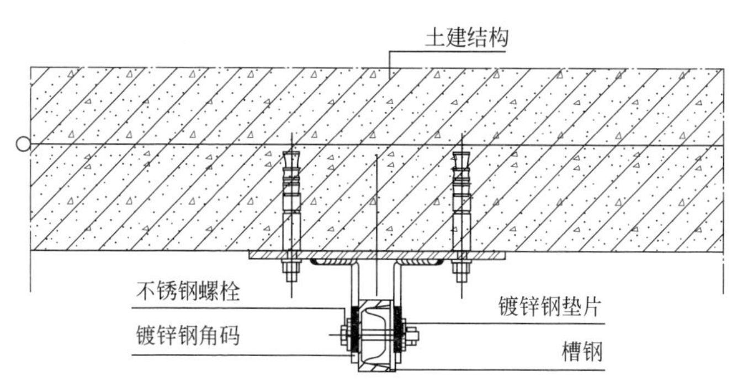

槽钢竖龙骨与埋件连接节点示意图

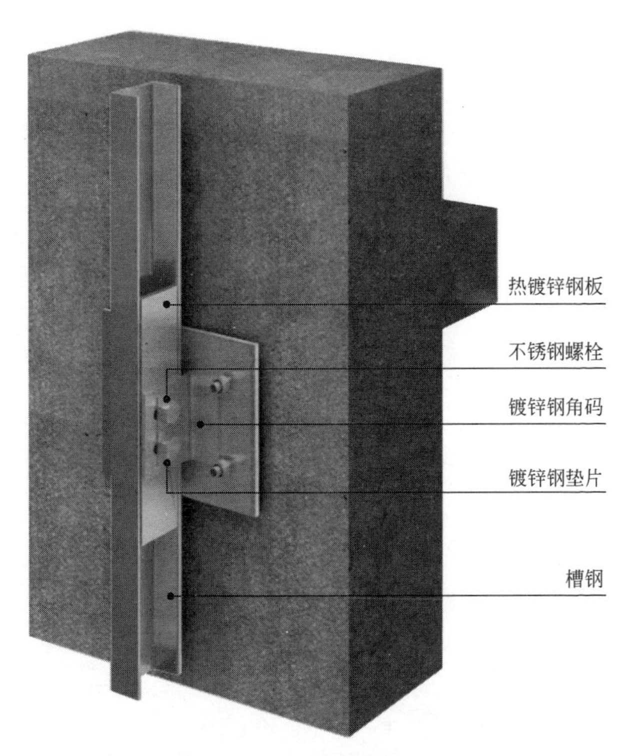

槽钢竖龙骨与埋件连接节点三维图

工艺说明

槽钢是通过螺栓与连接件固定。安装时，先将竖龙骨（槽钢）与钢板焊接组成封闭腔体，后穿入连接螺栓，并垫入平垫和弹簧垫圈，调平并拧紧螺栓。

020203.2 层间上下龙骨的连接

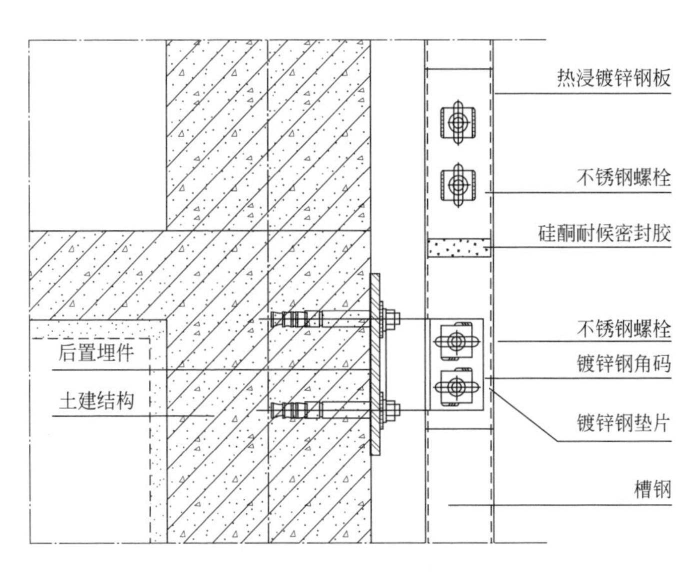

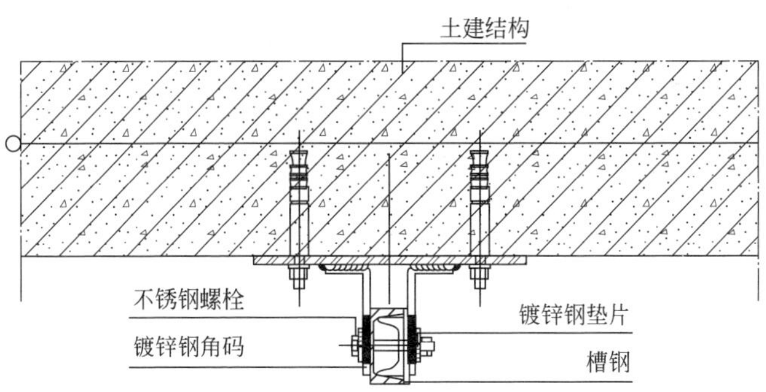

层间龙骨连接节点示意图

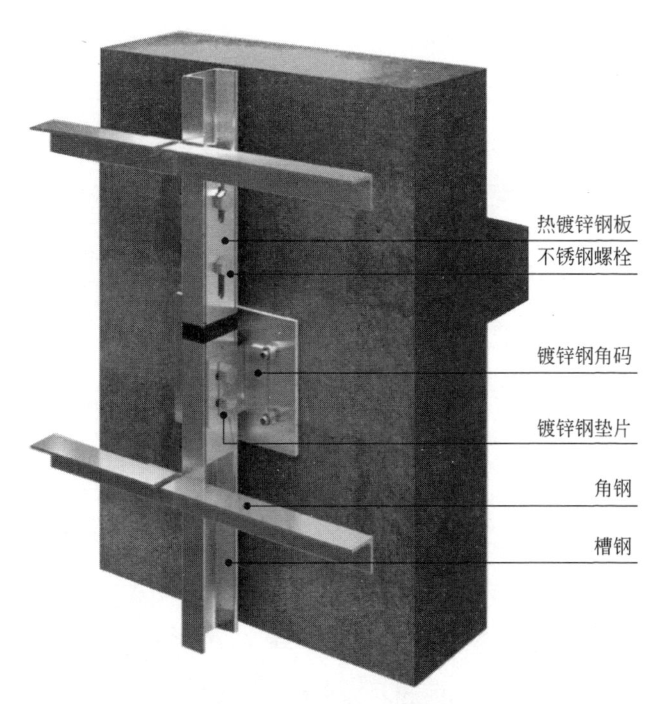

层间龙骨连接节点三维图

工艺说明

上下立柱之间应有不小于15mm的缝隙，并应采用芯柱连接，中间使用硅酮耐候密封胶密封。芯柱总长度不应小于400mm，与立柱应紧密接触，芯柱与下柱之间应采用不锈钢螺栓固定。

020203.3 横龙骨与竖龙骨的连接

020203.3.1 电焊连接

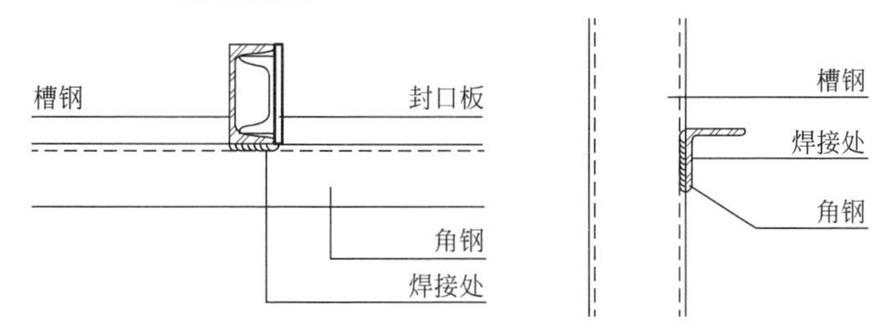

横竖龙骨电焊连接节点示意图

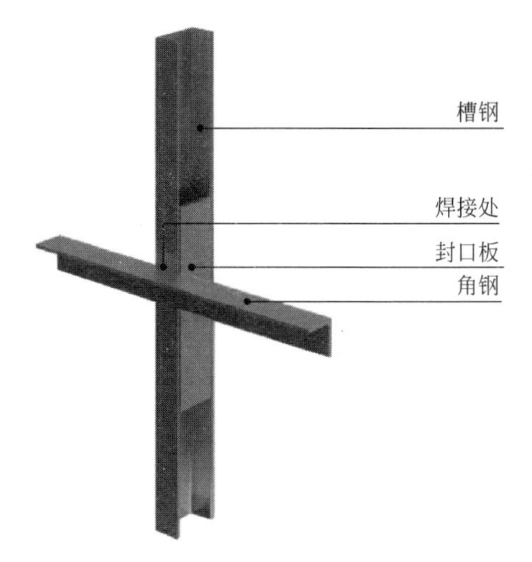

横竖龙骨电焊连接节点三维图

工艺说明

横龙骨焊接在竖龙骨的正面，在横龙骨与竖龙骨上下交接位置进行焊接；焊接长度、焊缝高度及焊条规格型号须满足设计说明、节点图要求。横龙骨和竖龙骨焊接施工完成后，须先敲除焊渣，在清理后刷两度防锈漆、两度富锌底漆进行防腐处理。

020203.3.2 螺栓连接

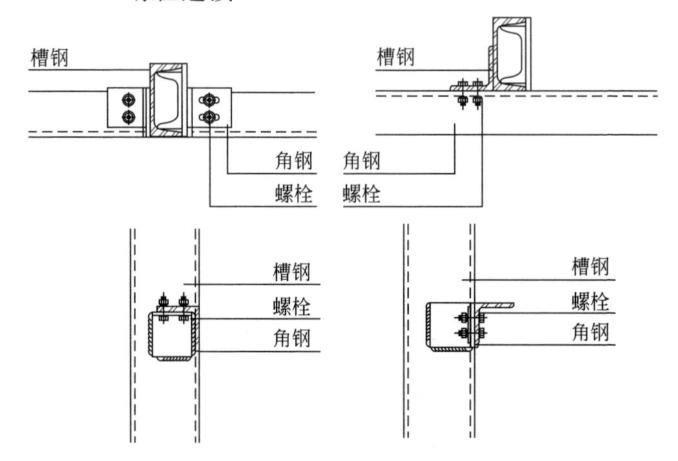

横竖龙骨螺栓连接节点示意图

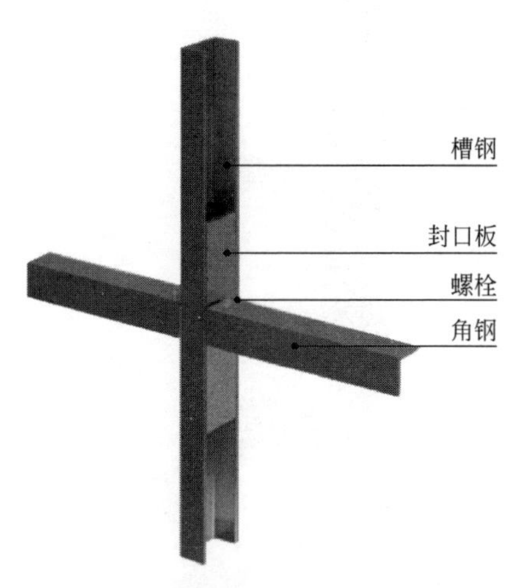

横竖龙骨螺栓连接节点三维图

工艺说明

当立柱为槽钢时，在槽钢开口部位焊接一块封口板组成矩形封闭状，角钢横梁再通过焊接或角码、螺栓等方式与立柱连接。焊接或角码连接应满足相应规范要求。

020204 钢铝复合骨架系统

020204.1　竖龙骨与埋件的连接

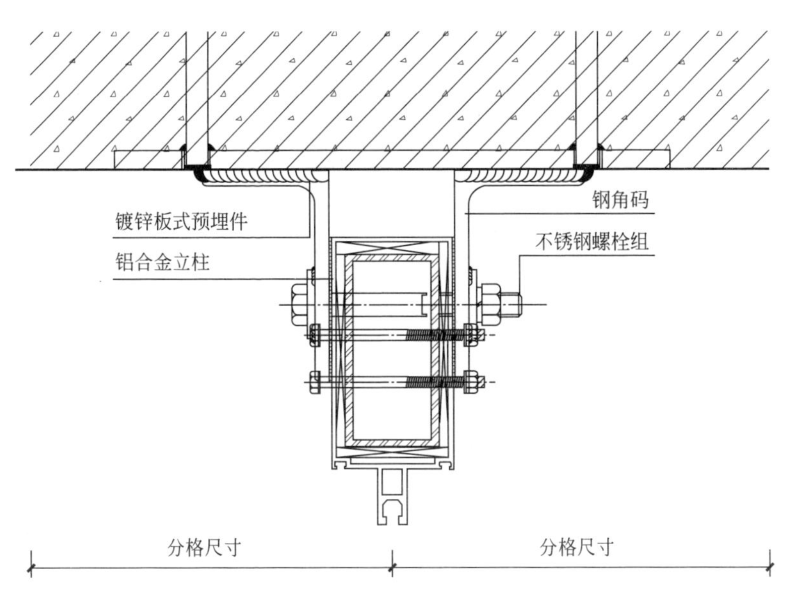

钢铝复合竖龙骨与埋件的连接节点示意图

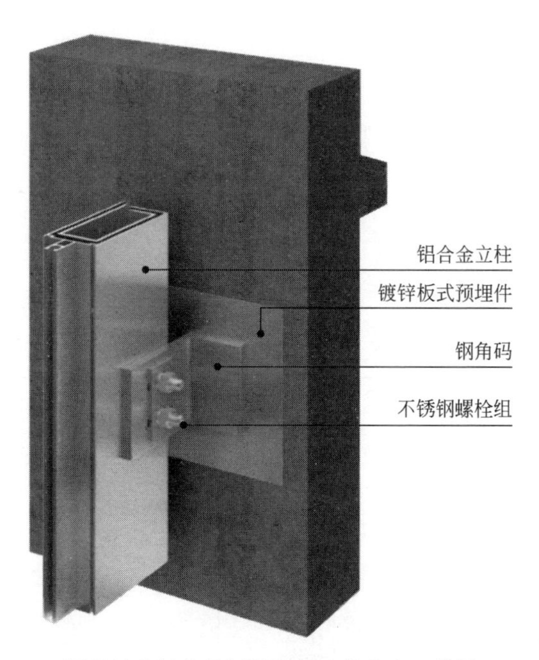

钢铝复合竖龙骨与埋件的连接节点三维图

工艺说明

先在铝型材中插入钢方管，接着将型材立柱与钢角码连接，角码和立柱之间采用绝缘垫片分隔或采取其他有效措施防止双金属腐蚀。立柱与角码采用螺栓连接，可通过腰形孔进行前后位置调整及立柱的垂直度控制，位置调整准确后将钢角码连接件点焊在埋件上。

020204.2　横龙骨与竖龙骨的连接

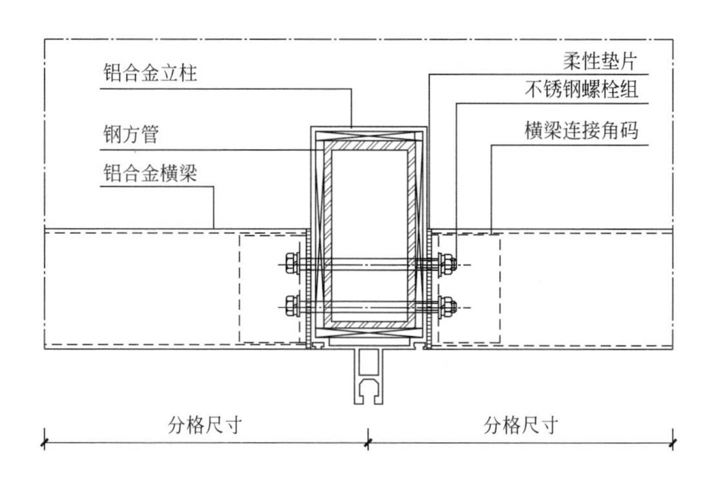

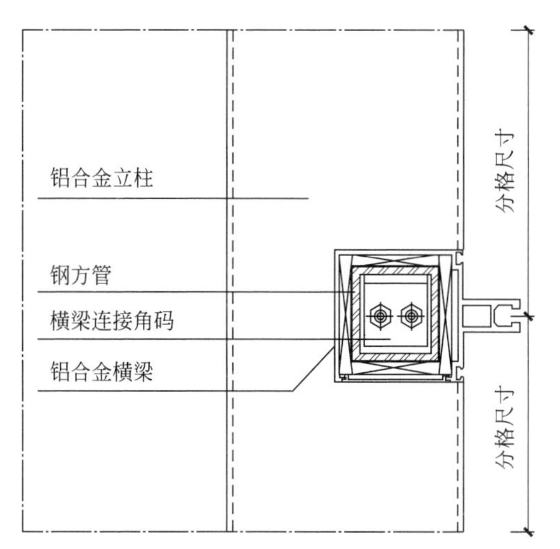

钢铝复合横竖龙骨连接节点示意图

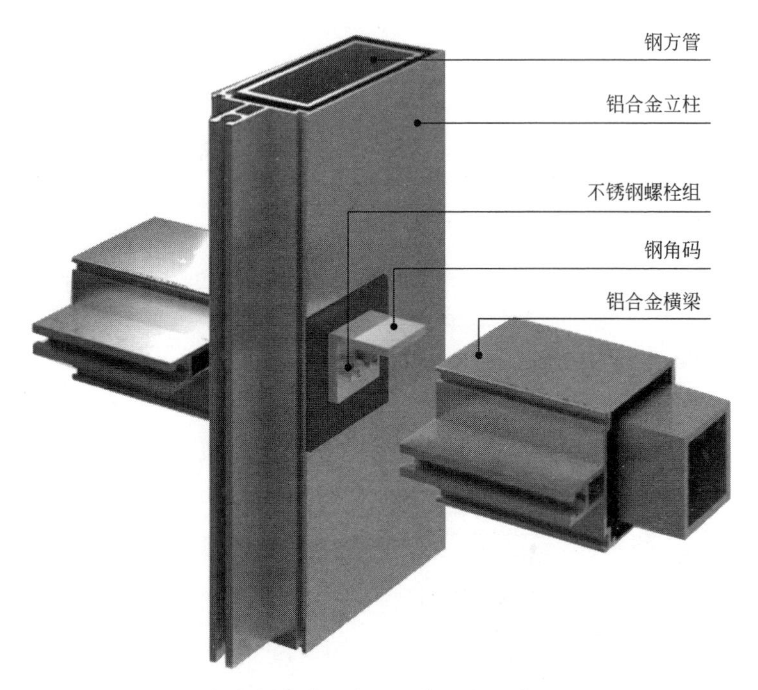

钢铝复合横竖龙骨连接节点三维图

工艺说明

当横梁跨度不大于 1.2m 时，铝合金型材截面主要受力部位厚度不应小于 2.0mm；当横梁跨度大于 1.2m 时，其截面主要受力部位的厚度不应小于 2.5mm。型材孔壁与螺钉之间采用螺纹受力连接时，其局部截面厚度不应小于螺钉的公称直径。横梁应安装牢固，设计中横梁和立柱间有空隙时，空隙宽度应符合设计要求。

020204.3　钢铝复合连接的方式

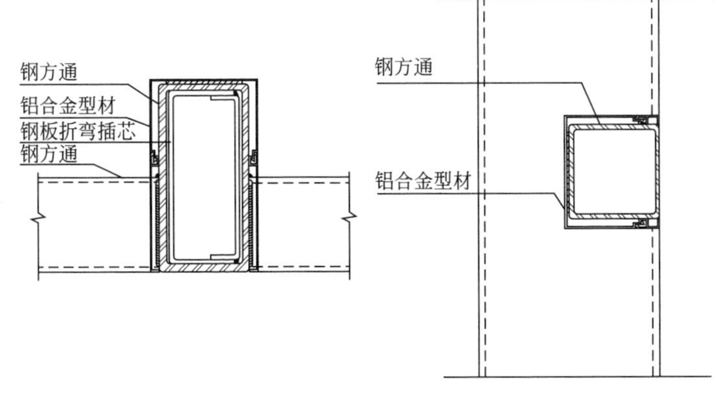

钢铝复合横竖龙骨连接节点示意图

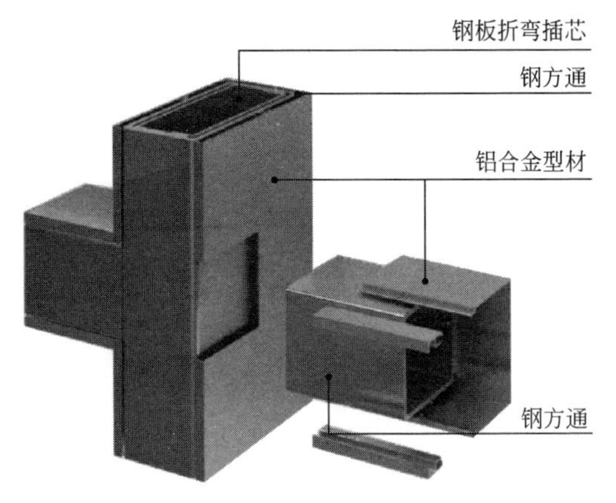

钢铝复合横竖龙骨连接节点三维图

工艺说明

钢方管和铝合金扣盖共同组成骨架系统。钢方管连接起主要承重作用，铝合金扣盖包裹于方管外部起装饰及防止方管受外界环境侵蚀作用。铝合金立柱扣盖与横梁扣盖交接处应涂抹密封胶防止雨水侵蚀。

第三节 • 建筑幕墙面层系统

020300 综合说明

1. 适用范围

本章节所涉及的节点工艺适用于建筑幕墙面层系统，包括玻璃、铝单板、石材、陶土板、瓷板以及蜂窝铝板等。

2. 材料要求

面层材料的外观质量和性能指标应符合国家现行标准的规定，中空玻璃选用的主要原材料应满足现行标准要求。中空玻璃气体层厚度不应小于 9mm。中空玻璃应采用双道密封。一道密封应采用丁基热熔密封胶。隐框、半隐框及点支承玻璃幕墙用中空玻璃的二道密封必须采用硅酮结构密封胶，结构胶尺寸经过计算确定。明框玻璃幕墙用中空玻璃的二道密封宜采用聚硫类玻璃密封胶，也可采用硅酮建筑密封胶。中空玻璃的单片玻璃厚度不应小于 6mm，两片玻璃厚度差不宜大于 3mm。玻璃幕墙采用夹层玻璃时，夹层玻璃的单片玻璃厚度不应小于 5mm，两片玻璃厚度差不应大于 3mm。玻璃幕墙采用夹层玻璃时，应采用干法加工合成，其胶片宜采用聚乙烯醇缩丁醛胶片（PVB）或离子性中间层胶片，且 PVB 胶片厚度不应小于 0.76mm，采用离子性中间层胶片厚度不应小于 0.89mm。外露的 PVB 夹层玻璃边缘应进行封边处理。

石材幕墙面板宜采用花岗石板材。石材不应有软弱夹层，有层状花纹的石材不宜有粗粒、松散、多孔的条纹，石材面板应进行表面防护处理。石材面板的技术、质量应符合现行国家标准要求。

背栓的性能应符合现行国家标准的要求，其材质不宜低于组别为 A4 的奥氏体不锈钢。背栓直径不应小于 6mm。背栓的连接件可采用不锈钢材或铝合金型材。不锈钢材厚度不应小于 3mm，铝合金型材厚度不应小于 4mm。

单层铝板宜采用铝锰合金板、铝镁合金板，并应符合国家现行标准的规定。

铝塑复合板应符合现行国家标准的有关要求，应优先选用 3×××系铝合金及 5×××系铝合金板材。板材的燃烧性能应满足设计要求。

单层铝合金板厚度不应小于 2.5mm，单层不锈钢板不应小于 1.5mm，彩色钢板和其他合金板厚度不应小于 1.0mm。

铝蜂窝板应符合国家现行标准的规定，截面厚度不宜小于 10mm；芯材应采用铝蜂窝，铝蜂窝芯边长宜不大于 10mm，面板厚度不应小于 1.0mm。铝蜂窝板的厚度为 10mm 时，其背板厚度不应小于 0.7mm；铝蜂窝板的厚度不小于 12mm 时，其背板厚度不应小于 0.8mm。

幕墙用微晶玻璃的公称厚度应不小于 20mm，幕墙用石材蜂窝板面板石材为亚光面或镜面时，厚度宜为 3～5mm；面板石材为毛面时，厚度宜为 5～8mm。瓷板不包括背纹的实测厚度不应小于 12mm，单块面积不应大于 1.5m^2，陶板应符合现行行业标准《建筑幕墙用陶板》JG/T 324 的规定。

3. 工艺要求：

玻璃幕墙外片玻璃应当采用安全夹层玻璃、超白钢化玻璃或者均质钢化玻璃及其制品，斜玻璃幕墙朝地面侧应采用夹层玻璃。

明框玻璃面板应通过定位承托胶垫或托条将玻璃重量传递给支承构件，不得由隔热条承受玻璃自重。胶垫数量不少于 2 块，厚度不小于 5mm，长度不小于 100mm，宽度与玻璃面板厚度相等，满足承载要求。隐框玻璃幕墙每块玻璃的下端应设置不少于 2 个的金属承托件，承托件应与玻璃幕墙支承龙骨有效可靠连接。承托件可采用铝合金或不锈钢材料，其长度不应小于 100mm，厚度不应小于 2mm。

隐框、半隐框幕墙玻璃面板，其隐框边应采用结构密封胶与副框粘结，并用压块将副框固定至支承框架上。

金属板可根据受力要求设置加强肋，加强肋可采用金属方管、槽形或角形型材制作，加强肋的截面厚度不应小于1.5mm；加强肋应与面板及折边可靠连接或焊接，并应采取防腐措施。

干挂石材幕墙不得使用钢销、斜插入式挂件和T形挂件。高度超过100m的石材幕墙应当采用背栓连接。当特殊部位石材幕墙确需使用水平或倾斜倒挂式构造时，面板总宽度不得大于900mm，且应当在板背设置防止石材坠落的安全措施。宽度小于150mm的转角板可与大面板连接为整体，转角板应在工厂完成拼接，不得在施工现场组装，石材大板与相邻的小板之间连接应当采用锚固工艺，不得仅用胶粘结。

短槽连接的石材面板，槽口深度大于20mm的有效长度不宜大于80mm，也不宜比挂件长度长10mm以上，槽口深度宜比挂件入槽深度大5mm；槽口端部与石板对应端部的距离不宜小于板厚的3倍，也不宜大于180mm。槽口宽度不宜大于8mm，也不宜小于5mm。

背栓的中心线与石材面板边缘的距离不宜大于300mm，也不宜小于50mm；背栓与背栓孔间宜采用尼龙等间隔材料，防止硬性接触；背栓之间的距离不宜大于1200mm。

瓷板、微晶玻璃板宜采用短挂件连接、通长挂件连接和背栓连接；陶板宜采用短挂件连接，也可采用通长挂件连接；纤维水泥板宜采用穿透支承连接或背栓支承连接，也可采用通长挂件连接。穿透连接的基板厚度不应小于8mm，背栓连接的基板厚度不应小于12mm，通长挂件连接的基板厚度不应小于15mm；石材蜂窝板宜通过板材背面预置螺母连接。

020301 隐框玻璃幕墙

020301.1　隐框玻璃幕墙副框式

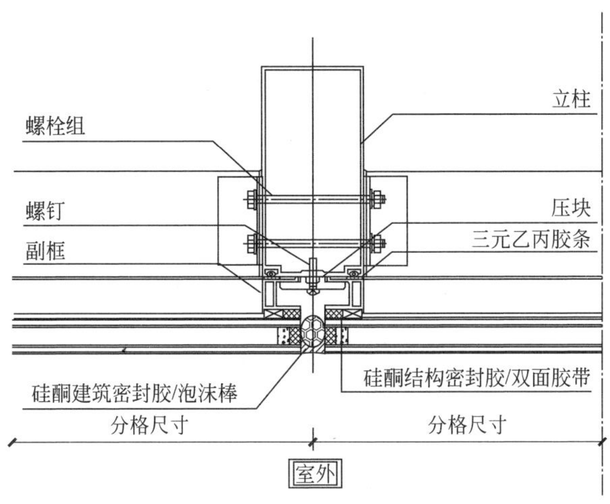

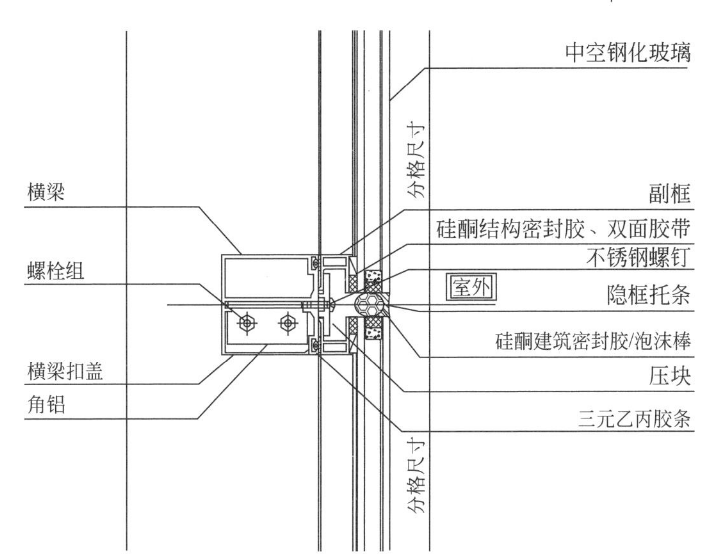

隐框玻璃幕墙节点示意图

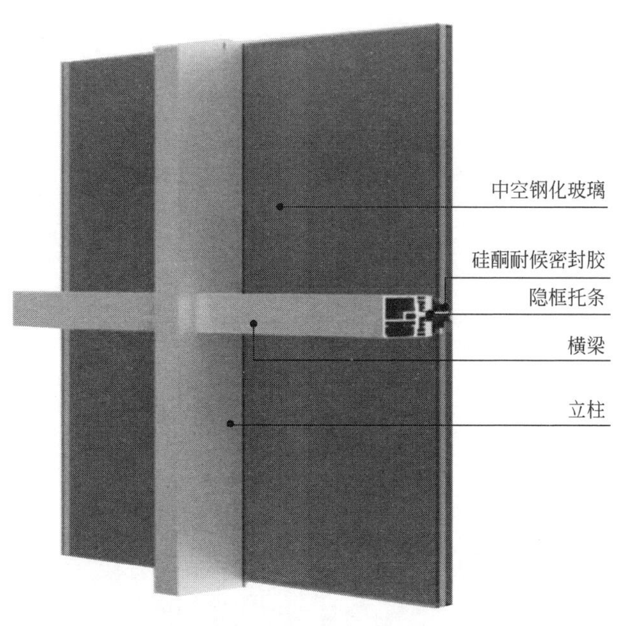

隐框玻璃幕墙节点三维图

工艺说明

固定副框用压块宜采用铝合金挤压型材，其截面厚度不宜小于5mm，长度应经计算确定。压块与玻璃副框搭接量不宜小于10mm，端部与副框内侧的间隙不应小于5mm，距玻璃上下边缘应不大于100mm。隐框玻璃幕墙的中空玻璃合片用硅酮结构密封胶的位置与中空玻璃和副框粘结用硅酮结构密封胶的位置应重合。

020301. 2　隐框玻璃幕墙钢铝复合连接方式

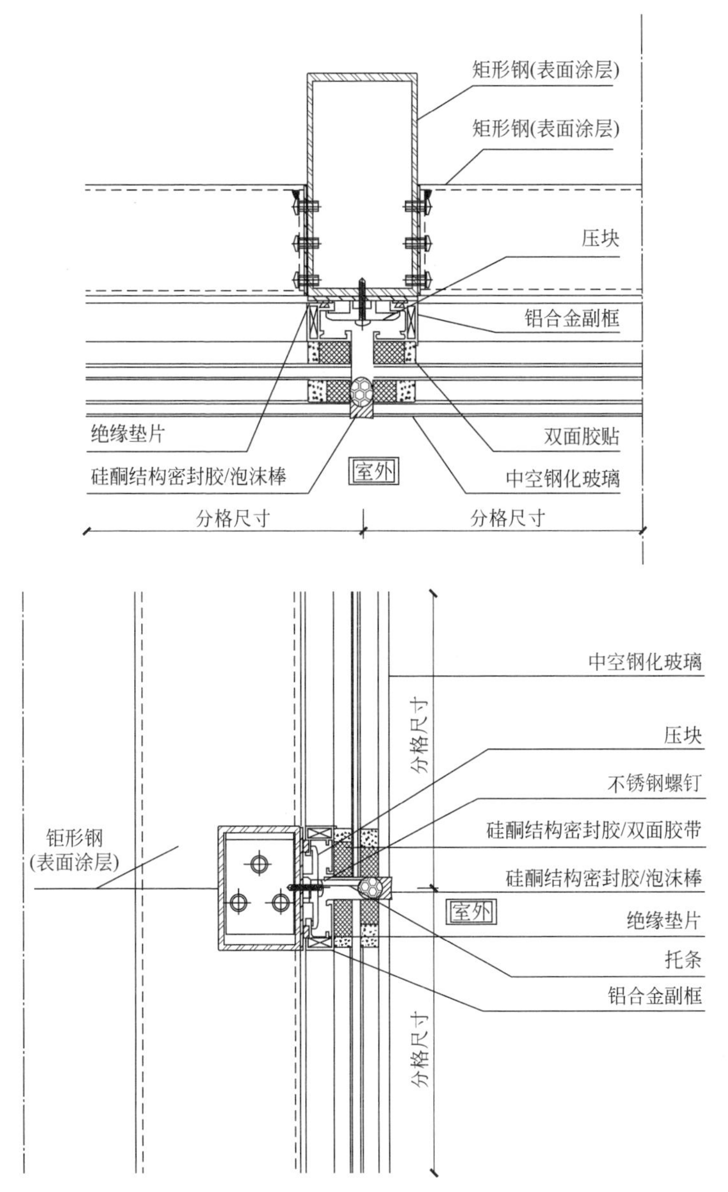

隐框玻璃幕墙钢铝复合节点示意图

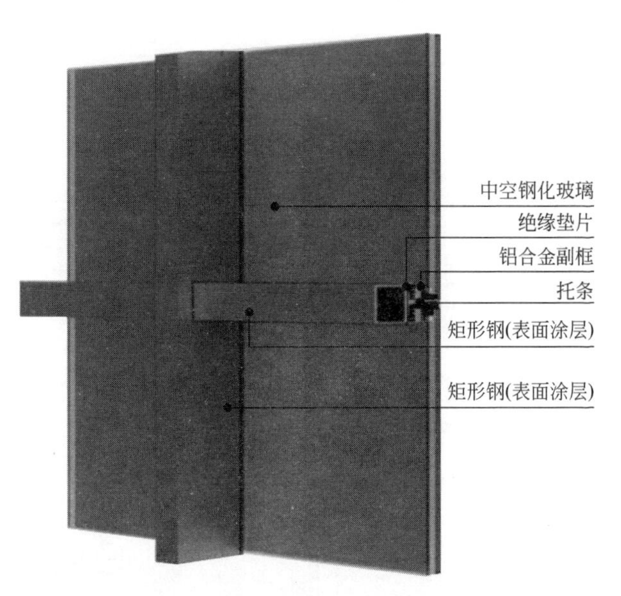

隐框玻璃幕墙钢铝复合节点三维图

工艺说明

采用钢铝组合截面时，两种材料之间应采用绝缘材料隔离，以防止双金属腐蚀；还应考虑钢铝温度膨胀系数差异的影响，并且钢铝组合截面尺寸应按其主受力型材强度计算确定。隐框玻璃幕墙的中空玻璃合片用硅酮结构密封胶的位置与中空玻璃和副框粘结用硅酮结构密封胶的位置应重合。因特殊结构需要，确须采用玻璃飞边或者中空玻璃采用大小片构造时，应至少确保在一组对边位置的硅酮结构密封胶重合。

020302 明框玻璃幕墙

020302.1　明框玻璃幕墙

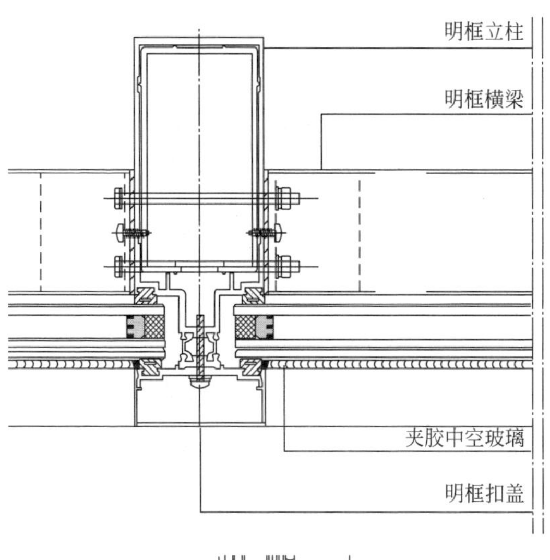

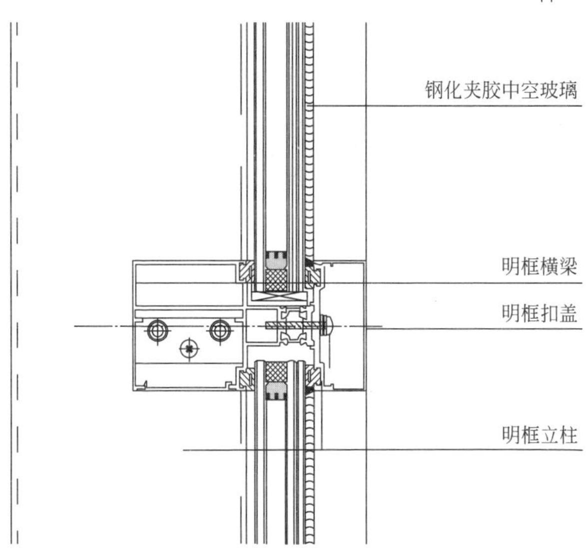

明框玻璃幕墙节点示意图

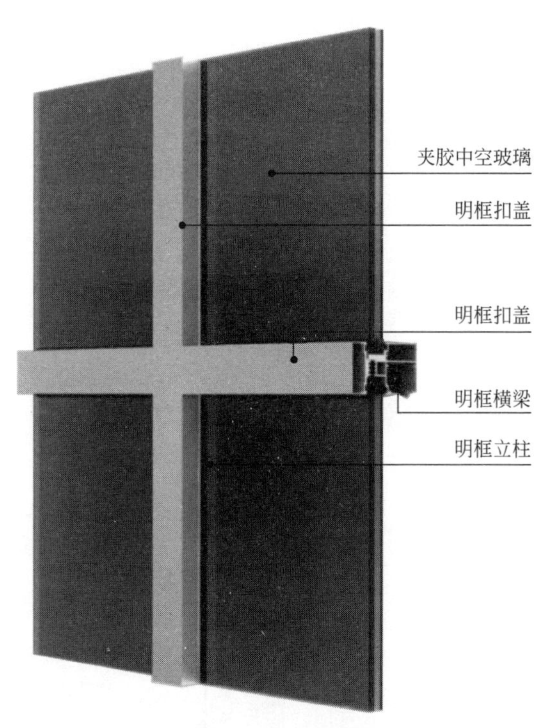

明框玻璃幕墙节点三维图

工艺说明

明框幕墙的面板应嵌装在镶有弹性胶条的立柱、横梁的槽口内，或采用压板与立柱、横梁固定。明框玻璃的外压板及其连接应能承受玻璃面板的荷载和地震作用，截面受力部分的厚度不应小于 2.0mm，且不宜小于压板宽度的 1/35。外压板应采用螺栓或螺钉与横梁、立柱可靠固定。

020302.2　明框幕墙开启扇

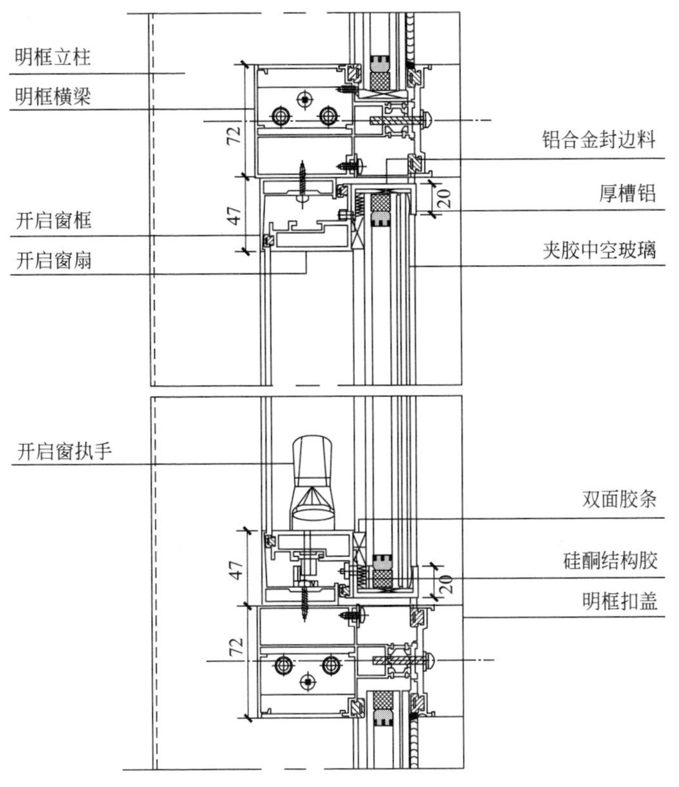

明框幕墙开启扇节点示意图

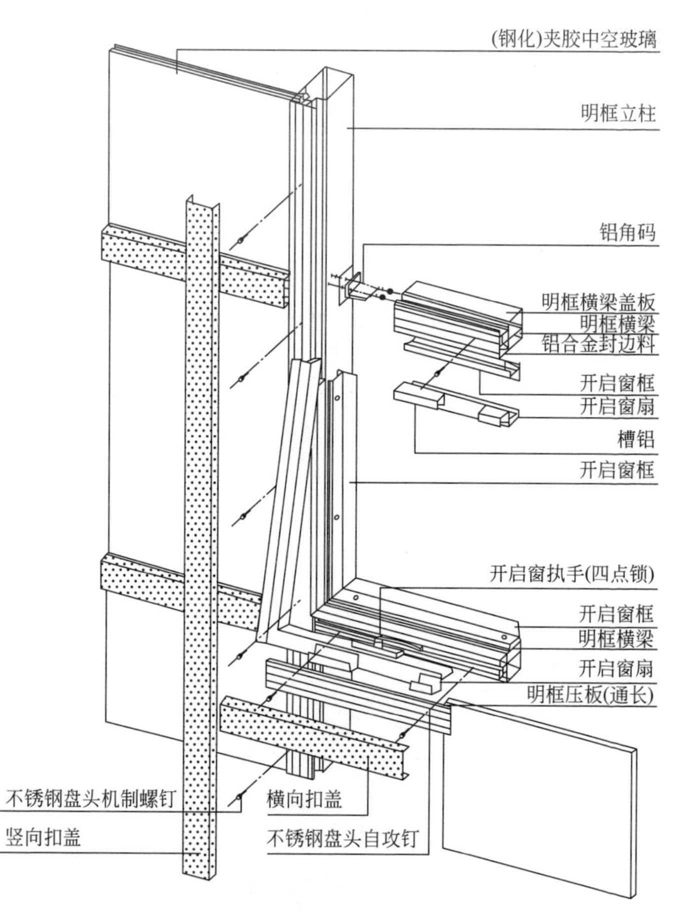

明框幕墙开启扇节点三维图

工艺说明

明框玻璃幕墙的开启窗宜采用内开窗及上悬外开的形式，单扇面积不宜大于1.5m²，开启角度不宜大于30°，最大开启距离不宜大于300mm。外开窗应采取防止窗扇坠落的措施。开启扇与窗框应不少于二道密封，并采用三元乙丙橡胶、氯丁橡胶或硅橡胶密封条制品嵌填密封。开启扇窗框与幕墙框架的结合宜采用搭接构造形式，连接处应有防雨水渗漏密封措施。

020302.3　明框幕墙百叶窗

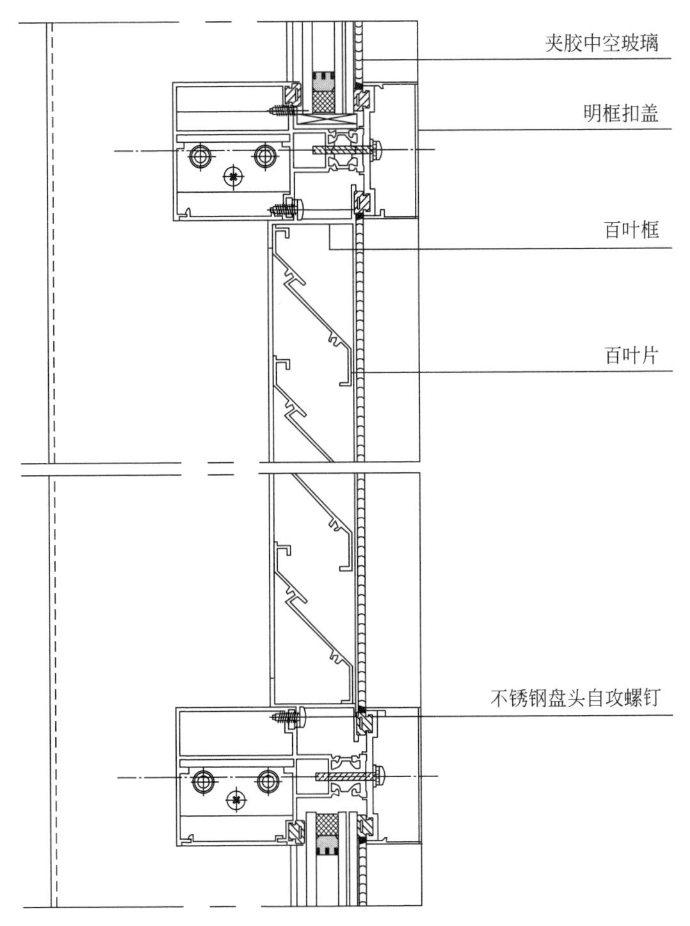

明框幕墙百叶窗节点示意图

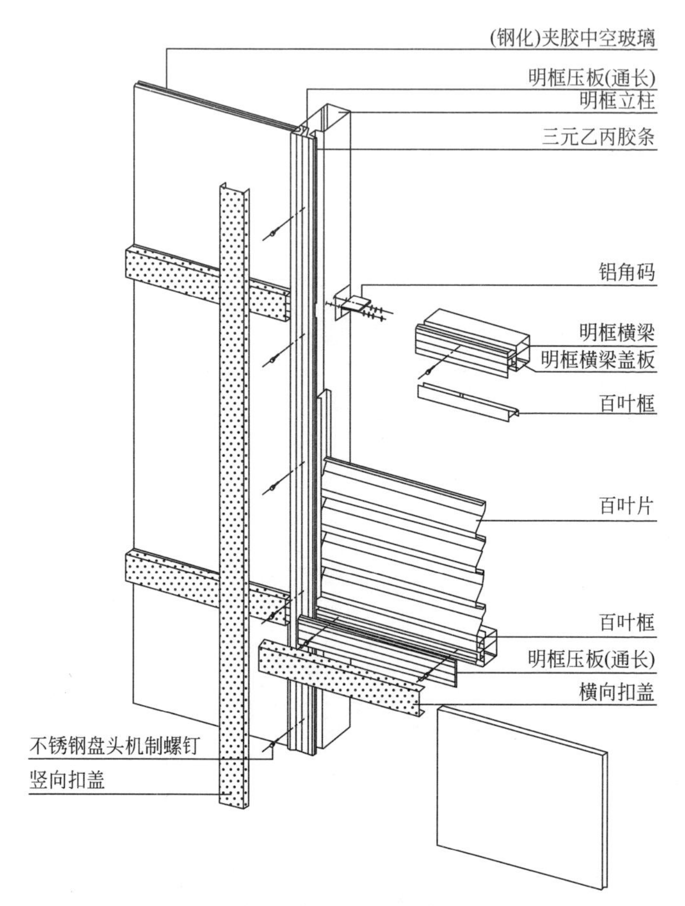

明框幕墙百叶窗节点三维图

工艺说明

明框玻璃幕墙的百叶窗须现场实测实量，确定百叶窗（穿孔板）的加工尺寸和分格尺寸，将百叶窗搬运到现场后开始安装百叶窗，检查轨道或中转系统是否安装牢固，合格后，上百叶窗。百叶窗安装好后必须运行 10 次以上，确保百叶窗运行顺畅，如不顺畅必须找出问题做出调整，直到顺畅为止。

020302.4　明框幕墙地弹簧门

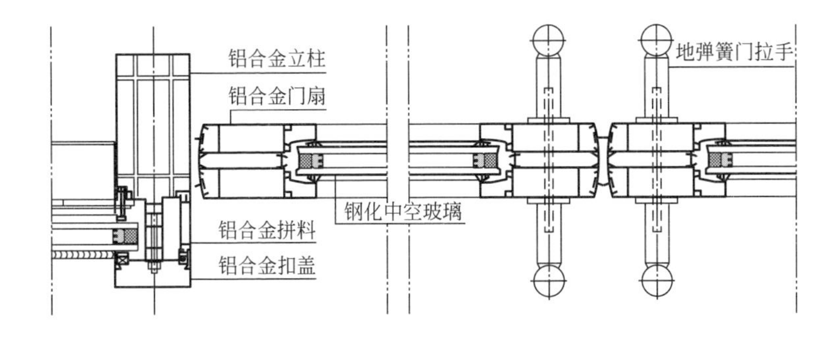

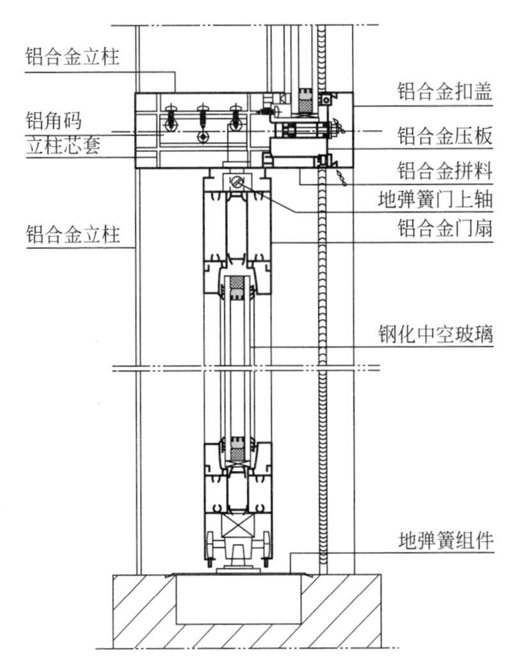

幕墙地弹簧门节点示意图

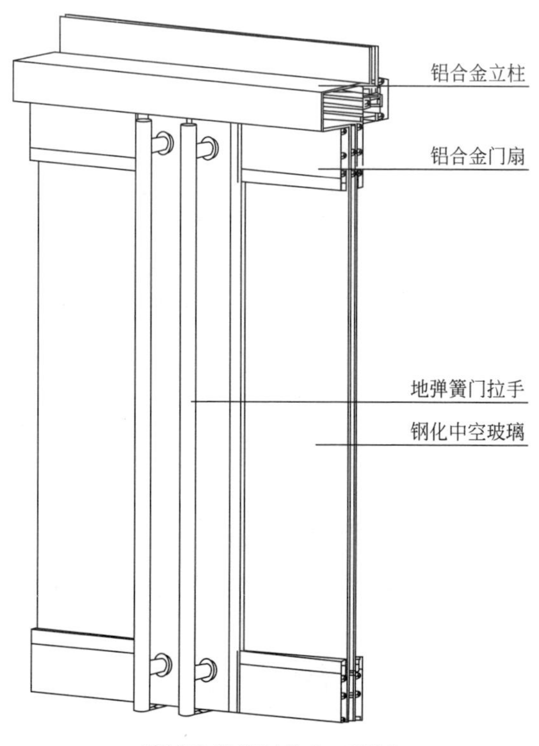

幕墙地弹簧门节点三维图

工艺说明

用玻璃吸盘器把厚玻璃吸紧，然后手握吸盘器把厚玻璃板抬起。抬起时应由2～3人同时进行。抬起后的厚玻璃板，应先插入门框顶部的限位槽内，然后放到底托上，并对好安装位置，在顶部限位槽处和底托固定处，以及厚玻璃与框柱的对缝处注入玻璃胶。

020302.5　明框幕墙阳角

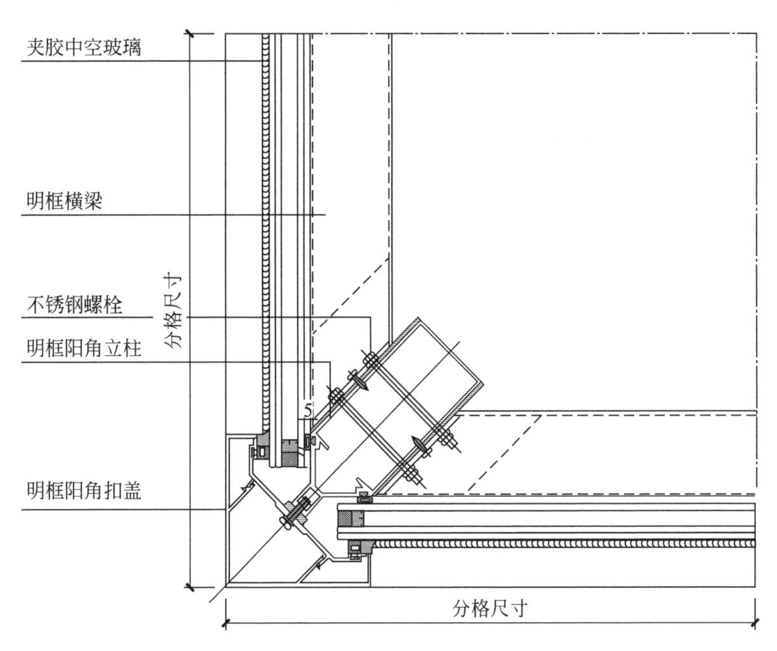

明框幕墙阳角节点示意图

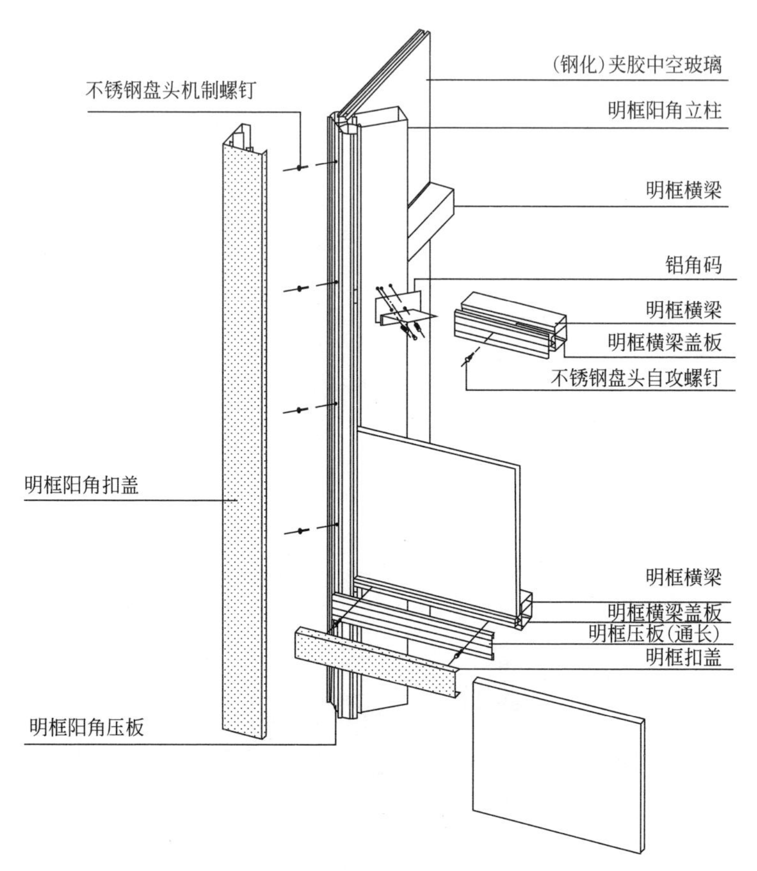

明框幕墙阳角节点三维图

工艺说明

明框玻璃幕墙是最传统的形式，应用最广泛，工作性能可靠。相对于隐框玻璃幕墙，更易满足施工技术水平要求。它的立柱材料主要是铝合金，也可以是方钢；横梁主要是铝合金，也可以是小一点的方钢；装饰板材料可以多重选择。幕墙的安装必须满足规范要求。螺钉间距等，首钉距端头150mm起始，螺钉要打到断热条内框，托条位于玻璃的1/4。阳角用明框铝材压石材边。注意角度、拼角等问题。

020302.6　明框幕墙下口收口

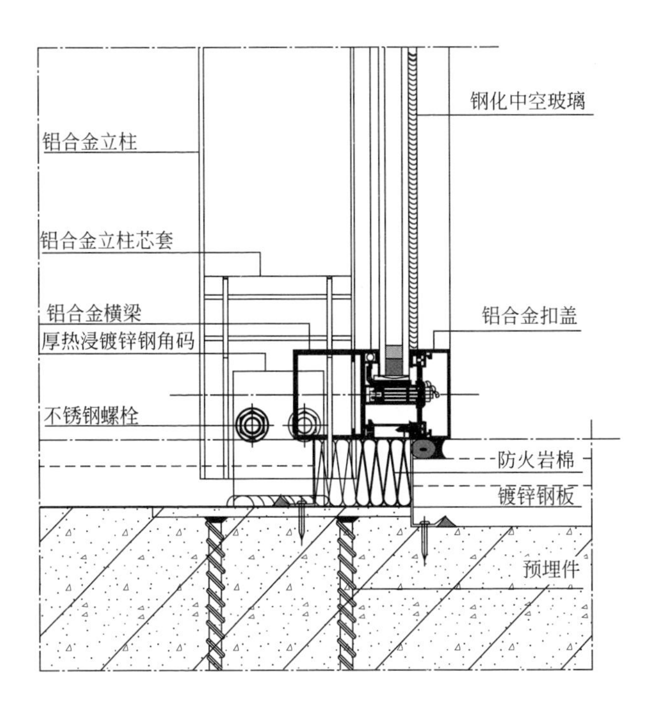

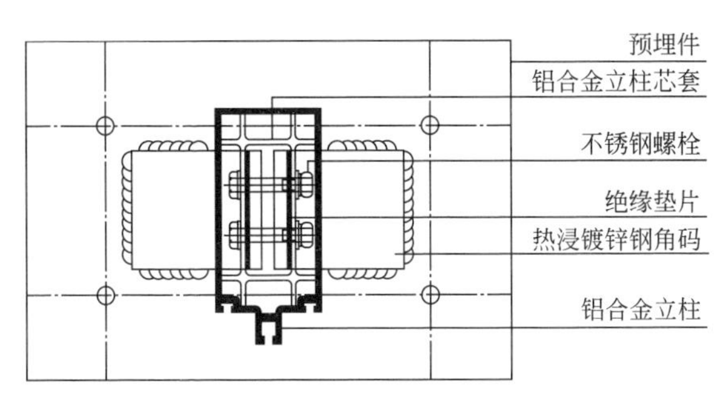

明框幕墙下口收口节点示意图

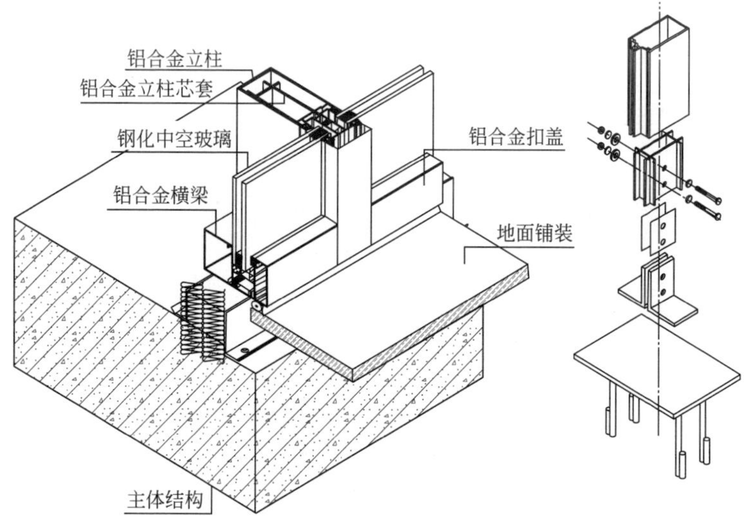

明框幕墙下口收口节点三维图

工艺说明

明框玻璃面板应通过定位承托胶垫或托条将玻璃重量传递给支承构件，不得由隔热条承受玻璃自重。当采用胶垫直接承受玻璃自重时，数量不少于2块，厚度不小于5mm，长度不小于100mm，宽度与玻璃面板厚度相等，满足承载要求。当采用托条承受玻璃自重时，可用铝合金或不锈钢材料，长度不应小于100mm，厚度不应小于2mm，托条上应设置衬垫，并能托住外片玻璃，托条应与框架可靠连接，并应进行强度、挠度及连接构造的强度验算。

020303 半隐框玻璃幕墙

020303.1　横隐竖明框玻璃幕墙

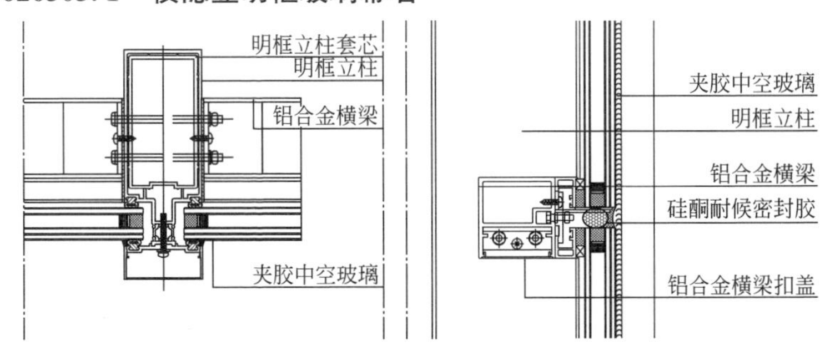

横隐竖明框玻璃幕墙节点示意图

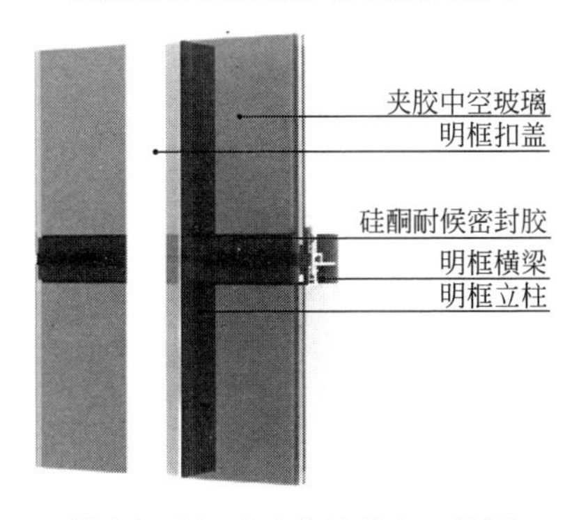

横隐竖明框玻璃幕墙节点三维图

工艺说明

横向隐框的玻璃幕墙每块玻璃的下端应设置不少于2个金属承托条，托条应与玻璃幕墙支承框架有效可靠连接。托条可采用铝合金或不锈钢材料，其长度不应小于100mm，厚度不应小于2mm。托条上应设置衬垫，并能托住中空玻璃的外片玻璃，托条的构造设置及连接应能承受各片玻璃面板的自重荷载。托条应验算在玻璃自重荷载及地震作用下自身的强度、挠度及连接构造的强度。

020303.2 横明竖隐框玻璃幕墙

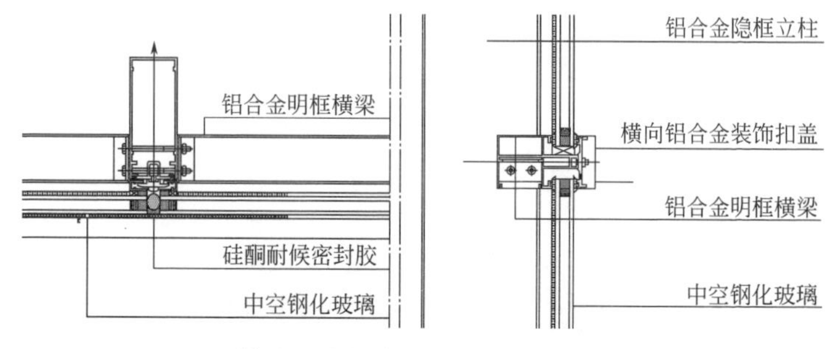

横明竖隐框玻璃幕墙节点示意图

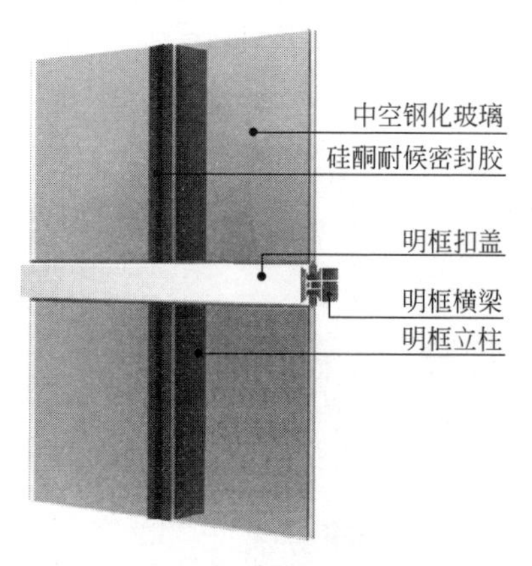

横明竖隐框玻璃幕墙节点三维图

工艺说明

横明竖隐幕墙，左右两边用结构胶粘结成玻璃装配组件，而上下两边采用铝合金镶嵌槽玻璃装配的方法。换句话讲，玻璃所受各种荷载，有一对应边用结构胶传给铝合金框架，而另一对应边由铝合金型材镶嵌槽传给铝合金框架。因此横隐竖明玻璃幕墙上述连接方法缺一不可，否则将使得一对应边承受玻璃全部荷载。横明竖隐玻璃幕墙这种形式只有竖杆隐在镀膜玻璃后面，而横杆镀膜玻璃镶嵌在铝合金型材的镶嵌槽内，用铝合金压板盖在玻璃外面。

020304 点式玻璃幕墙

020304.1　驳接爪式点式玻璃幕墙

020304.1.1　浮头式点式玻璃幕墙

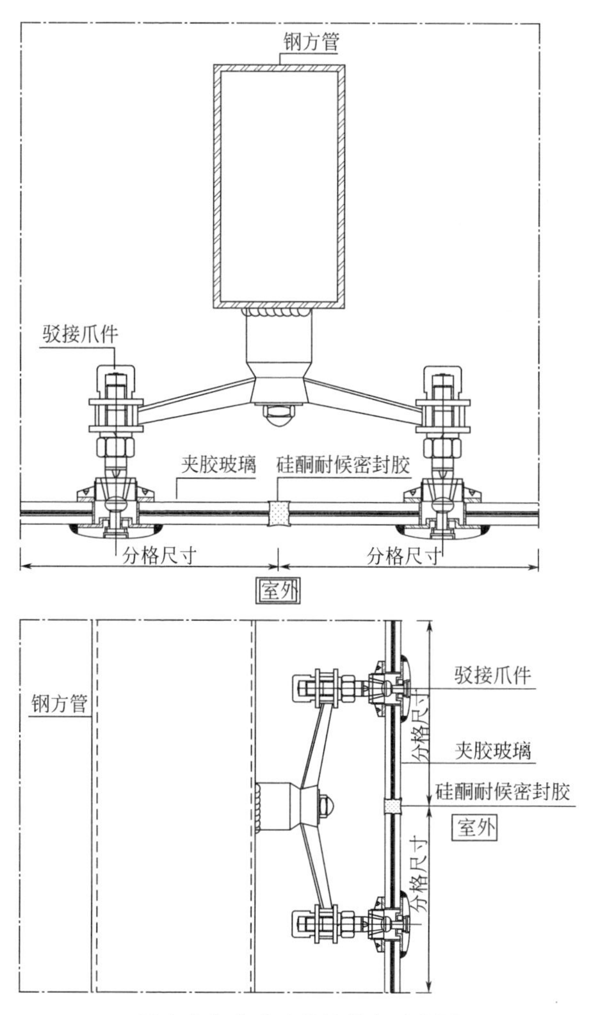

浮头式点式玻璃幕墙节点示意图

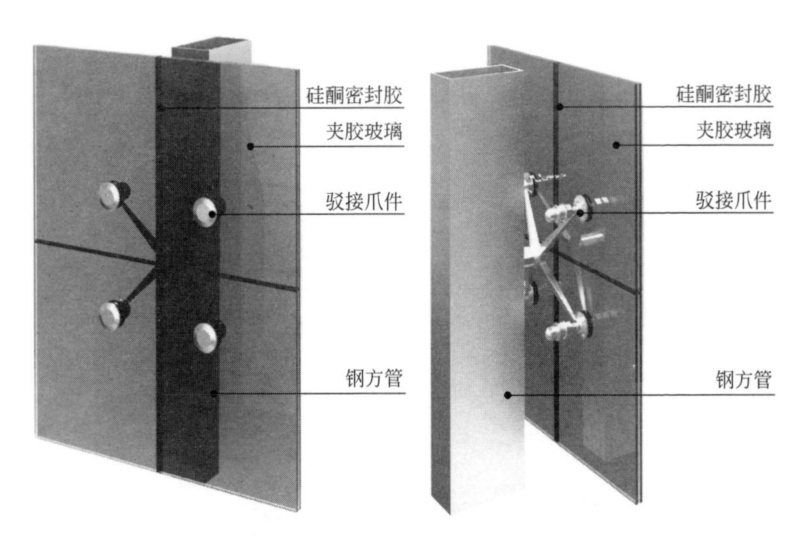

浮头式点式玻璃幕墙节点三维图

工艺说明

玻璃板通过螺栓固定在钢爪上，钢爪与后面的支承结构连接，使玻璃的受力通过螺栓、钢爪传递到支承结构上。钢爪用不锈钢铸造，或碳钢铸造，外表面喷氟碳涂料，根据使用部位不同分为单点、两点、三点、四点等不同结构形状。钢爪具备吸收幕墙平面变形的能力，其结构多为平面连杆铰接式。

020304.1.2　沉头式点式玻璃幕墙

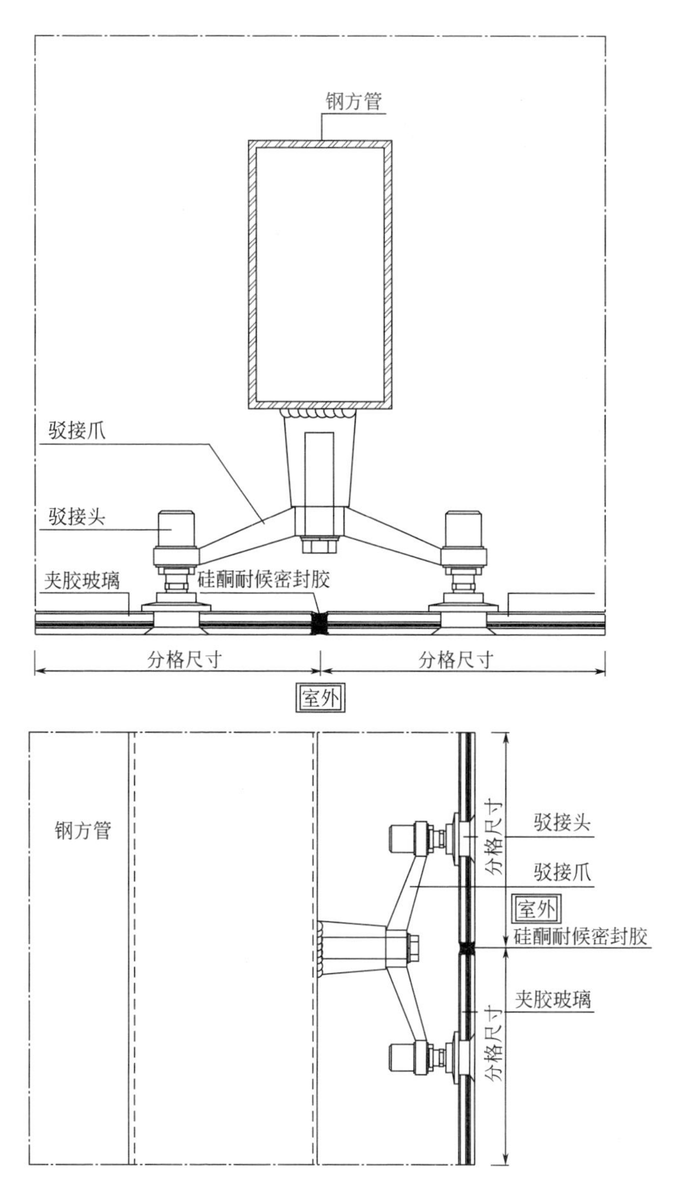

沉头式点式玻璃幕墙节点示意图

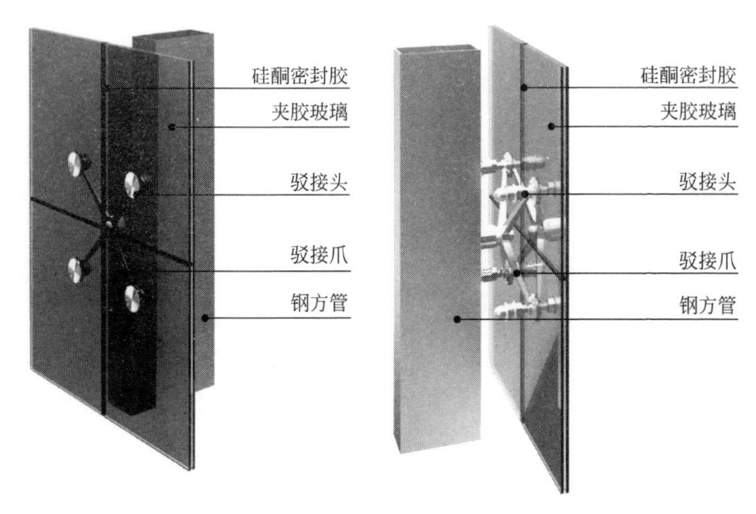

沉头式点式玻璃幕墙节点三维图

工艺说明

驳接爪沉头式玻璃幕墙的玻璃面板由支撑点支撑，钢制支撑点通过玻璃上的圆洞与玻璃联结。沉头式的联结部位沉入玻璃表面之内，表面平整、美观，但玻璃开锥形孔时，加工复杂，而且玻璃厚度不应小于8mm，不仅增加了造价，而且加大了幕墙重量。面玻应进行钢化和匀质处理，当面玻采用夹胶玻璃时，也应先钢化后夹胶。玻璃的孔洞应在钢化前进行，钢化前对玻璃的边缘和孔洞要求加工细磨200目以上。如采用夹胶玻璃或中空玻璃，其单片玻璃厚度也不应小于8mm。玻璃之间的空隙宽度不应小于10mm，且应采用硅酮建筑密封胶嵌缝。玻璃面板支撑孔边与板边的距离不宜小于70mm。

020304.2　梅花式点式玻璃幕墙

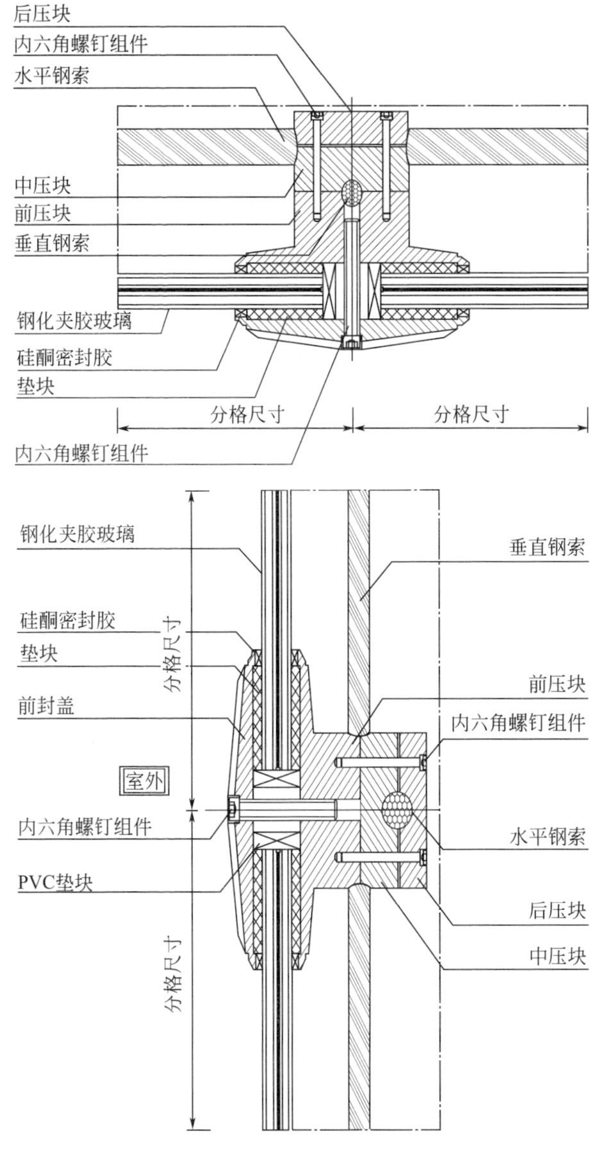

梅花式点式玻璃幕墙节点示意图

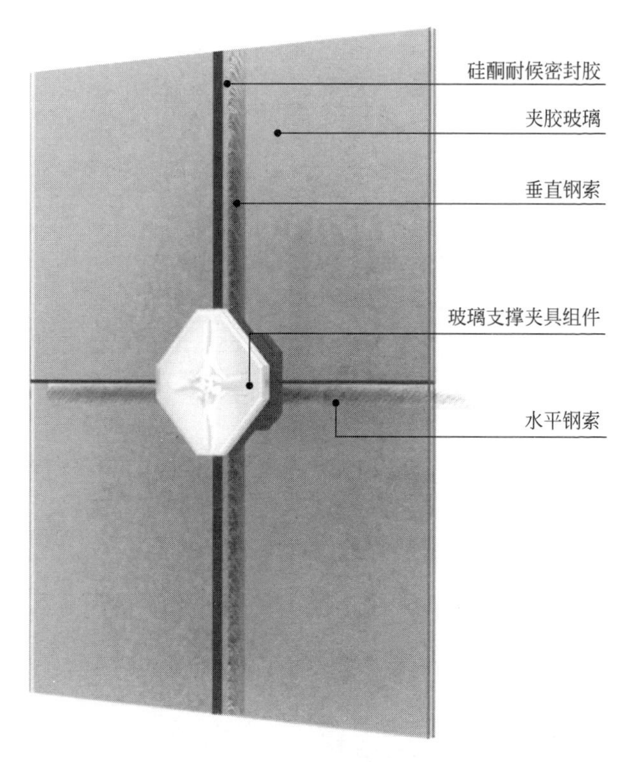

梅花式点式玻璃幕墙节点三维图

工艺说明

单层索网玻璃幕墙结构包括预拉力拉索、夹具系统、玻璃面板三个部分，其中玻璃的四个角点通过夹具与拉索连接，玻璃与玻璃之间采用硅酮密封胶嵌缝。由纵横双向钢索交叉组合后承受外部荷载，绷紧的索网在承受外荷载时产生面外变形，索中张力增加，依靠变形后的索力在面外方向的分量来抵抗外荷载。

020304.3 背栓式点式玻璃幕墙

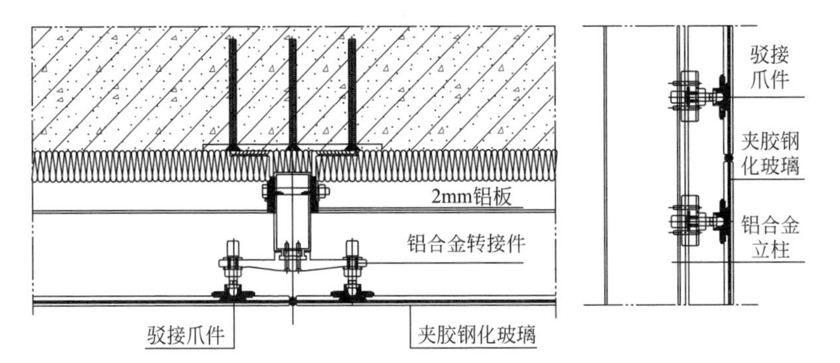

背栓式点式玻璃幕墙结构示意图

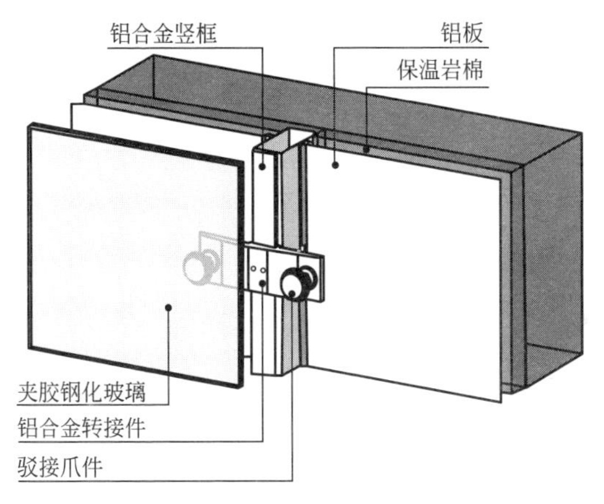

背栓式点式玻璃幕墙结构三维图

工艺说明

背栓式点式玻璃幕墙，由于背栓式螺栓不穿越玻璃，其背栓扩孔部位在玻璃厚度约一半处，在玻璃的外表面没有任何紧固件的痕迹。背栓式螺栓由于未穿过玻璃，玻璃外表面不存在缝隙，所以不会发生泄漏。同时，背栓式螺栓未在外表面外露，消除了钢螺栓的“冷桥作用”。

020304.4　点式玻璃幕墙结构

020304.4.1　金属支撑结构点支式玻璃幕墙

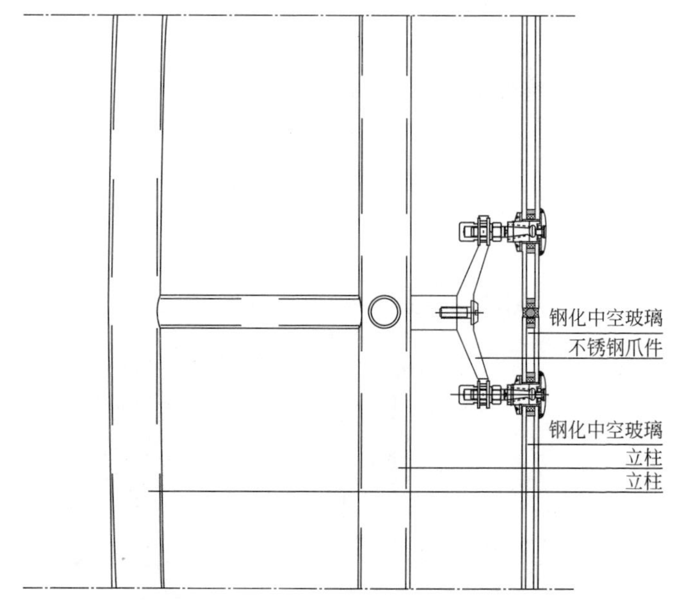

金属支撑结构点支式玻璃幕墙节点示意图

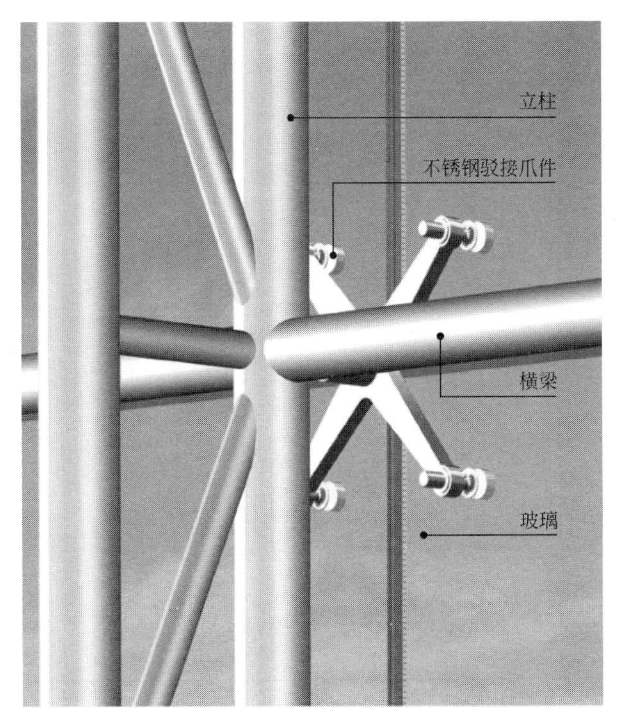

金属支撑结构点支式玻璃幕墙节点三维图

工艺说明

采用钢结构为支撑受力体系的玻璃幕墙，所用的钢结构可以是圆钢管钢杠，也可以是鱼腹式钢铰支桁架或其他形式支桁架。钢结构上安装钢爪，面板玻璃四角开孔，钢爪上的紧固件穿过面板玻璃上的孔，紧固后将玻璃固定在钢爪上。

020304.4.2 点支式全玻璃幕墙

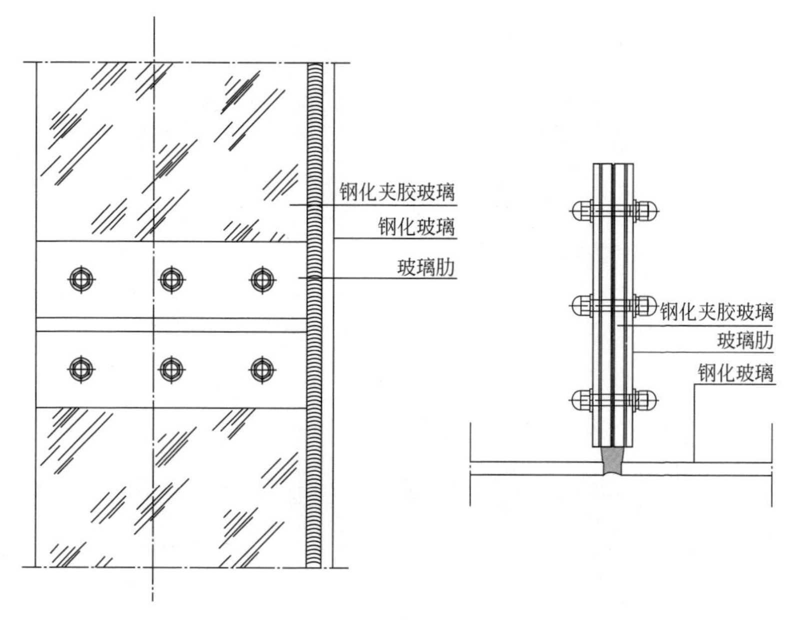

点支式全玻璃幕墙节点示意图

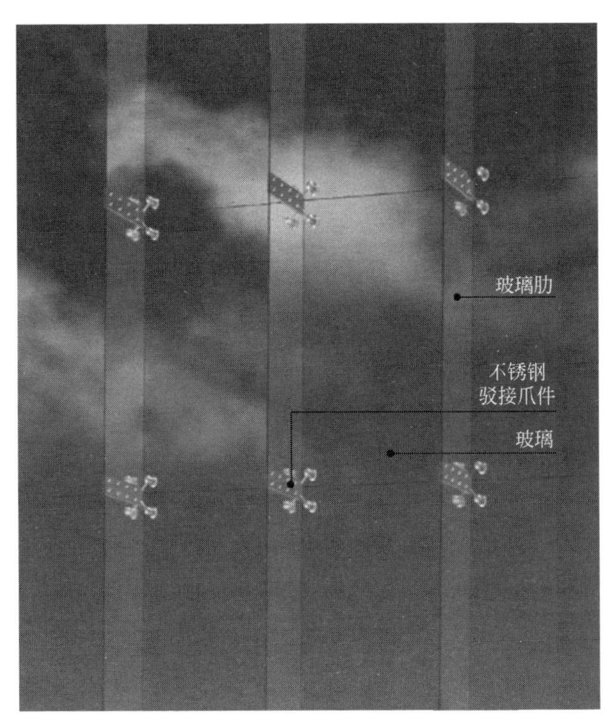

点支式全玻璃幕墙节点三维图

工艺说明

点式驳接头应能适应玻璃面板在支承点处的转动变形。矩形玻璃面板宜采用四点支承，玻璃面板的承孔边缘与板边的距离不应小于 70mm。采用单片玻璃时，厚度不应小于 8mm；采用夹层玻璃和中空玻璃时，其单片厚度不应小于 8mm。玻璃板缝宽度不应小于 12mm。驳接头的钢材与玻璃之间宜设置弹性材料的衬垫或衬套，衬垫和衬套的厚度不宜小于 1mm。

020304.4.3 杆（索）式玻璃幕墙

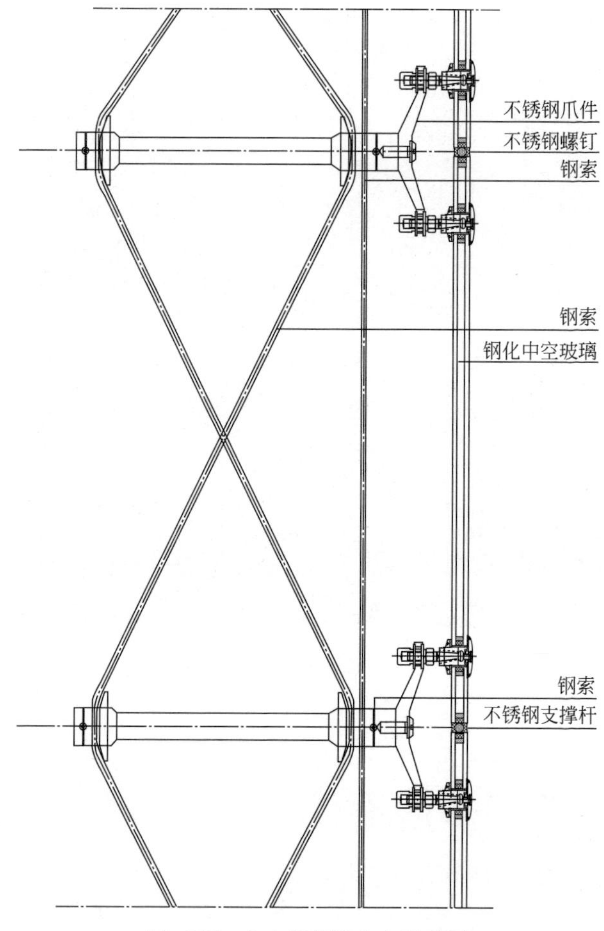

杆（索）式玻璃幕墙节点示意图

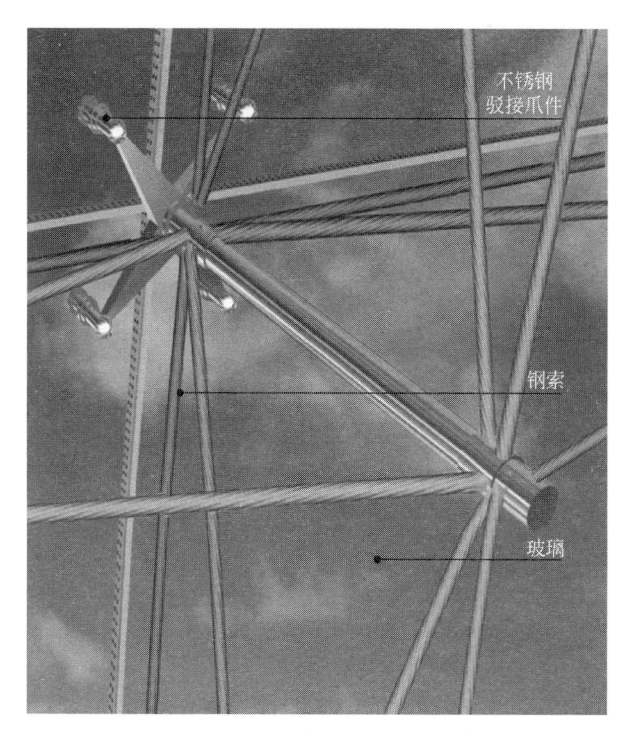

杆（索）式玻璃幕墙节点三维图

工艺说明

连接件、受压杆和拉杆宜采用不锈钢材料，拉杆直径不宜小于10mm；自平衡体系的受压杆件可采用碳素结构钢。拉索宜采用不锈钢绞线、锌-5%铝-混合稀土合金镀层高强钢绞线，也可采用铝包钢绞线或其他具有防腐性能的钢绞线。不锈钢绞线的钢丝直径不宜小于1.2mm，钢绞线直径不宜小于8mm。

020305 石材幕墙

020305.1 石材幕墙

020305.1.1 背栓式石材幕墙安装工艺

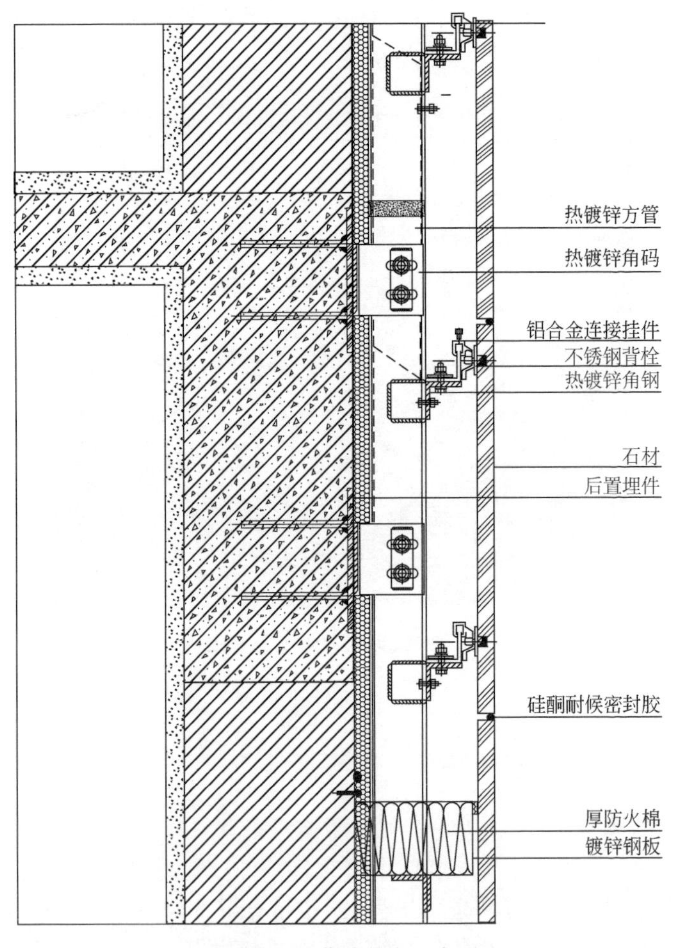

背栓式石材幕墙节点示意图

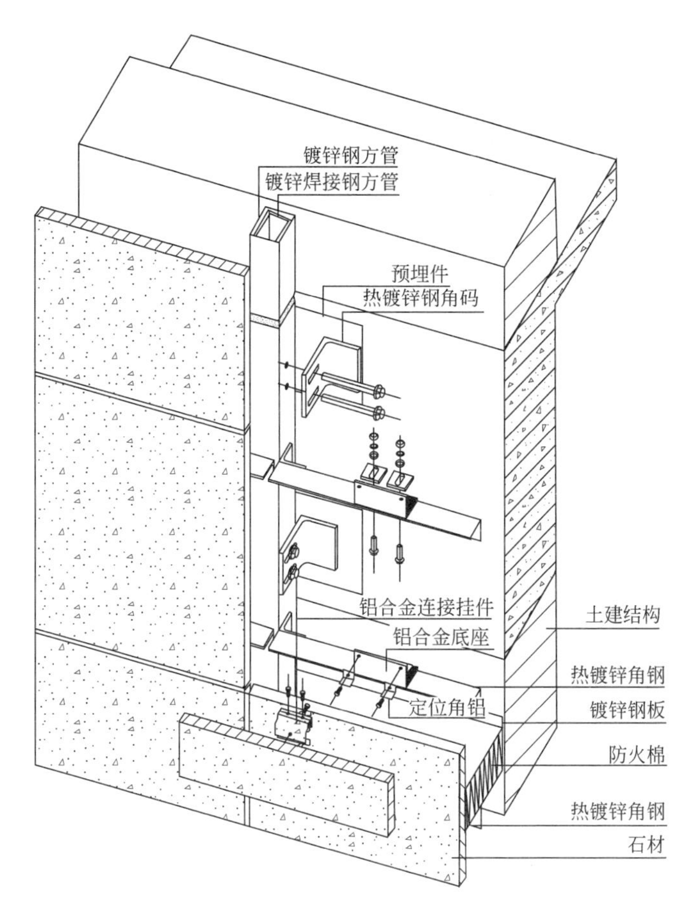

背栓式石材幕墙节点三维图

工艺说明

（1）石材加工工艺：幕墙石材面板宜进行表面防护处理。附加于石材面板表面的石材装饰条宜采用金属连接件与面板连接，并应满足承载力、耐久性要求；石材的端面可视时，应进行定厚处理。检测石材吸水率和弯曲强度是否满足设计要求；检查倒挂、外倾斜的面板防坠落构造是否符合设计要求。（2）石材幕墙安装工艺：石材幕墙埋件、骨架，以及保温防火、防雷等装置经过隐蔽工程验收合格后，对石材面板安装进行放线定位，拉控制线。确定石材面板的安装顺序，安装调整后进行固定。石材板缝宽度不宜小于 8mm 同时要符合设计要求，接缝平直，接缝大小一致；石材坡向和滴水线符合设计要求。石材拼缝处打胶处理，密封胶应采用石材专用密封胶，密封胶与石材间的相容性、耐污染性应满足规范和设计要求。注胶前应清理石材板缝隙内的灰尘，使打胶面干燥、清洁，并在石材板四周粘好保护胶带，防止石材受密封胶污染。板缝的底部宜采用泡沫条充填，胶缝厚度不应小于 3.5mm，并应采取措施避免三面粘结。密封胶应饱满、光滑顺直，不得有气泡、气孔、间断等缺陷。

020305.1.2　石材幕墙阳角

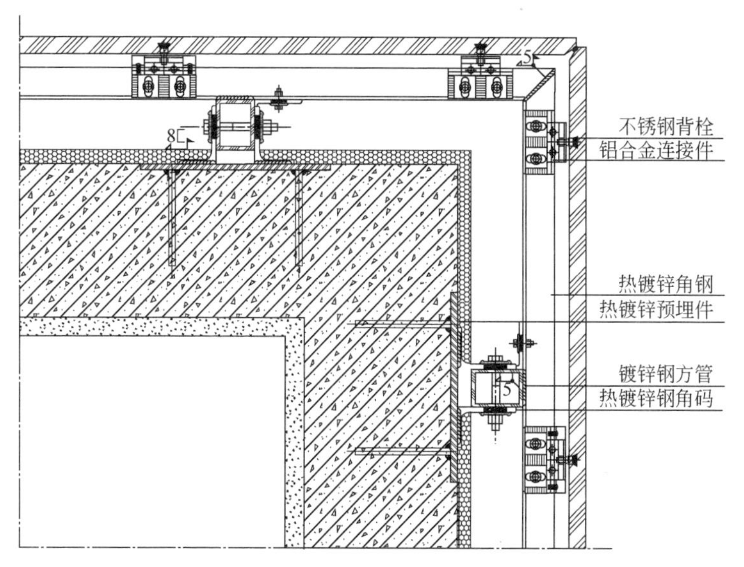

石材幕墙阳角节点示意图

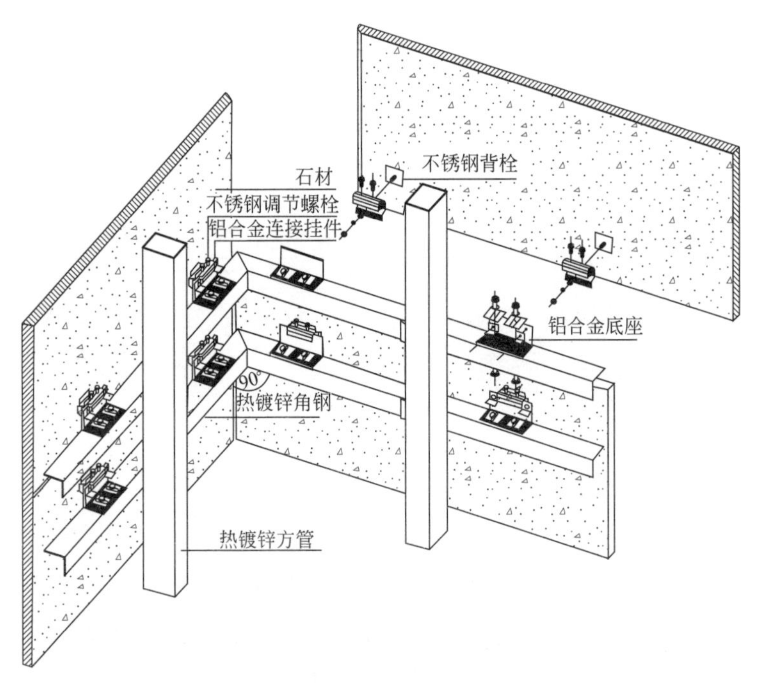

石材幕墙阳角节点三维图

工艺说明

干挂石材阳角的主要收口方式有 45°拼接对角（即海棠角），以及正面压侧面，正面板材侧面完全出面。阳角处的板块应压向正确；石材的端面可视时，应进行定厚处理；石材转角组拼不应采用粘结连接方式，较大尺寸的转角组拼应在组拼的石材背面阳角处加设不锈钢或铝合金型材支承件组装固定。不锈钢支撑件的截面厚度不应小于 2mm；铝合金型材截面厚度不应小于 3mm，且支撑组件的间距不宜大于 500mm，支撑组件的数量不宜少于 3 个。

020305.1.3　石材幕墙阴角

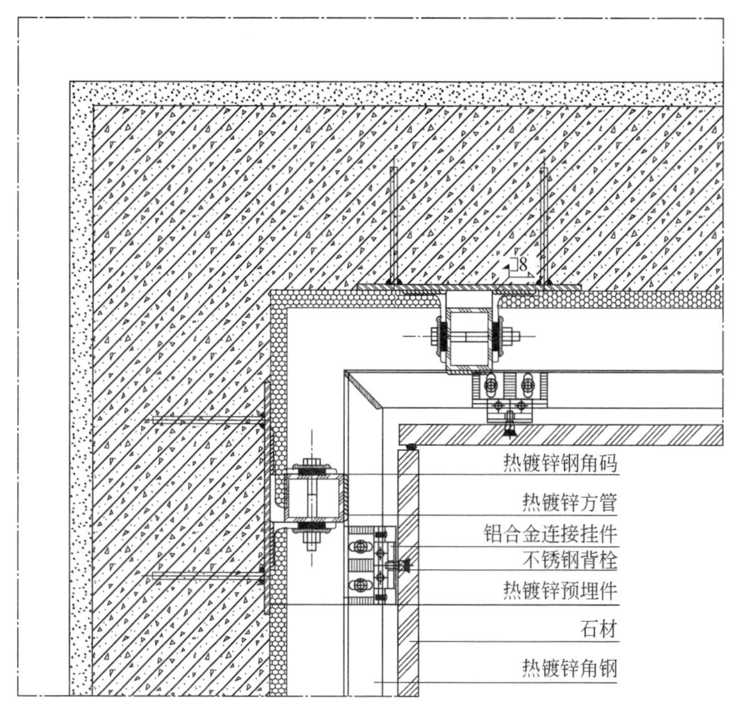

石材幕墙阴角节点示意图

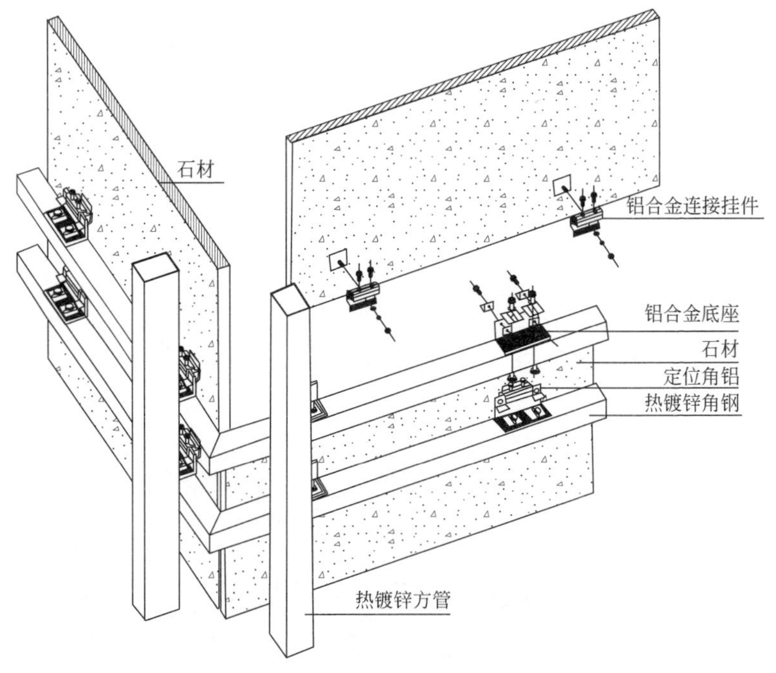

石材幕墙阴角节点三维图

工艺说明

干挂石材阴角的主要收口方式为正面压侧面，正面板材侧面完全出面。阴角处的板块应压向正确；石材转角组拼不应采用粘结连接方式，较大尺寸的转角组拼应在组拼的石材背面阴角处加设不锈钢或铝合金型材支承件组装固定。不锈钢支撑件的截面厚度不应小于2mm，铝合金型材截面厚度不应小于3mm，且支撑组件的间距不宜大于500mm，支撑组件的数量不宜少于3个。

020305.2 不锈钢挂件石材幕墙

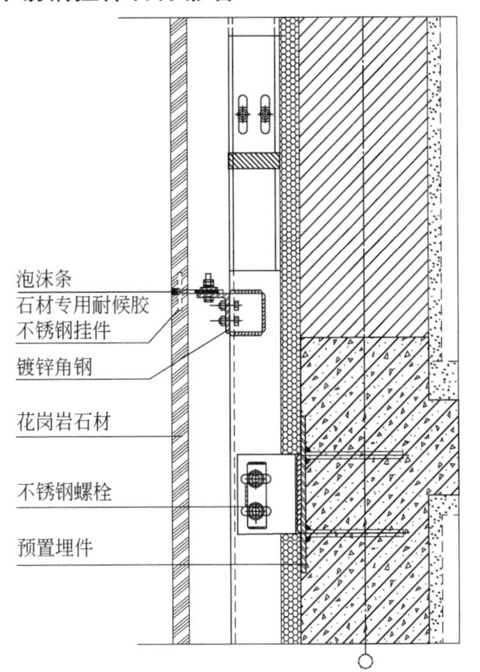

不锈钢挂件石材幕墙节点示意图

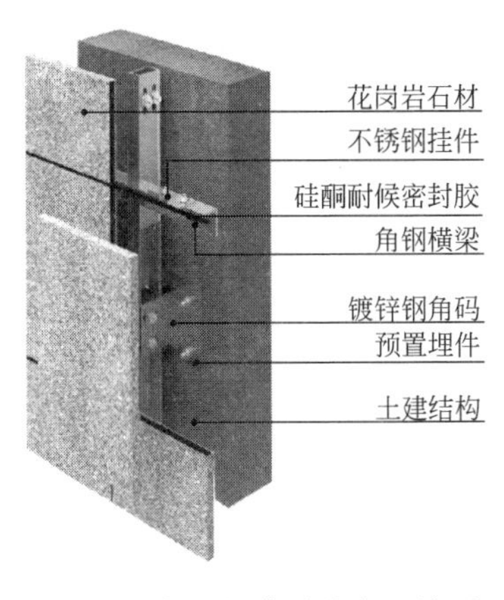

不锈钢挂件石材幕墙节点三维图

工艺说明

（1）石材槽口与不锈钢挂件的关系：不锈钢挂件石材幕墙宜采用L形挂件系统。挂件长度不宜小于40mm，宜采用截面厚度不宜小于3mm的06Cr19Ni10（S30408）材质的不锈钢挂件，或采用截面厚度不宜小于4mm的铝挂件。挂件入槽深度不宜小于10mm，也不宜大于20mm。槽口深度大于20mm的有效长度不宜大于80mm，也不宜比挂件长度长10mm以上，槽口深度宜比挂件入槽深度大5mm；槽口端部与石板对应端部的距离不宜小于板厚的3倍，也不宜大于180mm。槽口宽度不宜大于8mm，也不宜小于5mm。（2）不锈钢挂件石材幕墙安装工艺：石材幕墙埋件、骨架，以及保温防火、防雷等装置经过隐蔽工程验收合格后，对石材面板安装进行放线定位，拉控制线。从最下面一排其中一端开始安装，依次将整排安装完成后再装上面一排。石材板块的安装首先把要安装石材的下口两个L形挂件与水平龙骨之间用螺栓连接并固定牢固；然后用气泵把石材4个槽口内的灰尘等吹干净，保持槽口干燥，向槽口内注入环氧树脂结构胶，结构胶应填满槽口不得留有空隙；再把石材板块槽口对准下口的L形挂件入槽并扶正，将板块上面的两个挂件入槽，调整好石材平整度、水平度后再将上面两个挂件的固定螺栓固定牢固。需要注意石材板缝宽度不宜小于8mm，同时要符合设计要求，石材拼缝平直且大小一致；石材坡向和滴水线符合设计要求。不锈钢挂件石材幕墙宜为封闭式，石材拼缝处须进行注胶密封。板缝的底部宜采用泡沫条充填，胶缝厚度不应小于3.5mm，并应采取措施避免三面粘结。密封胶应饱满、光滑顺直，不得有气泡、气孔、间断等缺陷。

020305.3　SE 挂件石材幕墙

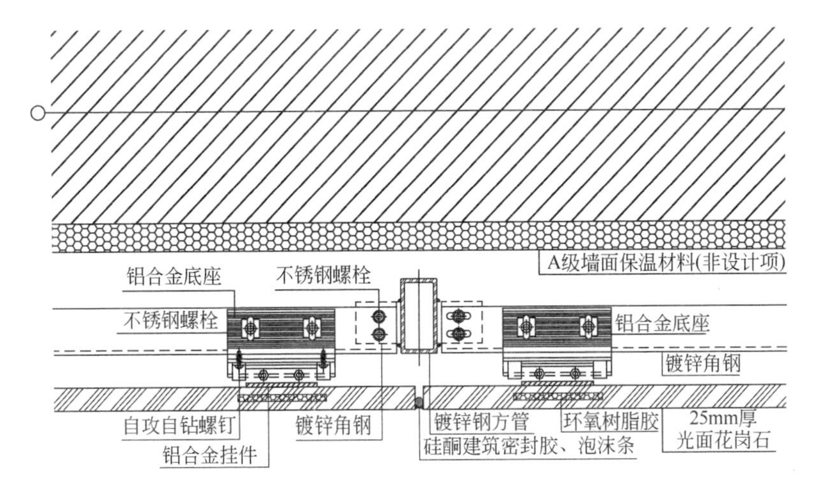

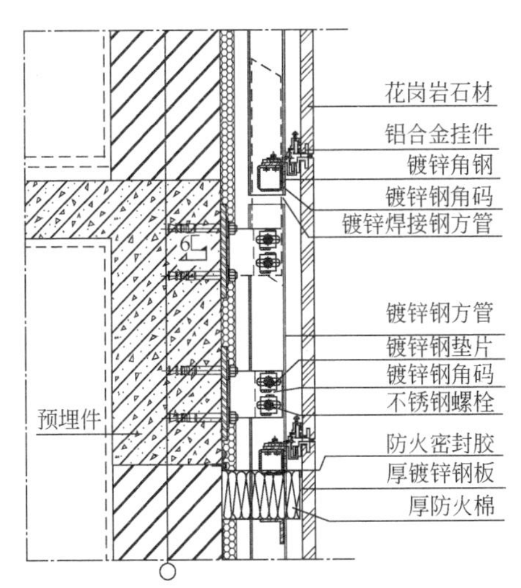

SE 挂件石材幕墙节点示意图

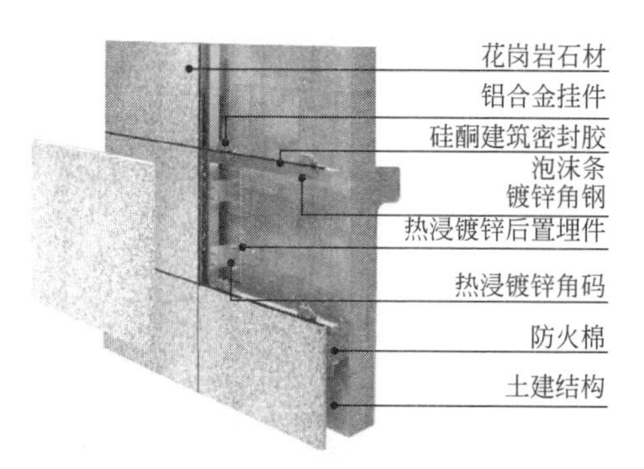

SE挂件石材幕墙节点三维图

工艺说明

(1) SE又称小单元组件，由一个主件和S形、E形两个副件组成，主件与副件在滑槽内为滑动配合，槽内设有贴在侧壁的橡胶条，以避免主件和副件的硬性接触。主件的平板上设有安装孔，与次龙骨的角钢用螺栓连接。副件嵌板槽开口向上的为S形副件，嵌板槽开口向下的为E形副件。主件的滑槽式为一个时，安装在最上层或最下层。主件的滑槽为两个时，两滑槽应上下排列，安装在中间各层。S形副件与主件位于上面的滑槽配合，E形副件与主件在下面的滑槽配合。当主件设有一个滑槽时，其平板与右壁的连接部位可以在右壁的中部，或在下部，使其底面同滑槽底面形成一个平面，也可以根据制造和使用上的便利选择其他任意部位。需要注意两点：一是挂件入槽前须先用气泵把石材槽口内的灰尘等吹干净，保持槽口干燥，向槽口内注入环氧树脂结构胶，结构胶应填满槽口不得留有空余。二是石材板缝宽度不宜小于8mm，同时要符合设计要求，石材拼缝平直且大小一致；石材坡向和滴水线符合设计要求。(2) SE挂件石材幕墙一般为封闭式，所以石材拼缝处须进行注胶密封。密封胶应采用石材专用密封胶，密封胶须做与石材的相容性、耐污染性试验。

020305.4 背栓式石材幕墙

020305.4.1 开放式

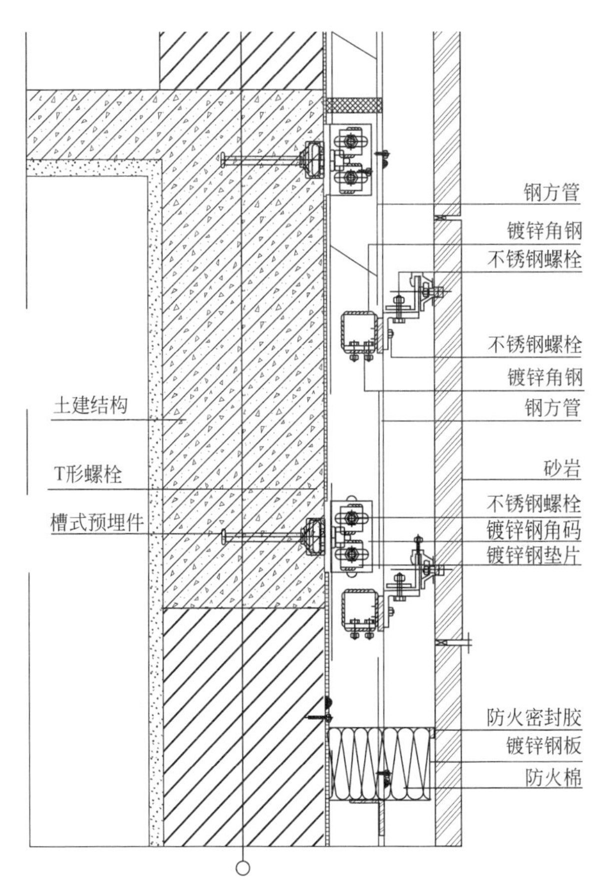

开放式石材幕墙节点示意图

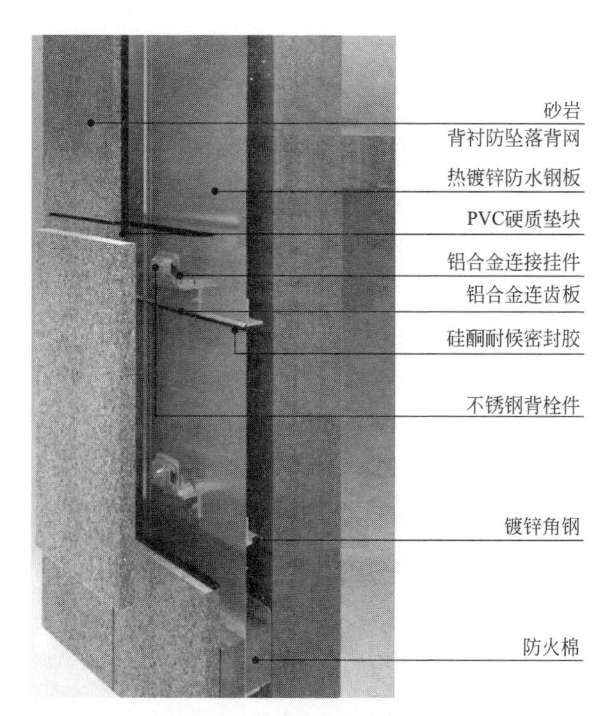

开放式石材幕墙节点三维图

工艺说明

（1）开放式背栓石材板块加工工艺：石材面板采取背栓式干挂法，石材面板宜进行六面防水处理，应通过试验确定承载力标准值并检验其可靠性，背栓的材质不宜低于组别为A4的奥氏体不锈钢。背栓直径不宜小于6mm，不应小于4mm，锚固深度不宜小于石材厚度的1/2，也不宜大于石材厚度的2/3，背栓的连接件厚度不宜小于3mm。背栓的中心线与石材面板边缘的距离不宜大于300mm，也不宜小于50mm；背栓与背栓孔间宜采用尼龙等间隔材料，防止硬性接触；背栓之间的距离不宜大于1200mm。石材钻孔应采用专用设备在石材背面钻孔，钻孔后应进行孔壁的清洁处理，清洁时不得采用有机溶剂型清洁剂；石材钻孔后不得有损坏或崩裂现象。（2）开放式背栓石材施工工艺：开放式石材幕墙防水采用背后设置热镀锌钢板或铝板等阻水设计，阻水板拼接处用硅酮密封胶进行封堵，通过隐蔽工程验收和淋水试验后方能进行石材板块安装。石材板块安装首先须对石材面板安装进行放线定位，拉控制线。然后安装背栓固定在石材背面，再将螺栓与铝合金挂件连接，背栓石材板块通过石材背面的铝合金挂件与骨架上的角码或挂件相互连接将石材干挂在幕墙骨架上。

020305.4.2 封闭式

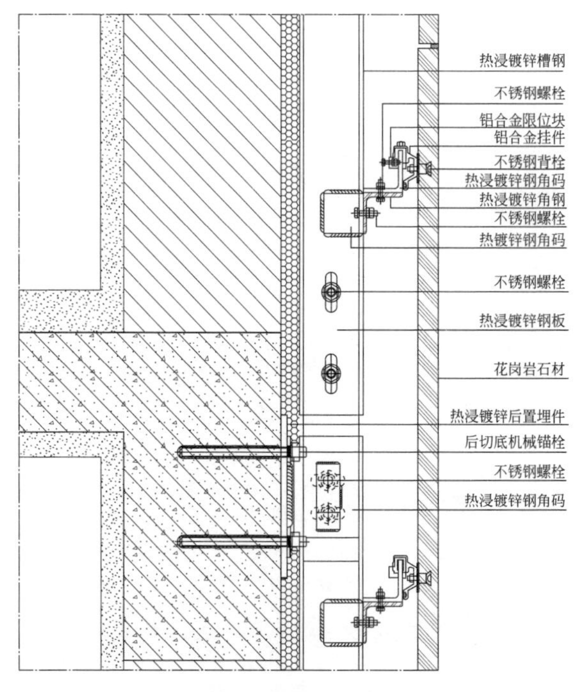

封闭式石材幕墙节点示意图

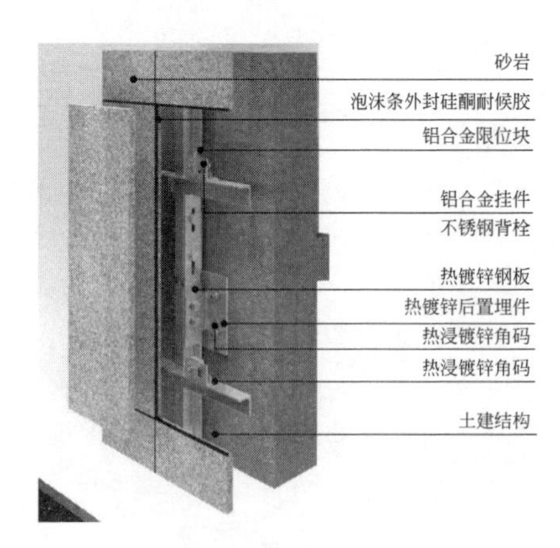

封闭式石材幕墙节点三维图

工艺说明

（1）封闭式背栓石材板块加工工艺：石材面板采取背栓式干挂法，石材面板宜进行六面防水处理，应通过试验确定承载力标准值并检验其可靠性，背栓的材质不宜低于组别为A4的奥氏体不锈钢。背栓直径不宜小于6mm，不应小于4mm，锚固深度不宜小于石材厚度的1/2，也不宜大于石材厚度的2/3，背栓的连接件厚度不宜小于3mm。背栓的中心线与石材面板边缘的距离不宜大于300mm，也不宜小于50mm；背栓与背栓孔间宜采用尼龙等间隔材料，防止硬性接触；背栓之间的距离不宜大于1200mm。背栓石材钻孔应采用专用设备在石材背面钻孔，钻孔后应进行孔壁的清洁处理，清洁时不得采用有机溶剂型清洁剂；石材钻孔后不得有损坏或崩裂现象。（2）封闭式背栓石材施工工艺：幕墙的埋件、骨架，以及保温防火、防雷等装置经过隐蔽工程验收合格后方能进行石材板块的挂装。首先对石材面板的安装进行放线定位，拉控制线。然后安装背栓固定在石材背面，再将螺栓与铝合金挂件连接，背栓石材板块通过石材背面的铝合金挂件与骨架上的角码或挂件相互连接将石材干挂在幕墙骨架上。各石材板块自成连接体系，相邻板块间不传递荷载作用。石材板缝宽度不宜小于8mm，同时要符合设计要求，接缝平直，接缝大小一致；石材坡向和滴水线符合设计要求。封闭式石材幕墙石材拼缝处须打胶处理，密封胶应采用石材专用密封胶，密封胶与石材间的相容性、耐污染性应满足规范和设计要求。注胶前应清理石材板缝隙内的灰尘，使打胶面干燥、清洁，并在石材板四周粘好保护胶带，防止石材受密封胶污染。板缝的底部宜采用泡沫条充填，胶缝厚度不应小于3.5mm，并应采取措施避免三面粘结。密封胶应饱满、光滑顺直，不得有气泡、气孔、间断等缺陷。

020305.5 蜂窝石材幕墙

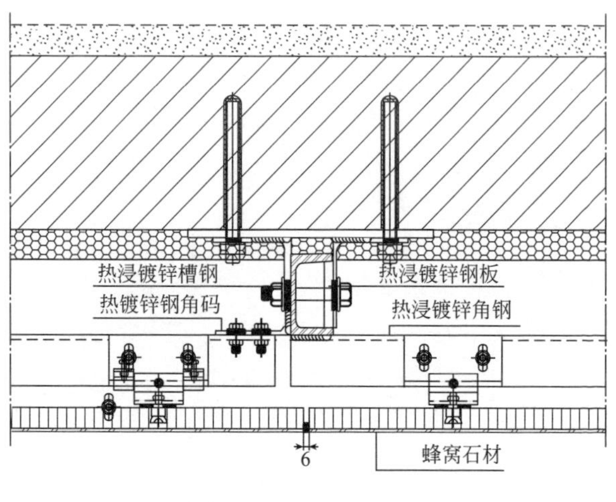

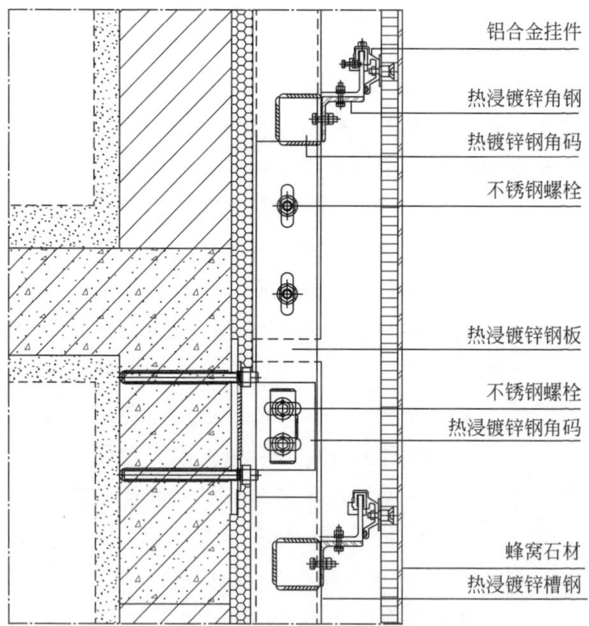

蜂窝石材幕墙节点示意图

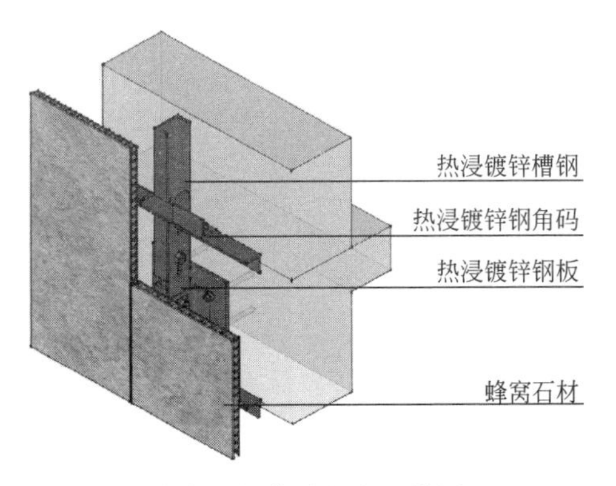

蜂窝石材幕墙节点三维图

工艺说明

(1) 蜂窝石材加工工艺：蜂窝石材生产加工时，按照设计要求开孔并预埋螺母。石材蜂窝板与铝合金挂件连接采用不锈钢螺栓固定，并通过调节垫片进行紧固。(2) 蜂窝石材施工工艺：幕墙的埋件、骨架，以及保温防火、防雷等装置经过隐蔽工程验收合格后方能进行蜂窝石材板块的挂装。首先对蜂窝石材面板安装进行放线定位，拉控制线。然后将装有铝合金挂件的蜂窝石材板按照放样图编号的要求对应挂装，安装时将蜂窝石材板通过挂钩挂在横龙骨挂件或角码上即可。通过铝合金挂件顶部螺栓的调节，达到横平竖直的质量标准要求。在安装石材复合板时注意控制石材复合板安装高度累计误差。蜂窝石材幕墙一般为封闭式，石材拼缝处须打胶处理，密封胶应采用石材专用密封胶，密封胶与石材间的相容性、耐污染性应满足规范和设计要求。注胶前应清理石材板缝隙内的灰尘，使打胶面干燥、清洁，并在石材板四周粘好保护胶带，防止石材受密封胶污染。板缝的底部宜采用泡沫条充填，胶缝厚度不应小于3.5mm，并应采取措施避免三面粘结。密封胶应饱满、光滑顺直，不得有气泡、气孔、间断等缺陷。

020306 陶土板幕墙

020306.1 陶土板幕墙

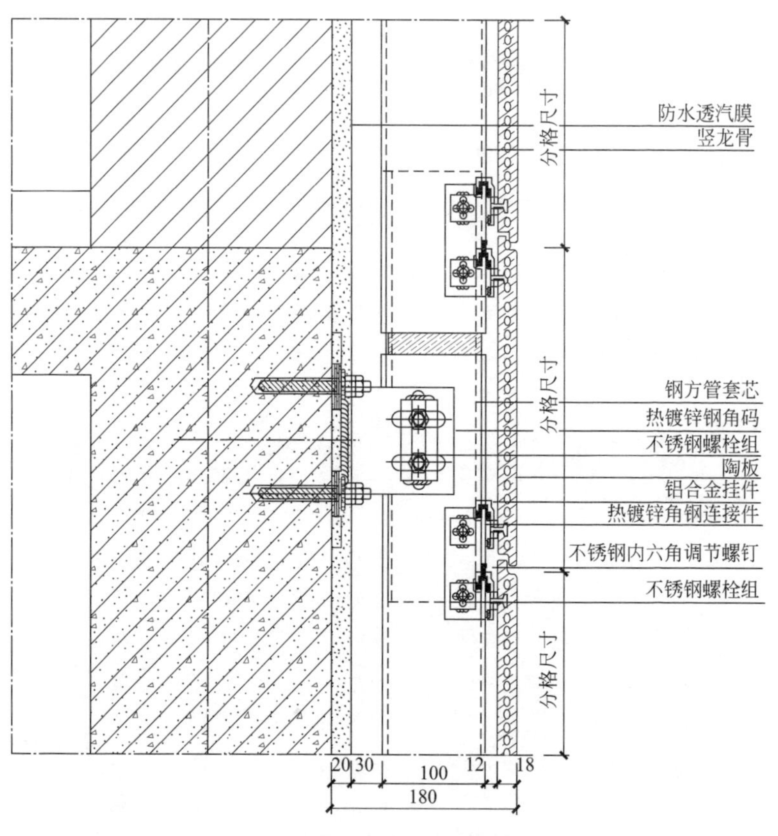

陶土板幕墙节点示意图

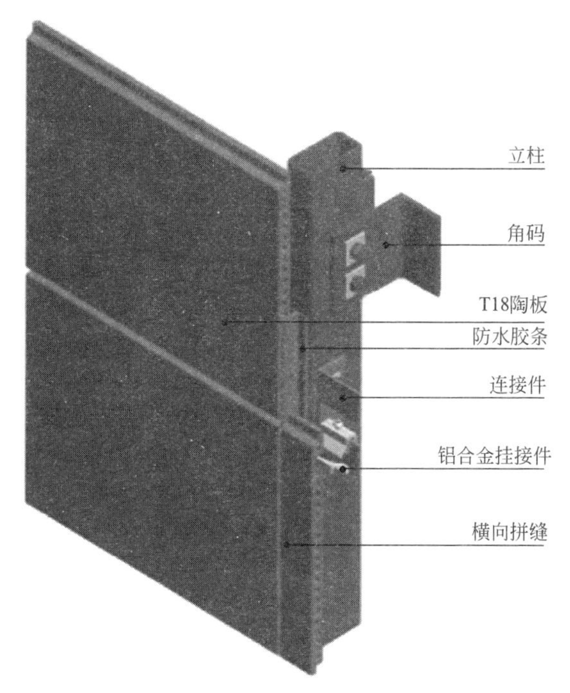

陶土板幕墙节点三维图

工艺说明

陶土板幕墙多属于密闭式，而陶土板特有的横缝搭接所形成的开放安装方式。陶土板为中空结构，采用挂件式安装系统。陶土板幕墙的施工安装，首先要根据陶土板幕墙分格将龙骨与主体结构连接固定，形成安全可靠的外墙装饰和外墙围护结构；用螺栓将角钢连接件安装在竖龙骨上。陶土板有自带的安装槽口，将铝合金挂接件滑入槽中，通过铝合金挂接件把陶土板固定在角钢连接件上，铝合金挂接件与角钢连接件之间以弹性垫片分开。陶土板拼接的水平缝处于敞开状态，竖向缝安装有防水胶条，它直接固定在竖龙骨上。然后通过调整角钢连接件及铝合金挂接件螺栓，保证面板安装的整体平整度和水平度达到施工质量验收要求。

020306.2　陶土板幕墙窗侧

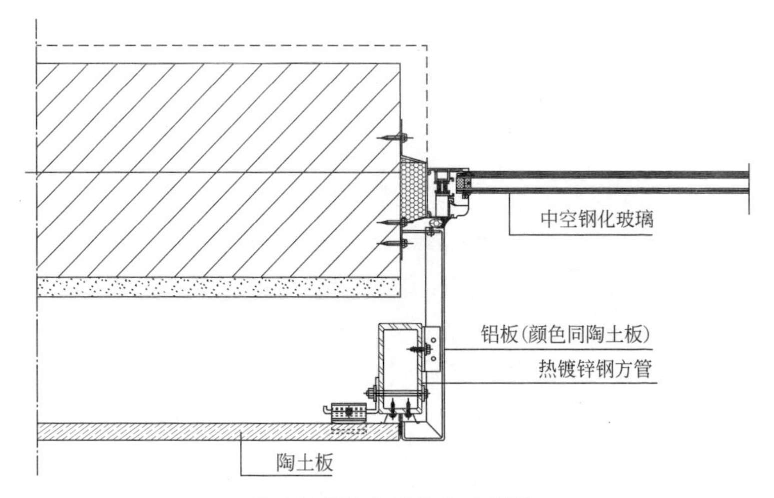

陶土板幕墙窗侧节点示意图

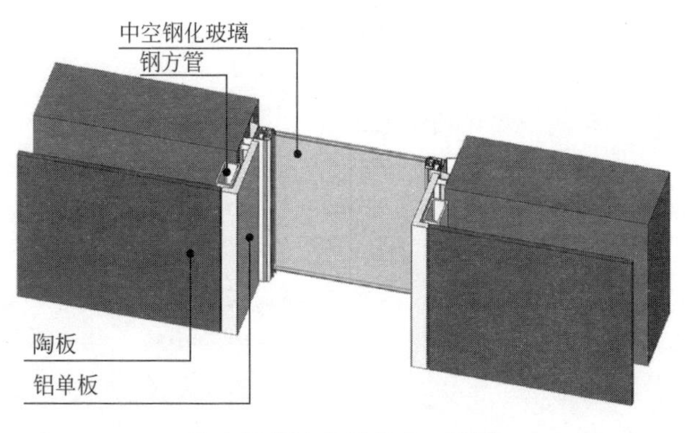

陶土板幕墙窗侧节点三维图

工艺说明

陶土板幕墙顶部及铝合金窗四周须进行封口处理，为保证外观的效果与工艺性，采用3mm铝单板封边。为防止雨雪水渗漏，铝单板与陶土板接缝处打胶密封。密封胶须做与陶土板的耐污染性试验。

020307 铝单板幕墙

020307.1　螺钉式连接

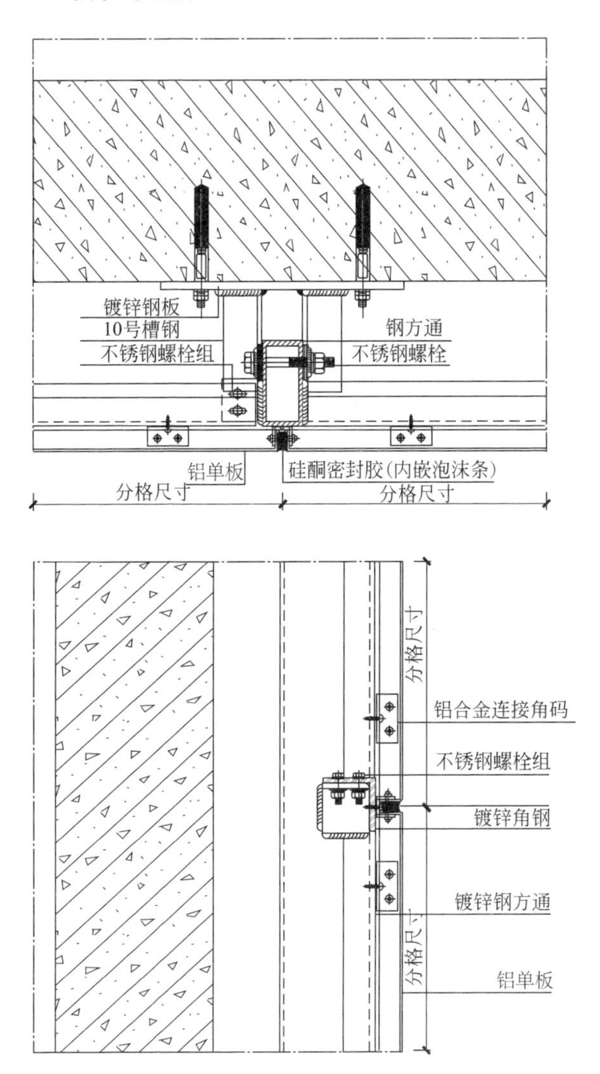

铝单板幕墙螺钉式连接节点示意图

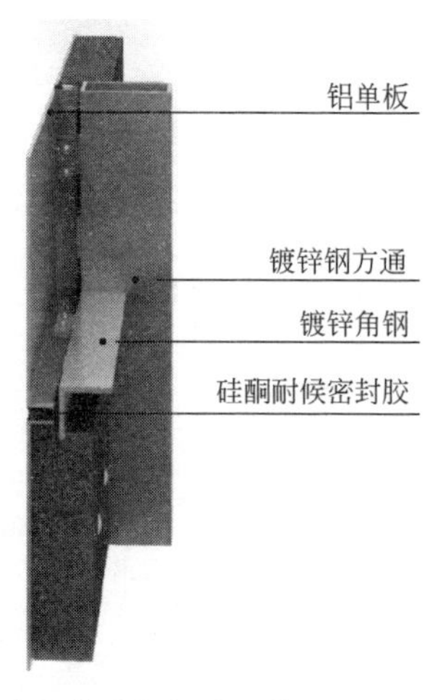

铝单板幕墙螺钉式连接节点三维图

工艺说明

（1）螺钉式连接铝单板加工工艺：单层铝板折弯加工时，折弯外圆弧半径不应小于板厚的1.5倍；采用开槽折弯时，应控制刻槽深度，保留的铝材厚度不应小于1.0mm，并在开槽部位采取加强措施；单层铝板加强肋的固定可采用电栓钉，但应确保铝板外表面不变形、不褪色，固定应牢固；单层铝板的固定耳板应符合设计要求。固定耳板可采用焊接、铆接或在铝板边上直接冲压而成。耳板应位置准确、调整方便、固定牢固；单层铝板折边的角部宜相互连接牢固，作为面板支承的加强肋。检查铝板颜色是否符合设计要求，并做涂层厚度检测。（2）螺钉式连接铝单板幕墙施工工艺：幕墙的埋件、骨架，以及保温防火、防雷等装置经过隐蔽工程验收合格后方能进行铝单板安装。首先须对铝单板安装进行放线定位，拉控制线。螺钉式连接的铝单板安装是通过螺钉将铝单板固定耳板与骨架相互连接，固定耳板与钢骨架之间须安装绝缘垫片；板缝宽度符合设计要求，接缝平直，接缝大小一致，表面平整度符合质量验收标准。

020307.2　副框式连接

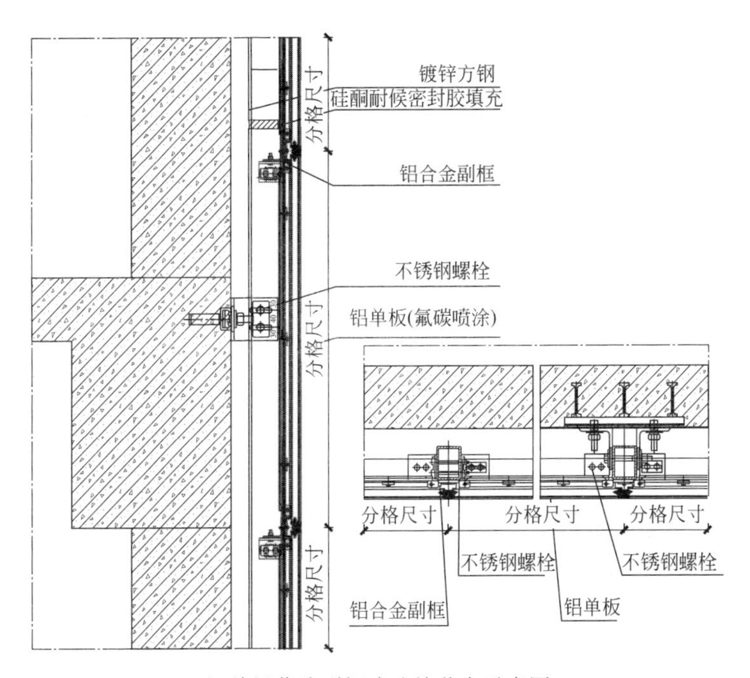

铝单板幕墙副框式连接节点示意图

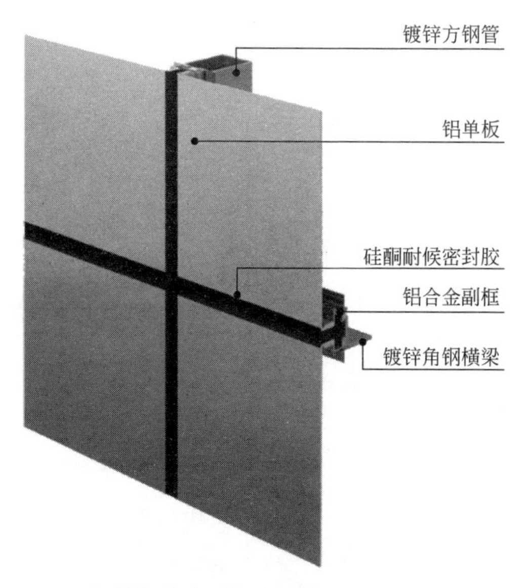

铝单板幕墙副框式连接节点三维图

工艺说明

（1）副框式连接铝单板加工工艺：单层铝板折弯加工时，折弯外圆弧半径不应小于板厚的1.5倍；单层铝板加强肋的固定可采用电栓钉，但应确保铝板外表面不变形、不褪色，固定应牢固；单层铝板折边的角部宜相互连接牢固，作为面板支承的加强肋；铝合金副框可采用铆接方式固定于铝板四周折边的内侧。检查铝板颜色是否符合设计要求，并做涂层厚度检测。（2）副框式连接铝单板幕墙施工工艺：幕墙的埋件、骨架，以及保温防火、防雷等装置经过隐蔽工程验收合格后，对副框式铝板安装进行放线定位，拉控制线。副框式铝板安装首先是将铝合金副框用铝合金压块和螺钉固定在幕墙龙骨上，注意要把铝合金副框与钢龙骨之间用绝缘胶垫或者三元乙丙胶条隔开。

020307.3　挂接式连接

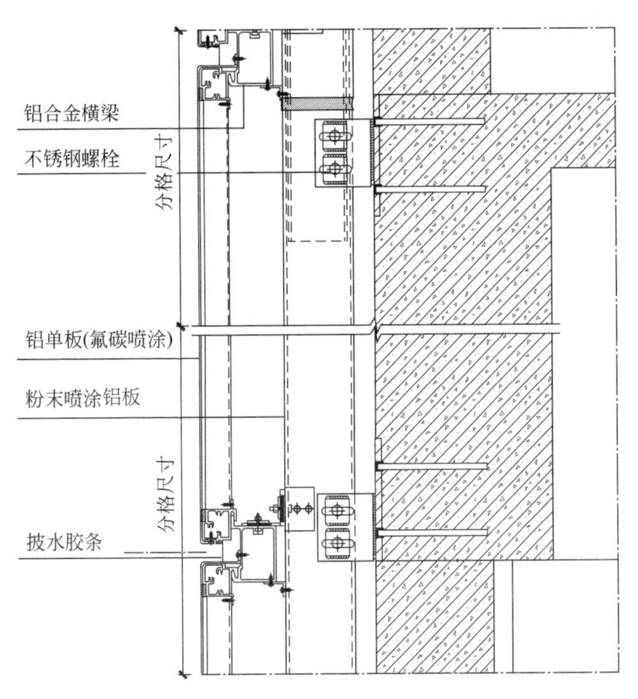

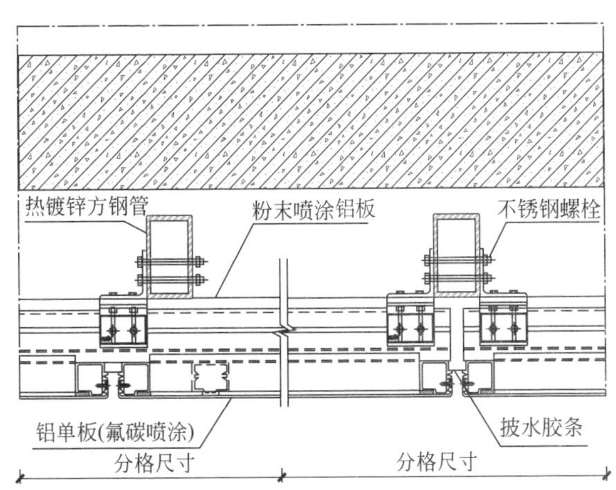

铝单板幕墙挂接式连接节点示意图

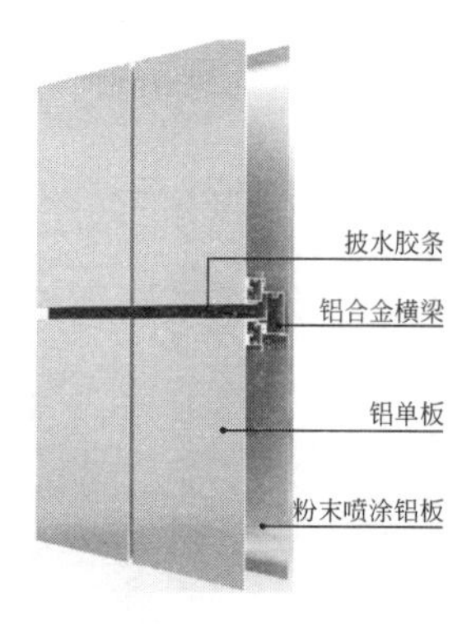

铝单板幕墙挂接式连接节点三维图

工艺说明

(1) 挂接式连接铝单板加工工艺：单层铝板折弯加工时，折弯外圆弧半径不应小于板厚的 1.5 倍；单层铝板加强肋的固定可采用电栓钉，但应确保铝板外表面不变形、不褪色，固定应牢固；单层铝板折边的角部宜相互连接牢固，作为面板支承的加强肋；在挂接式铝单板四周折边的内侧按设计要求安装铝合金副框和披水胶条，铝合金副框的安装同时采用螺钉和硅酮结构胶两种方式，硅酮结构胶施胶须在恒温恒湿的无尘加工车间进行。检查铝板颜色是否符合设计要求，并做涂层厚度检测。(2) 挂接式连接铝单板幕墙施工工艺：幕墙的埋件、骨架，以及保温防火、防雷等装置经过隐蔽工程验收合格后用螺钉将粉末喷涂背衬铝单板固定在龙骨骨架上，背衬铝单板拼接处须打胶密封，检查合格后进行铝横梁安装。安装铝横梁首先应对铝横梁进行放线定位、拉控制线，然后通过不锈钢螺栓将铝横梁转接件与龙骨骨架连接固定，最后用螺栓将铝横梁与铝横梁转接件连接牢固。当铝横梁转接件为铁质时转接件与背衬铝板、铝横梁不能直接接触，应设置绝缘垫片。最后将挂接式铝单板按施工图顺序依次挂装在铝横梁上，控制铝单板左右的板缝宽度符合设计要求，板缝平直、大小一致。

020308 蜂窝铝板幕墙

020308.1　螺钉式连接

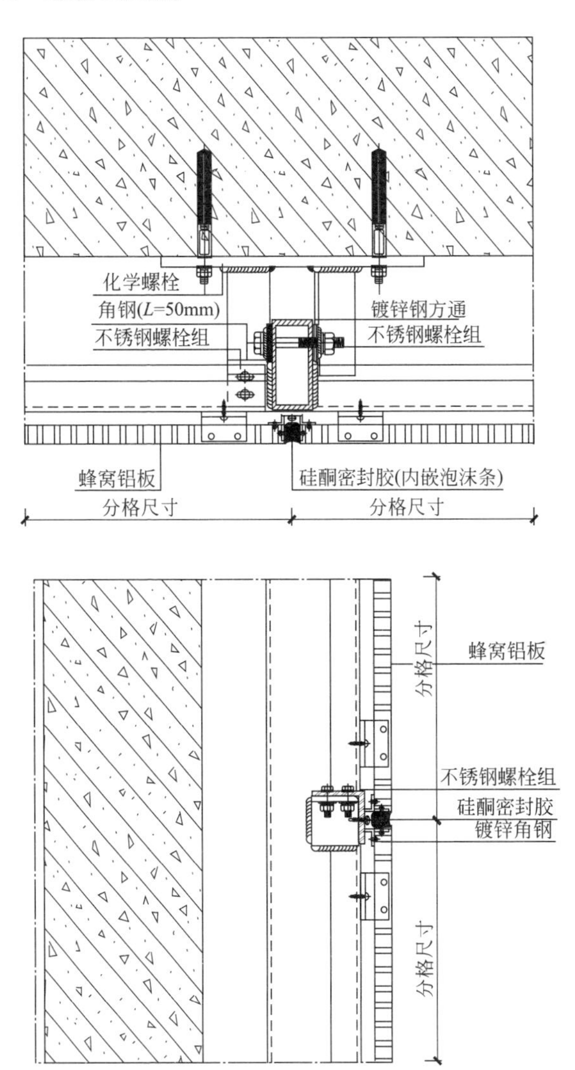

蜂窝铝板幕墙螺钉式连接节点示意图

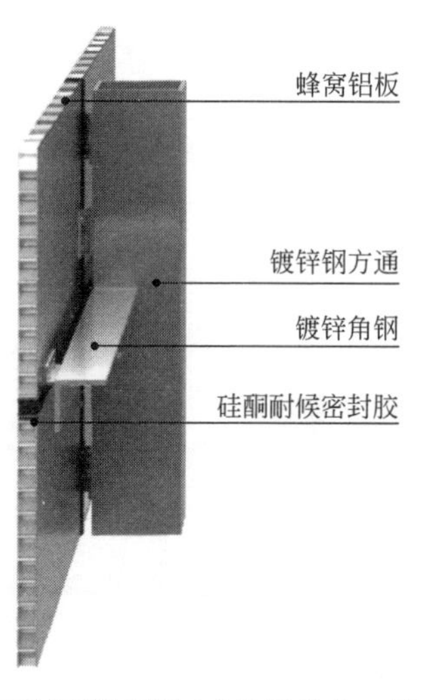

蜂窝铝板幕墙螺钉式连接节点三维图

工艺说明

（1）螺钉式连接蜂窝铝板加工工艺：蜂窝铝板的固定耳板应符合设计要求，耳板应位置准确、调整方便、固定牢固；蜂窝铝板饰面层单层铝板折边的角部宜相互连接牢固，作为面板支承的加强肋。检查蜂窝铝板颜色是否符合设计要求，并做涂层厚度检测。（2）挂接式连接蜂窝铝板幕墙施工工艺：幕墙的埋件、骨架，以及保温防火、防雷等装置经过隐蔽工程验收合格后，对蜂窝铝板安装进行放线定位，拉控制线。螺钉式连接蜂窝铝板安装是通过螺钉将蜂窝铝板固定耳板与骨架相互连接，固定耳板与钢骨架之间须安装绝缘垫片；板缝宽度符合设计要求，接缝平直，接缝大小一致，表面平整度符合质量验收标准。蜂窝铝板拼缝处须打胶处理，密封胶须做与蜂窝铝板的相容性试验；注胶前应清理板缝内的灰尘，使打胶面干燥、清洁，并在蜂窝铝板四周粘好保护胶带，防止蜂窝铝板受密封胶污染；密封胶应饱满、光滑顺直，不得有气泡、气孔、间断等缺陷。

020308.2　副框式连接

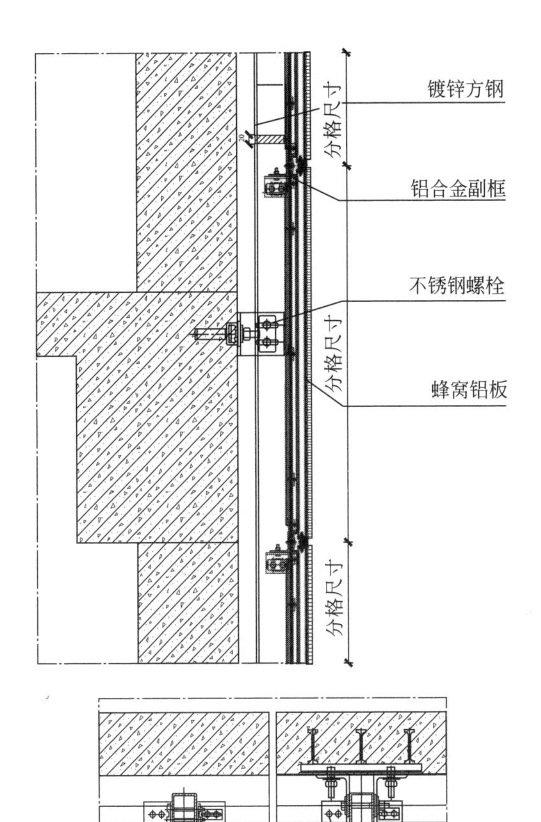

蜂窝铝板幕墙副框式连接节点示意图

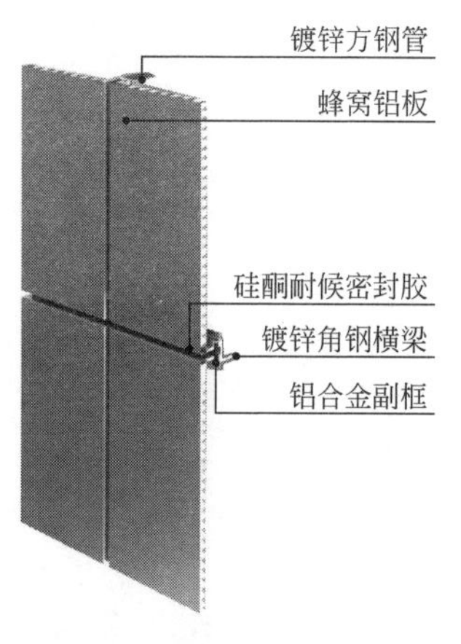

蜂窝铝板幕墙副框式连接节点三维图

工艺说明

（1）副框式连接蜂窝铝板加工工艺：蜂窝铝板饰面层单层铝板折弯加工时，折弯外圆弧半径不应小于板厚的1.5倍；单层铝板折边的角部宜相互连接牢固，作为面板支承的加强肋；铝合金副框可采用铆接方式固定于蜂窝铝板四周折边的内侧。检查副框式蜂窝铝板颜色是否符合设计要求，并做涂层厚度检测。（2）副框式连接蜂窝铝板幕墙施工工艺：幕墙的埋件、骨架，以及保温防火、防雷等装置经过隐蔽工程验收合格后，对蜂窝铝板安装进行放线定位，拉控制线。副框式蜂窝铝板安装首先是将铝合金副框用铝合金压块和螺钉固定在幕墙龙骨上，注意要把铝合金副框与钢龙骨之间用绝缘胶垫或者三元乙丙胶条隔开；板缝宽度符合设计要求，接缝平直，接缝大小一致，表面平整度符合质量验收标准。然后对蜂窝铝板拼缝做打胶处理，密封胶与铝板间的相容性应满足规范和设计要求；注胶前应清理蜂窝铝板缝隙内的灰尘，使打胶面干燥、清洁，并在蜂窝铝板四周粘好保护胶带，防止蜂窝铝板受密封胶污染；密封胶应饱满、光滑顺直，不得有气泡、气孔、间断等缺陷。

020308.3　挂接式连接

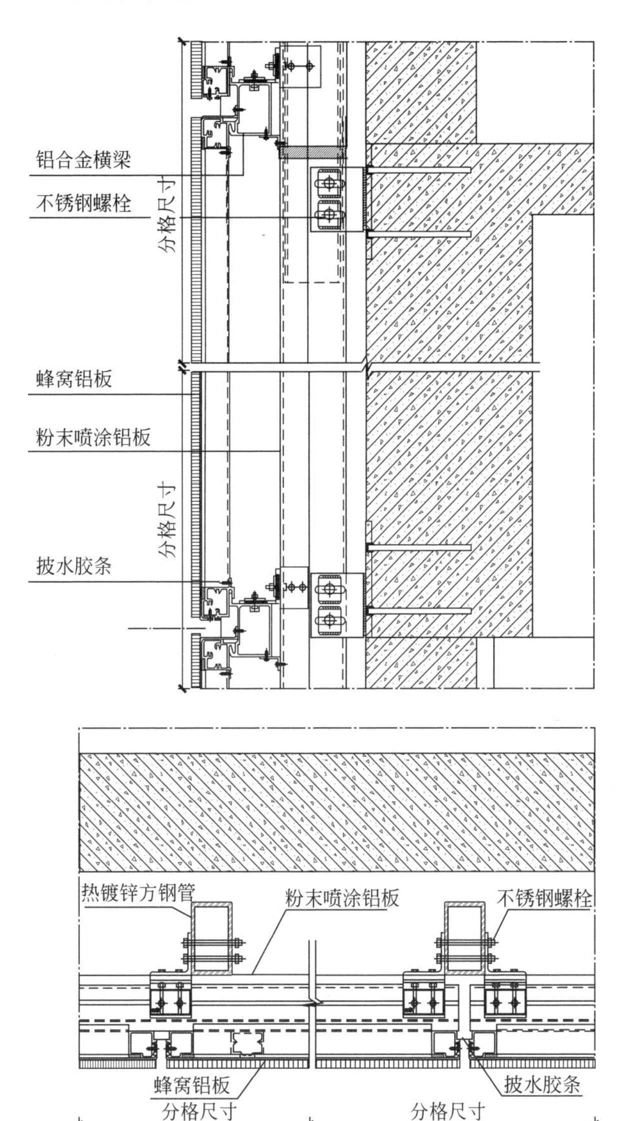

蜂窝铝板幕墙挂接式连接节点示意图

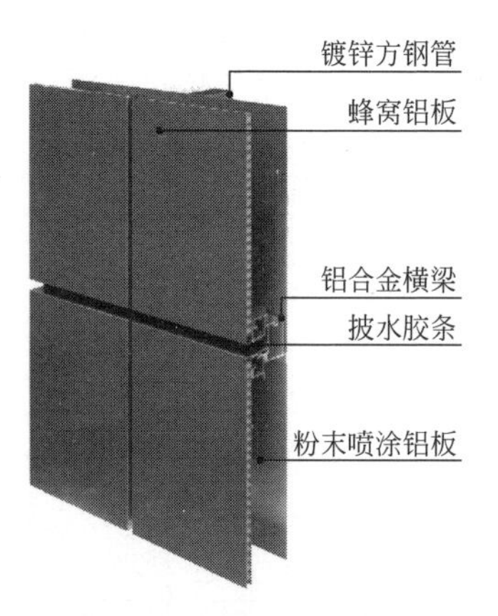

蜂窝铝板幕墙挂接式连接节点三维图

工艺说明

（1）挂接式连接蜂窝铝板加工工艺：蜂窝铝板饰面层铝板折弯加工时，折弯外圆弧半径不应小于板厚的1.5倍；饰面层铝板折边的角部宜相互连接牢固，作为面板支承的加强肋；在挂接式蜂窝铝板四周折边的内侧按设计要求安装铝合金副框和披水胶条，铝合金副框的安装同时采用螺钉和硅酮结构胶两种方式，硅酮结构胶施胶须在恒温恒湿的无尘加工车间进行。检查蜂窝铝板颜色是否符合设计要求，并做涂层厚度检测。（2）副框式连接蜂窝铝板幕墙施工工艺：幕墙的埋件、骨架，以及保温防火、防雷等装置经过隐蔽工程验收合格后用螺钉将粉末喷涂背衬铝板固定在龙骨骨架上，背衬铝板拼接处须打胶密封，检查合格后进行铝横梁安装。铝横梁的安装首先应对铝横梁进行放线定位、拉控制线，然后通过不锈钢螺栓、螺钉将铝横梁转接件与龙骨骨架连接固定，最后用螺栓、螺钉将铝横梁与铝横梁转接件连接牢固。当铝横梁转接件为铁质时，转接件与背衬铝板、铝横梁不能直接接触，应设置绝缘垫片。铝横梁检查合格后进行蜂窝铝板安装，将挂接式蜂窝铝板按施工图顺序依次挂装在铝横梁上，控制蜂窝铝板左右的板缝宽度符合设计要求，板缝平直、大小一致。

020309 穿孔铝板幕墙

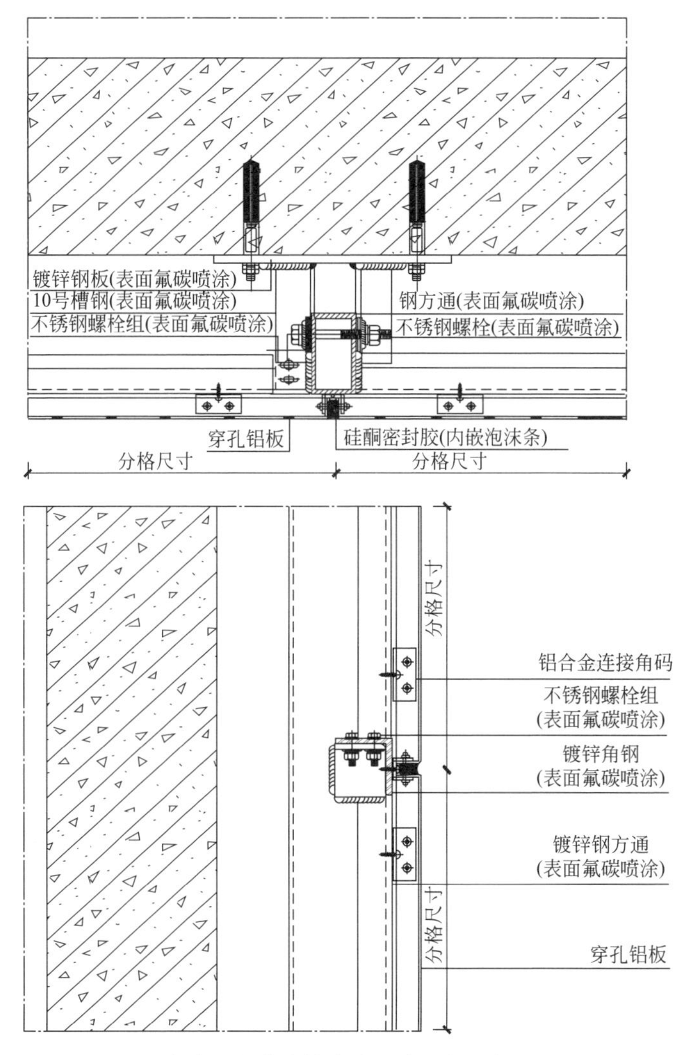

穿孔铝板幕墙挂接式连接节点示意图

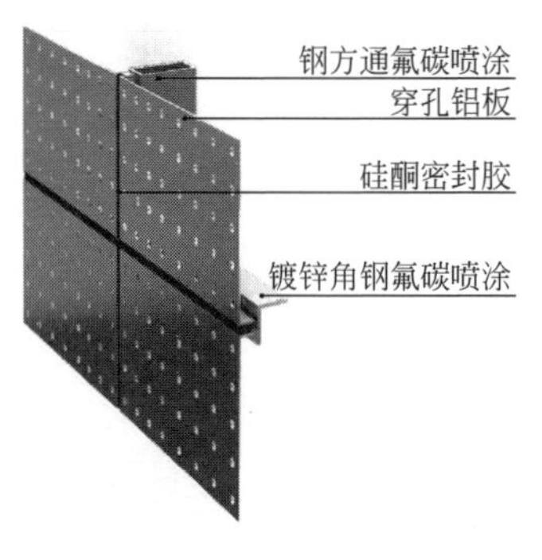

穿孔铝板幕墙挂接式连接节点三维图

工艺说明

（1）穿孔铝板加工工艺：穿孔铝板折弯加工时，折弯外圆弧半径不应小于板厚的 1.5 倍；采用开槽折弯时，应控制刻槽深度，保留的铝材厚度不应小于 1.0mm，并在开槽部位采取加强措施；单层铝板加强肋的固定可采用电栓钉，但应确保铝板外表面不变形、不褪色，固定应牢固；穿孔铝板的固定耳板应符合设计要求，固定耳板可采用焊接、铆接或在铝板边上直接冲压而成。耳板应位置准确、调整方便、固定牢固；穿孔铝板折边的角部宜相互连接牢固，作为面板支承的加强肋。检查穿孔铝板颜色是否符合设计要求，并做涂层厚度检测。（2）穿孔铝板幕墙施工工艺：幕墙的埋件、骨架，以及保温防火、避雷等装置经过隐蔽工程验收合格后，对铝板安装进行放线定位、拉控制线。穿孔铝板安装是通过螺钉将穿孔铝板固定耳板与幕墙龙骨相互连接，固定耳板与钢骨架之间须安装绝缘垫片；板缝宽度符合设计要求，接缝平直，接缝大小一致，表面平整度符合质量验收标准。穿孔铝板拼缝处须打胶处理，密封胶与穿孔铝板间的相容性应满足规范和设计要求；注胶前应清理穿孔铝板缝隙内的灰尘，使打胶面干燥、清洁，并在穿孔铝板四周粘好保护胶带，防止穿孔铝板受密封胶污染。

020310 UHPC 幕墙

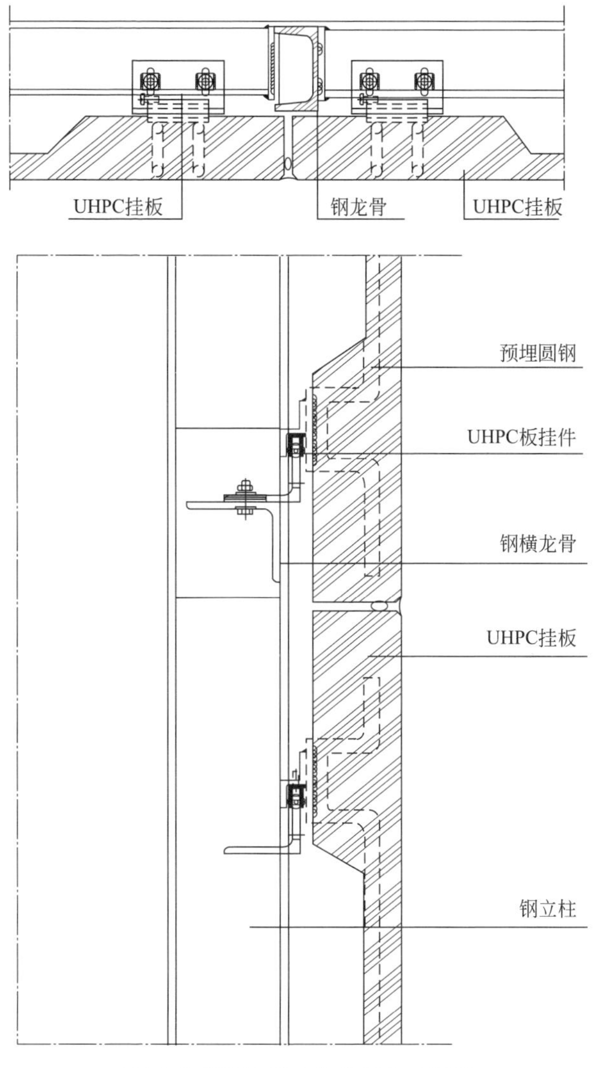

UHPC 幕墙挂接式连接节点示意图

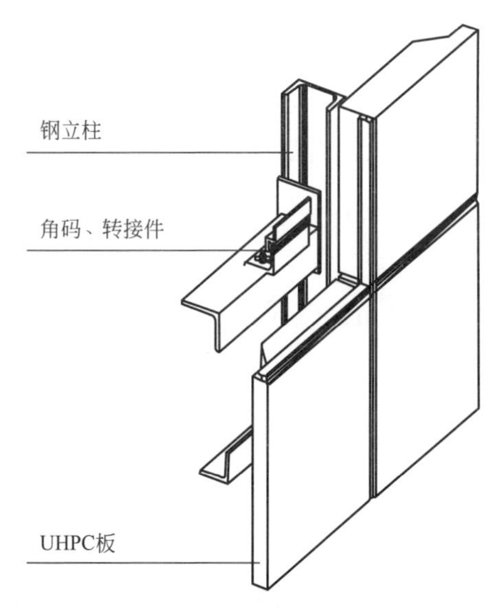

UHPC幕墙挂接式连接节点三维图

工艺说明

（1）UHPC加工工艺：UHPC外墙板在运输过程中应采取措施避免结构伤害引起开裂或不可恢复形变；贮存场地应坚固、平坦，采用板框架对板进行支撑，避免遭受荷载，在与板裸露表面接触的位置应采取保护措施，所有的垫块、包装和保护材料不应污染和损坏外墙板。（2）UHPC幕墙施工工艺：UHPC幕墙施工安装首先应测量放线，拉控制线，确定UHPC幕墙分格，修补埋件；然后将幕墙转接件、钢龙骨，以及防水、保温防火、防雷等装置按照设计施工图进行安装固定，隐蔽工程验收通过后方可进行UHPC外墙板安装；UHPC外墙板有自带的安装挂接件，施工采用吊装方式，将UHPC外墙板挂装在幕墙龙骨或结构墙体的连接件上，通过调整连接件及挂接件螺栓保证面板安装的整体平整度和水平度达到施工质量验收要求；UHPC幕墙为开放式时无须打胶密封，为封闭式时须打胶密封。

020311 瓷板幕墙

020311.1　C型幕墙系统

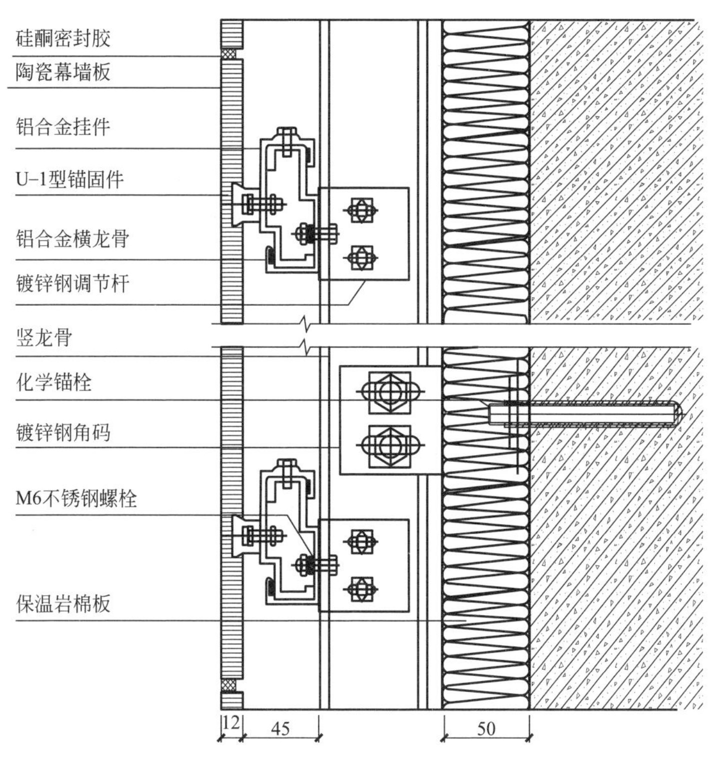

C型瓷板幕墙节点示意图

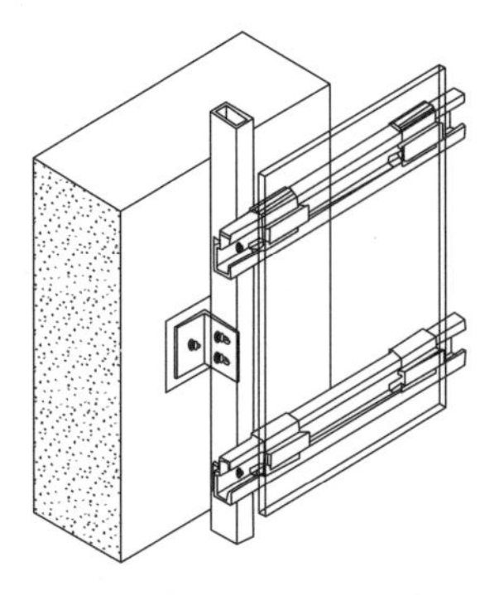

C型瓷板幕墙节点三维图

工艺说明

C型幕墙系统适用于技术复杂的混合式幕墙，能够方便地实现与背栓幕墙连接系统的兼容，在框架结构、横向排布的石材、瓷板幕墙工程中应用性价比较高；铝制横龙骨及连接件精度高，施工技术要求较高，综合造价较高。(1) C型幕墙系统瓷板加工工艺：外墙瓷板的生产加工要按照设计要求预设锚固件，通过锚固件的内固定不锈钢螺栓把C型铝挂件连接固定在外墙瓷板上。外墙瓷板的传热系数、密度、吸水率、抗弯强度、抗冻性、燃烧等级和放射性应满足规范和设计要求。(2) C型幕墙系统施工工艺：幕墙的埋件、幕墙龙骨，以及保温防火、防雷等装置经过隐蔽工程验收合格后进行外墙瓷板的挂装。将外墙瓷板按照放样图编号对应位置从下面第一排开始逐排向上安装，安装时将外墙瓷板C型铝挂件放入铝制横龙骨入槽，然后通过调节铝挂件顶部螺钉达到外墙瓷板横平竖直的质量标准要求。L型幕墙系统宜为封闭式，板缝处须打胶处理，密封胶与瓷板间的相容性、粘结性、耐久性、耐污染性应满足规范和设计要求。注胶前应清理板缝隙内的灰尘，使打胶面干燥、清洁，并在瓷板四周粘好保护胶带，防止瓷板受密封胶污染。密封胶应饱满、光滑顺直，不得有气泡、气孔、间断等缺陷。

020311.2　L 型幕墙系统

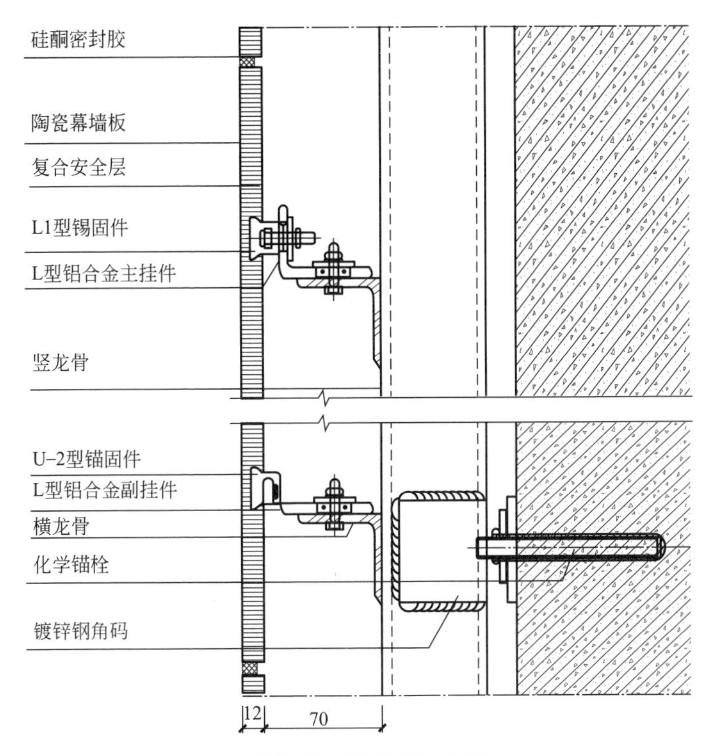

L 型瓷板幕墙节点示意图

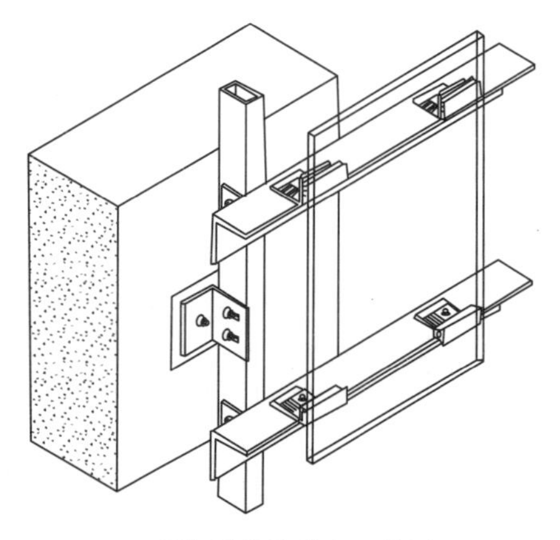

L 型瓷板幕墙节点三维图

工艺说明

L 型幕墙系统连接件三维可调，调节余量较大，龙骨安装技术难度较低，安装工人操作方便、效率高。在框架结构、竖向排布的石材、瓷板幕墙工程中应用性价比较高。(1) L 型幕墙系统瓷板加工工艺：按设计图要求在每块外墙瓷板背面的上部预设 2 个 L1 型锡固件，下部预设 2 个 U-2 型锚固件。瓷板的传热系数、密度、吸水率、抗弯强度、抗冻性、燃烧等级和放射性应满足规范和设计要求。(2) C 型幕墙系统施工工艺：幕墙的埋件、幕墙龙骨，以及保温防火、防雷等装置经过隐蔽工程验收合格后进行外墙瓷板的挂装。将外墙瓷板按照放样图编号对应位置从下面第一排开始向上逐排安装。先用不锈钢螺栓把 L 型铝合金主、副挂件按照施工图要求固定安装在角钢横龙骨对应位置；然后将瓷板下部 2 个 U-2 型锚固件完全卡入横梁上的 L 型铝合金副挂件；最后用不锈钢螺栓将瓷板上部的 2 个 L1 型锡固件与 L 型铝合金主挂件连接牢固。L 型幕墙系统宜为封闭式，板缝处须打胶处理，密封胶与瓷板间的相容性、粘结性、耐久性、耐污染性应满足规范和设计要求。

020311.3　T 型幕墙系统

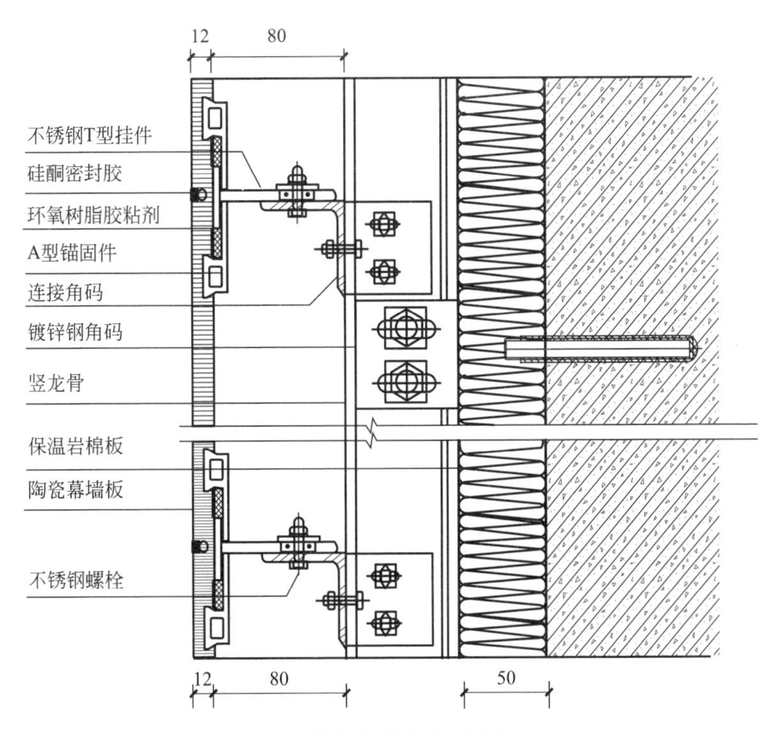

T 型瓷板幕墙节点示意图

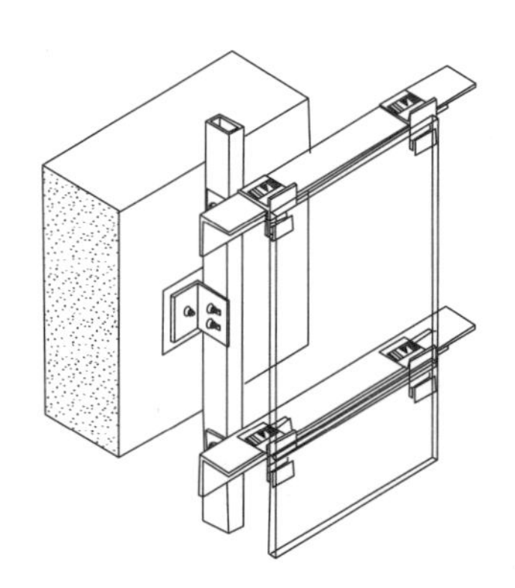

T 型瓷板幕墙节点三维图

工艺说明

T 型幕墙系统支撑体系龙骨用量少，安装工艺简单方便，安装效率高。(1) T 型幕墙系统瓷板加工工艺：按设计图要求在每块外墙瓷板背面的上部和下部各预设 2 个 A 型锚固件，锚固件与瓷板之间形成槽口。瓷板的传热系数、密度、吸水率、抗弯强度、抗冻性、燃烧等级和放射性应满足规范和设计要求。(2) C 型幕墙系统施工工艺：幕墙的埋件、幕墙龙骨，以及保温防火、防雷等装置经过隐蔽工程验收合格后进行外墙瓷板的挂装。将外墙瓷板按照放样图编号对应位置从下面第一排开始向上逐排安装。首先把要安装瓷板的下口两个 T 型挂件与水平角钢龙骨之间采用螺栓连接并固定牢固；然后用气泵把瓷板 4 个槽口内的灰尘等吹干净，保持槽口干燥，向槽口内注入环氧树脂结构胶，结构胶应填满槽口不得留有空余；再把瓷板下槽口对准 T 形挂件入槽并扶正，最后将瓷板上槽口也插入 T 型挂件，调整好瓷板平整度、水平度后将瓷板上部挂件的固定螺栓紧固。瓷板板缝宽度要符合设计要求大小一致。T 型幕墙系统宜为封闭式，板缝处须打胶处理，密封胶与瓷板间的相容性、粘结性、耐久性、耐污染性应满足规范和设计要求。

020312 双层幕墙

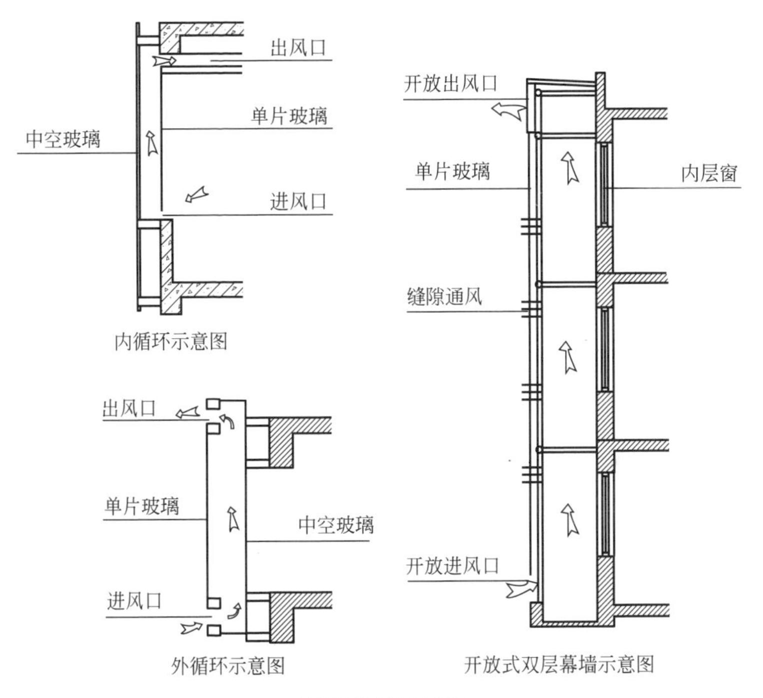

双层幕墙原理图

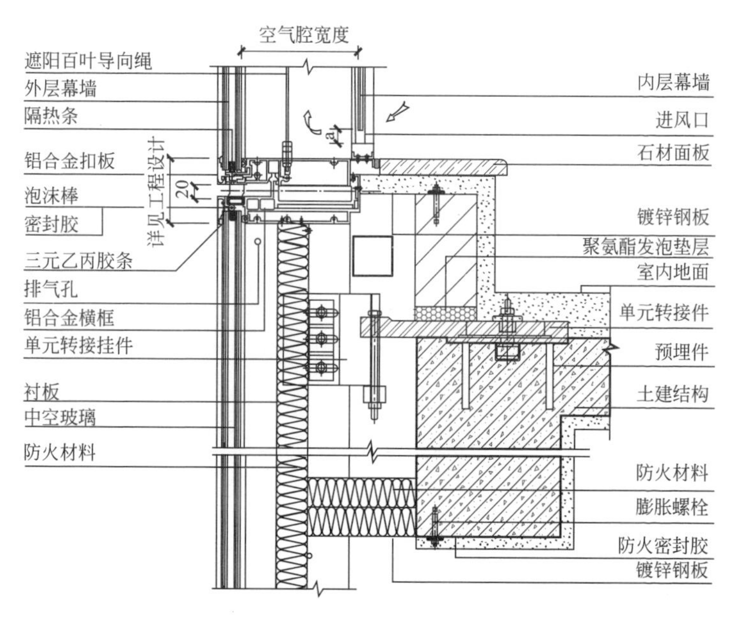

双层幕墙节点示意图

工艺说明

双层呼吸式幕墙作为智能幕墙的一种，它对提高建筑幕墙的保温、隔热以及隔声性能起到了非常大的作用。双层幕墙的抗风压性能、雨水渗漏性能、空气渗透性能、保温性能以及隔声性能等物理性能应满足规范和设计要求。双层幕墙施工，首先是按幕墙龙骨定位线安装支座和转接件，再按照龙骨定位线先安装竖龙骨后安装横龙骨，然后按照施工图要求安装保温防火、防雷装置和背衬板等，经隐蔽工程验收合格后先安装内幕墙组件再安装外幕墙组件。内幕墙安装首先是在横龙骨上安装铝合金底座，然后用水平仪找平，待其平整后拧紧底座固定螺栓，将玻璃安装就位后扣上装饰条，注入密封胶。外幕墙安装首先是按照施工图要求安装玻璃、铝板等幕墙饰面板，注入密封胶，然后装饰线扣装，外幕墙玻璃安装应牢固，外表面平整，板缝横平竖直，缝宽均匀一致。

020313 光伏幕墙

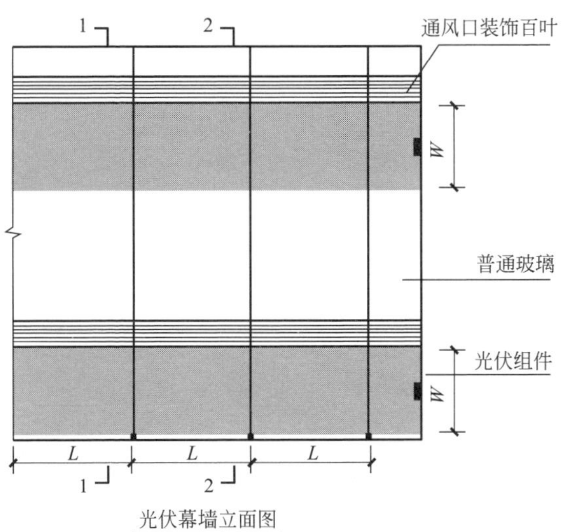

光伏幕墙立面图

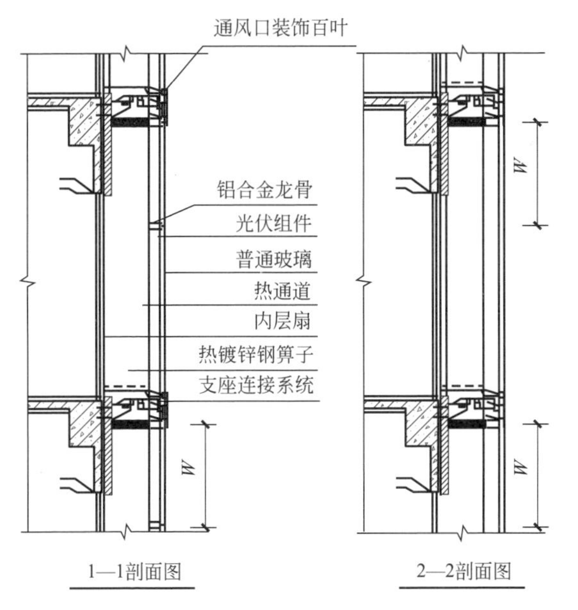

1—1剖面图

2—2剖面图

光伏幕墙构造示意图

工艺说明

(1) 光伏幕墙作为太阳能与建筑一体化的重要内容，其安装方便，供电稳定可靠、无噪声、能源清洁环保，在节能工程中取得了显著效益，已得到了越来越广泛的应用，逐步成为常规电力的一种补充和替代。光伏幕墙可发电的同时又可作为建筑墙体外围护结构，有利于降低建筑结构与装饰成本。(2) 光伏幕墙施工：首先安装固定幕墙龙骨框架，与结构体上的预埋件连接紧固后，按施工图要求依次安装光伏幕墙的竖龙骨、横龙骨、光伏组件线缆、保温防火设施以及防雷设施等，然后进行光伏幕墙安装隐蔽工程验收，验收合格后进行幕墙玻璃、光伏组件安装，安装完毕经质量检查无误后对缝隙打耐候胶，并及时将玻璃幕墙清理干净，防止污染、粘结。(3) 线缆连接：将各处连接件、光电转换件用线缆连接，并与变压器、开关、使用设备等形成完整供电线路系统。(4) 设备就位：将电池方阵、直流接线箱、逆变器、交流配电箱、转换器、电脑等设备分别安装就位于配电室、监控室等位置。(5) 系统运行：将用电器具和设施与太阳光电系统通过配电箱、变压器连接好后，进行整个系统运行调试。

第四节 • 单元式幕墙

020400 综合说明

1. 适用范围

本章节所涉及的节点工艺适用于建筑单元式幕墙。

2. 材料要求

面层材料的外观质量和性能指标应符合国家现行标准的规定，材料选用要符合建筑幕墙材料选用的基本要求。

3. 工艺要求

单元式幕墙板块四周的框架宜选用闭合腔体的型材。

单元式幕墙板块组框时横梁与立柱的接触面应密封处理，组框的螺钉或螺栓孔应有防雨水渗漏措施；单元式幕墙板块四周框架采用闭合腔体型材时，型材端部应有可靠的防止雨水进入的封堵措施。受雨水侵蚀的拼装工艺孔应设有防水措施；单元式幕墙的吊装孔和单元式幕墙与主体结构或其他系统的连接部位，应保持幕墙防水系统的完整；单元式幕墙面材与框架及框架与框架连接处，应有可靠的密封措施。同一单元板块的明隐转换处密封措施应连续；单元式幕墙的横梁和立柱采用断热措施时，断热条与铝合金型材接触面宜注胶。

单元式幕墙应根据密封性能、传力途径和装饰效果选择单向刚性插接缝、双向柔性挤压缝或组合插接缝。相邻 4 个单元拼装的十字缝处应有可靠的密封措施。采用不透气不透水的柔性材料封堵时，柔性材料在长度方向单侧超出立柱宽度的尺寸应不小于 50mm，且应不小于 3 倍立柱的有效搭接量；安装时的压缩量应不小于横梁的有效搭接量。不影响装饰效果时宜注胶密封。

单元式幕墙框架间连接以及单元式幕墙与主体结构连接应采用不锈钢螺栓或盘头不锈钢螺钉连接，螺钉和螺栓应有防松脱措施。沉头、半沉头螺钉，自攻螺钉或抽芯铝铆钉不应用作受力连接；单元式幕墙框架间连接螺钉的直径应不小于 5mm，每个连接点螺钉数量应不少于 2 个，主要连接点螺钉数量应不少于 3 个，单元式幕墙与主体结构连接处，每一连接处螺钉或螺栓的数量应不少于 2 个，承力作用的螺钉或螺栓的直径应不小于 10mm，限位作用的螺钉或螺栓的直径宜不小于 6mm。

单元式幕墙与主体结构的连接组件一般由挂件、转接件和预埋件或预置钢板三部分组成，连接组件应具备三维可调功能。三维应不小于±25mm，且挂件与转接件的水平方向调节量宜不小于相邻两个单元板块间安装时最小相对位移量。

020401 横滑型

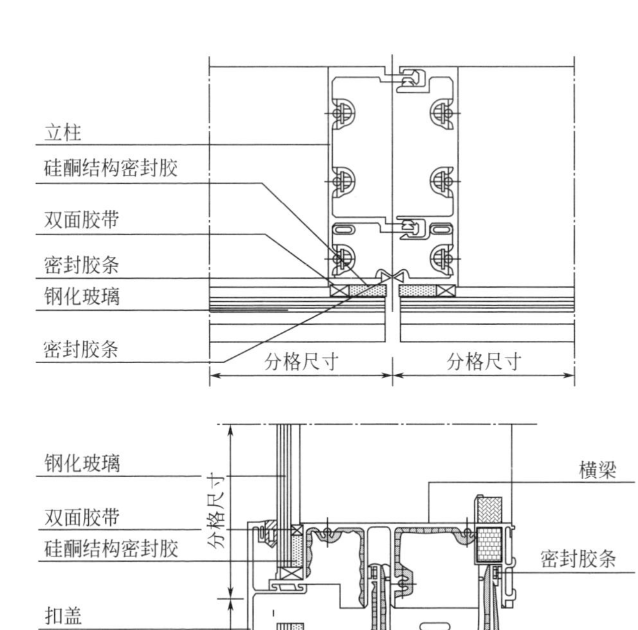

横滑型单元幕墙节点示意图

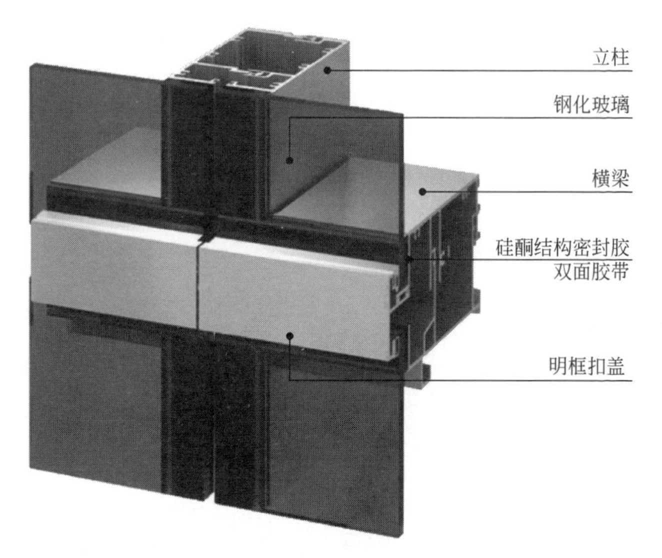

横滑型单元幕墙节点三维图

工艺说明

横滑型构造是在左、右相邻两单元组件上框中设封口板，用这个封口板将上、下、左、右4个单元组件接合部位内外贯通的开口封堵，此封口板除了具有封口功能外，还是集水槽和分隔板。由于这个封口板嵌在单元组件上框的滑槽内，它比上单元下框公槽大，上单元下框可以在封口板槽内自由滑动。多采用三腔密封方式，横竖框多为开腔形式。板块横向接缝处设置密封板，所有渗水会全部汇集于横框的等压前腔，通过披水板排向室外。竖框上端连接在通长的上横框上，下横框则连接在竖框上。板块通过挂件与转接件、预埋件、主体结构连接，并通过转接件上的腰形孔和高度方向上的调整螺钉实现三维调整。横滑型单元幕墙排水效果可达到很高的水密性能等级，但是该系统对折线形式及圆弧形式的幕墙在使用上有一定局限性。

020402 横锁型

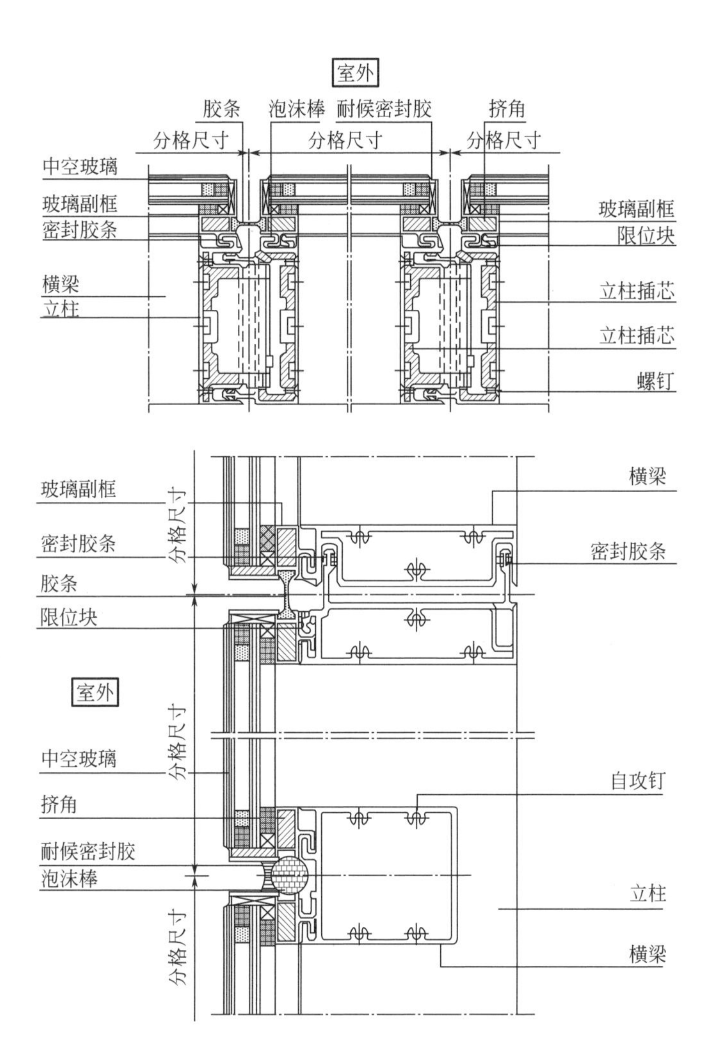

横锁型单元幕墙节点示意图

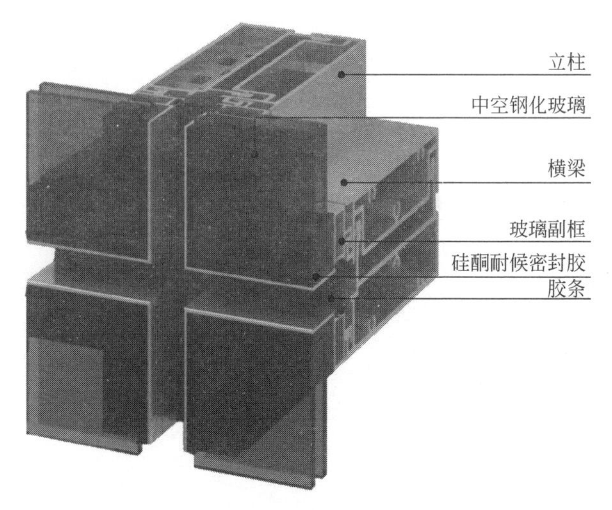

横锁型单元幕墙节点三维图

工艺说明

横锁型是在相邻上下两单元组件竖框内设开口铸铝插芯，这种插芯由两部分组成，对插的封口部分和上开口其他五面封闭的集水壶组成，对插部分位于四单元交接处，集水壶位于下部，它集封口、集水、分隔于一身，铸铝插芯也互相对插，将接缝处空洞封堵，由于多功能插芯位于上下两单元交接处，将上下两单元组合成一个整体，上下单元形成横向锁定，上单元组件不能在下单元组件上框中滑动，即左右相邻两单元不能滑动，因而称横锁型。大量的水被最外层的密封胶条阻挡，少量的水由左右插芯排水孔导入，经右插芯收集，最后经单元板块右框及右插芯的底排水孔导入竖框前腔内排出。横锁型单元幕墙由于横向锁定，抗震性能较好（可自动复位），适用于弯弧或折线形式，但是该系统排水性能不如横滑式结构。

第五节 • 全玻璃幕墙

020500 综合说明

1. 适用范围

本章节所涉及的节点工艺适用于全玻璃幕墙。

2. 材料要求

面层材料的外观质量和性能指标应符合国家现行标准的规定，材料选用要符合建筑幕墙材料选用的基本要求。

全玻璃幕墙面板玻璃厚度应不小于 10mm，夹胶玻璃单片厚度应不小于 8mm。中空玻璃单片厚度应不小于 8mm。全玻幕墙的玻璃肋宜采用夹层玻璃。采用金属件连接的玻璃肋应采用钢化夹层玻璃。玻璃肋应采用超白钢化玻璃或均质钢化玻璃。

玻璃肋用金属连接件应采用不低于 06Cr19Ni10（室内）或 06Cr17Ni12Mo2（室外）的不锈钢材料，厚度应不小于 6mm。连接螺栓应采用不锈钢螺栓，直径不小于 10mm。

3. 工艺要求

全玻幕墙的周边收口槽壁与玻璃面板或玻璃肋的空隙均应不小于 8mm；下支撑式玻璃与下槽底应采用不少于 2 块的硬质橡胶垫块，垫块长度应不小于 100mm，厚度应不小于 10mm，吊挂玻璃下端与下槽底垫块之间的空隙应满足玻璃变形的要求，且不得小于 10mm，玻璃入槽深度不小于 10mm，槽壁与玻璃间应采用弹性垫块支承或填塞，且用硅酮密封胶密封。

全玻幕墙的面板及玻璃肋不得与其他刚性材料直接接触。面板与装修面或结构面之间的空隙应不小于 8mm，且应采用密封胶密封。

020501 吊挂式全玻璃幕墙

020501.1 螺栓连接式

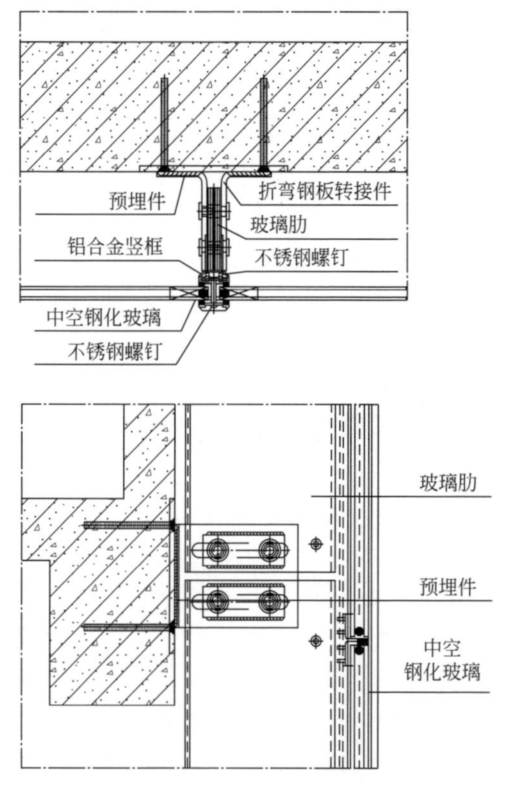

螺栓连接吊挂式全玻璃幕墙节点示意图

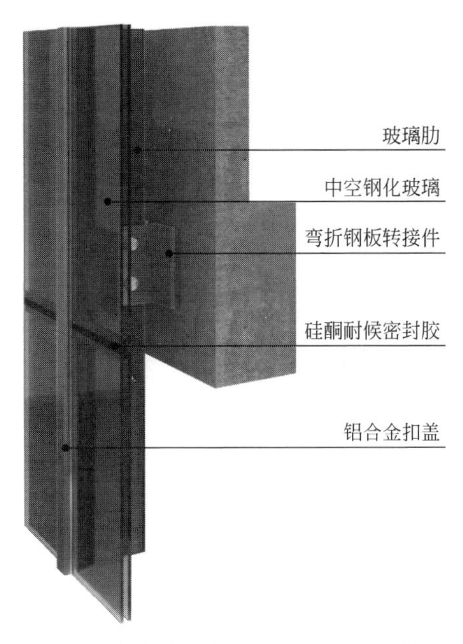

螺栓连接吊挂式全玻璃幕墙节点三维图

工艺说明

吊挂式全玻幕墙，玻璃面板采用螺栓连接，玻璃肋板也采用螺栓连接，幕墙玻璃重量都由上部结构梁承载，因此幕墙玻璃自然垂直，板面平整，反射影像真实，更重要的是在地震或大风冲击下，整幅玻璃在一定限度内发生弹性变形，避免应力集中造成玻璃破裂。玻璃的加工一定要将上下端磨平。

020501.2 吊具连接式

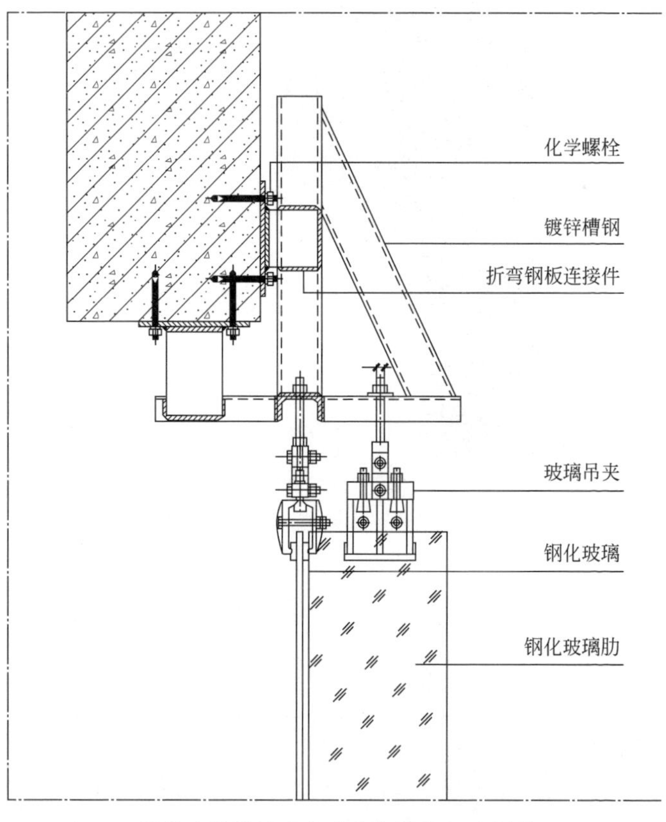

吊具连接吊挂式全玻璃幕墙节点示意图

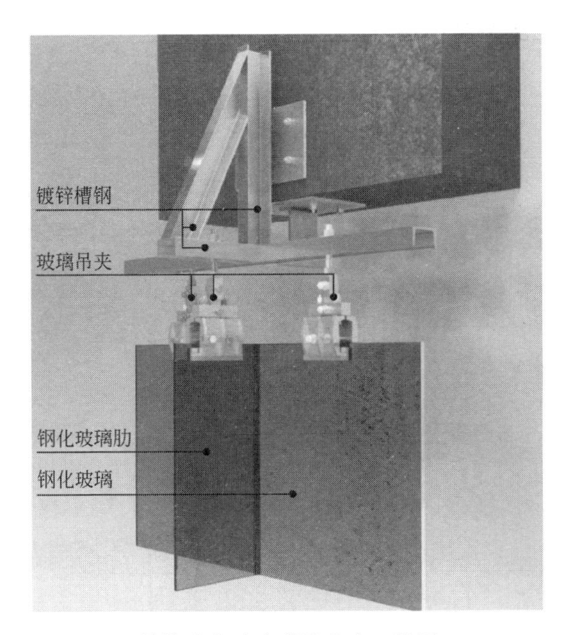

吊挂式全玻璃幕墙节点三维图

工艺说明

吊挂式全玻幕墙，玻璃面板采用吊挂支承，玻璃肋板也采用吊挂支承，幕墙玻璃重量都由上部结构梁承载，因此幕墙玻璃自然垂直，板面平整，反射影像真实，更重要的是在地震或大风冲击下，整幅玻璃在一定限度内发生弹性变形，避免应力集中造成玻璃破裂。玻璃的加工一定要将上下端磨平，不要因上下端不外露，而忽视了质量要求。由于玻璃尺寸较大，木包装箱一定要牢固，设计好吊装点。在设计玻璃内外夹扣和边框时，要与其他专业施工密切配合，要防止在安装好玻璃幕墙后，其他专业施工又在上方焊接，或在夹扣上钻孔。

020501.3 坐立式全玻璃幕墙

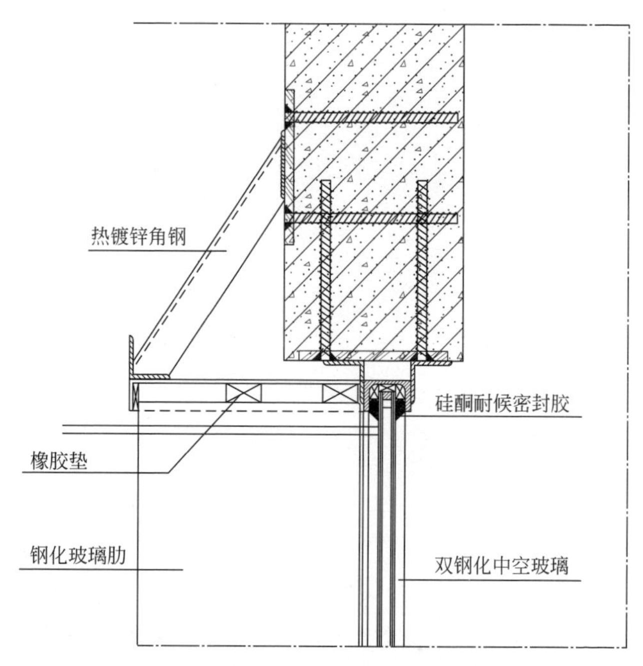

坐立式全玻璃幕墙节点示意图

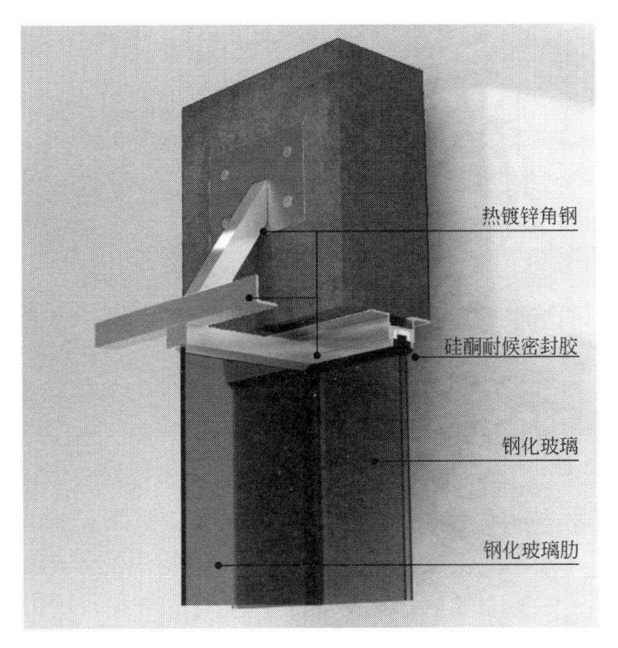

坐立式全玻璃幕墙节点三维图

工艺说明

落地式全玻幕墙顶部和底部均采用槽钢固定玻璃面板及玻璃肋的做法。钢骨架之间的焊接工作必须按先上下交替焊，再左右交替焊的顺序进行，以防止钢构件局部受热膨胀造成分格位置偏差过大，影响玻璃板块安装。上下部位钢龙骨的安装，采用槽钢焊接于钢支座上的方式。安装玻璃时，在底部钢槽内水平垫入橡胶玻璃垫。

第六节 • 门窗系统

020600 综合说明

1. 适用范围

本章节所涉及的节点工艺适用于建筑外立面铝合金门窗系统，包括平开门窗、推拉门窗、固定窗、上（下）悬窗、提升推拉门、地弹簧门以及百叶窗等。

2. 材料要求

铝合金门窗材料的外观质量和性能指标应符合国家现行标准的规定，外门窗框、扇、拼樘框等主要受力构件所用主型材壁厚应经设计计算或试验确定。主型材截面主要受力部位基材最小实测壁厚，外门不应低于 2.0mm，外窗不应低于 1.4mm。

中空玻璃选用的主要原材料应满足国家现行标准要求。中空玻璃气体层厚度不应小于 9mm。中空玻璃应采用双道密封。一道密封应采用丁基热熔密封胶，二道密封宜采用聚硫类玻璃密封胶，当第二道密封胶起到结构传力作用时应采用硅酮建筑密封胶。中空玻璃的单片玻璃厚度不应小于 6mm，两片玻璃厚度差不宜大于 3mm。玻璃幕墙采用夹层玻璃时，夹层玻璃的单片玻璃厚度不应小于 5mm，两片玻璃厚度差不应大于 3mm。

铝门窗框扇连接、锁固用功能性五金配件应满足整樘门窗承载能力的要求，其反复启闭性能应满足门窗反复启闭性能要求。

铝门窗组装机械连接应采用不锈钢紧固件。不应使用铝及铝合金抽芯铆钉做门窗受力连接用紧固件。

副框应满足强度、耐腐蚀、耐久性、节能以及安装连接功能要求。

3. 工艺要求

建筑高度大于 27.0m 的住宅建筑和高度大于 24.0m 的非单层公共建筑外窗宜采用内开启形式，当采用外开窗或推拉窗时，必须有防止窗扇向室外脱落的装置或措施。居住建筑除厨房、卫生间等辅助用房外，建筑外窗不宜采用推拉窗。

外平开窗的宽度不宜超过 650mm，高度不宜超过 1500mm，开启角度不宜大于 75°；推拉窗扇的宽度不宜超过 900mm，高度不宜超过 1500mm。

铝合金门窗应在工厂内加工制作。门窗安装孔、排水孔应在工厂内加工完成。排水孔长度不应小于 25mm，高度不应小于 6mm，排水孔数量应符合设计要求。离端部距离不宜小于 75mm。

外窗构件连接处缝隙应进行可靠的密封处理，可采用柔性防水垫片或涂抹端面胶进行密封。角码连接面应打注组角胶，并安装平整加强片。

玻璃的安装应在玻璃下部设置承重垫块，其余三面设置定位块，承重垫块长度应不小于 50mm，定位块的长度应不小于 25mm，且不得阻塞泄水孔及排水通道。玻璃压条可采用 45°或 90°接口，不得在一边使用 2 根及以上玻璃压条。

采用密封胶安装玻璃时，注胶宽度单玻不小于 3mm，中空玻璃不小于 5mm，最小厚度不小于 3mm。

五金件安装工艺孔隙应采取可靠密封措施，可采用柔性防水垫片或注胶进行密封。五金件安装后框扇搭接量应符合设计要求，且推拉窗不得小于 6mm，平开窗不得小于 5mm。

门窗副框后装法可采用固定片、膨胀螺栓、焊接等方式与洞口墙体连接固定，不得在砌体墙上采用射钉固定。副框固定片安装间距应经荷载计算确定，距角部的距离不应大于 150mm，其余部位的固定片中心距不应大于 500mm；固定片与墙体固定点的中心位置至墙体边缘距离不应小于 50mm。副框与洞口墙体安装缝隙应采用防水砂浆填塞密实，安装完成后，洞口周边应进行防水处理。

铝合金窗框外侧四周应采用密封胶做防水处理，胶缝的宽度和深度不应小于 6mm。

020601 平开窗

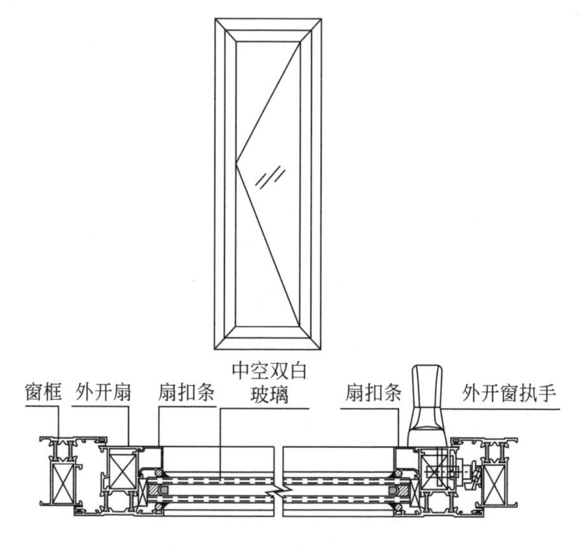

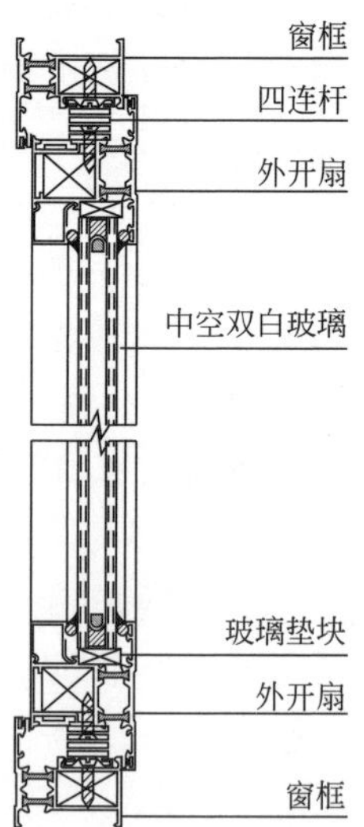

平开窗节点示意图

平开窗节点三维图

工艺说明

平开窗编制工艺下料尺寸时，按平开窗结构图要求，并注意预留框周边安装注胶缝隙 3～5mm，以确保框体与墙体为软连接安装。外窗室外侧洞口周边密封应采用中性硅酮建筑密封胶，硅酮建筑密封胶不应含有烷烃增塑剂。所用型材、附件等必须检验符合标准后方可使用。所有框、扇型材均根据备料表中的下料尺寸按 90°切割下料，长度±0.3mm，角精度为 90°±10′。所用框扇槽口均采用专用模具冲压，边框安装端孔距门窗框四角 160～180mm，孔与孔间距为 320～420mm 均分。外平开窗扇的宽度不宜超过 650mm，高度不宜超过 1500mm，开启角度不宜大于 75°。

020602 推拉窗

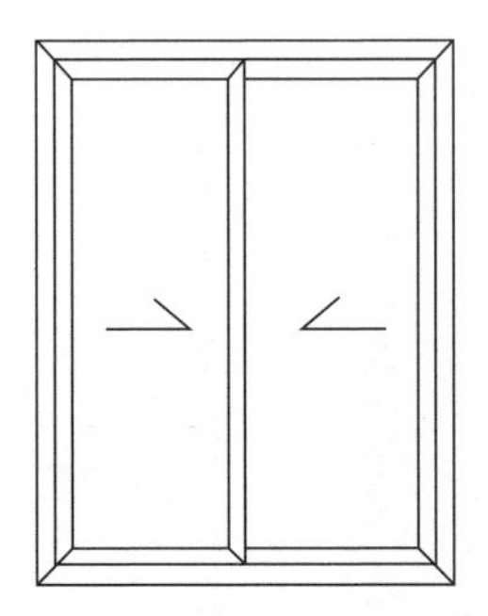

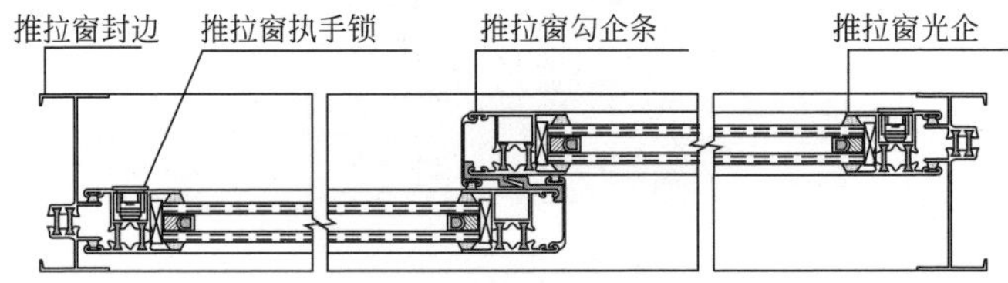

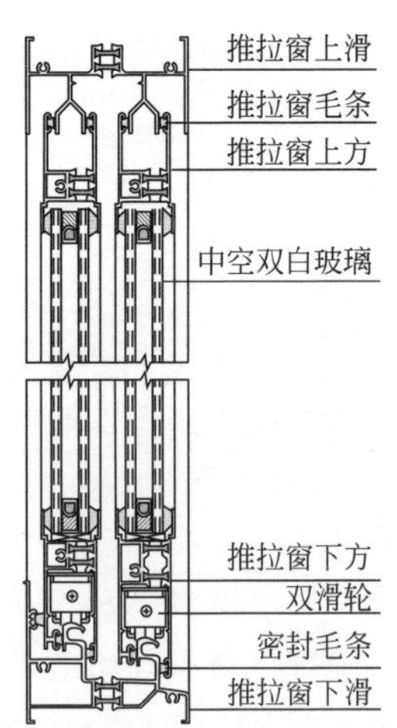

推拉窗节点示意图

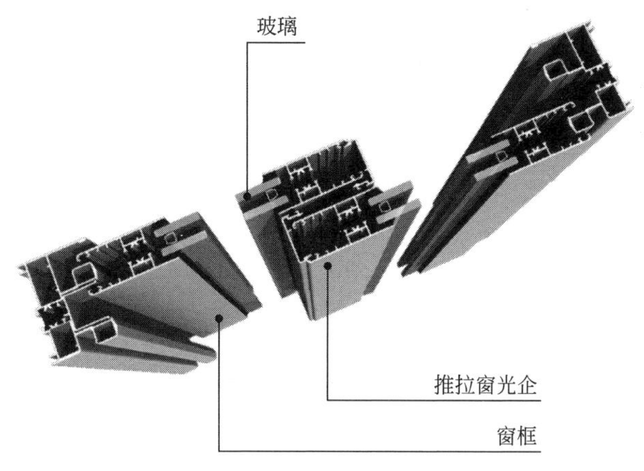

推拉窗构造示意图

工艺说明

铝合金推拉门窗的安装，一般是采用后塞口，在室内外墙体装饰结束、洞口抹好底灰后进行，这样能使铝合金表面免受污染，窗框不受损伤。但是，后塞口安装给土建施工带来一定的难度，要求土建施工预留窗洞口尺寸必须准确。铝合金推拉窗框安装固定后，应检查其垂直度、水平度、对角线及进深位置是否在固定当中位移，如不符合要求，立即整改，确定无误后，才可进行周边塞缝。按照设计要求铝合金推拉窗是先立框，后装扇。推拉窗扇的宽度不宜超过900mm，高度不宜超过1500mm。

020603 固定窗

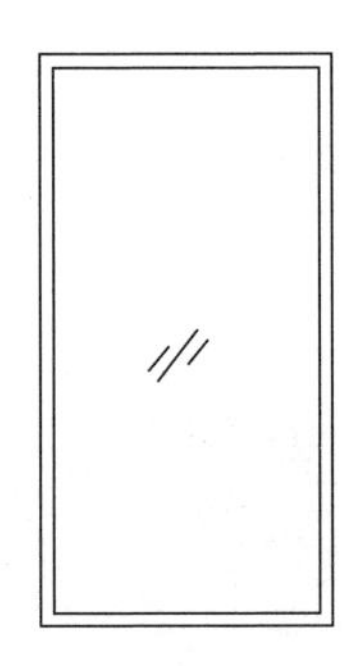

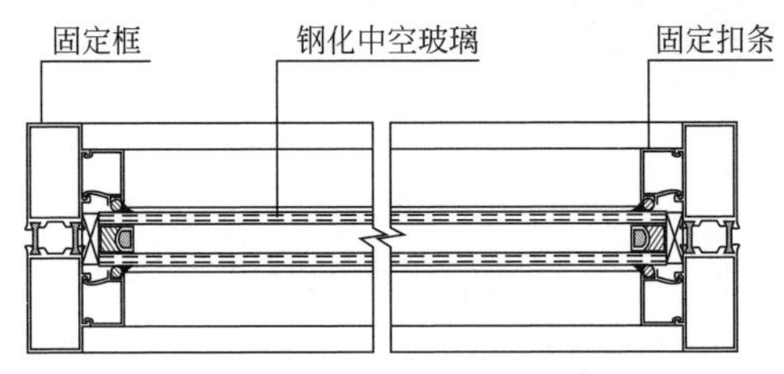

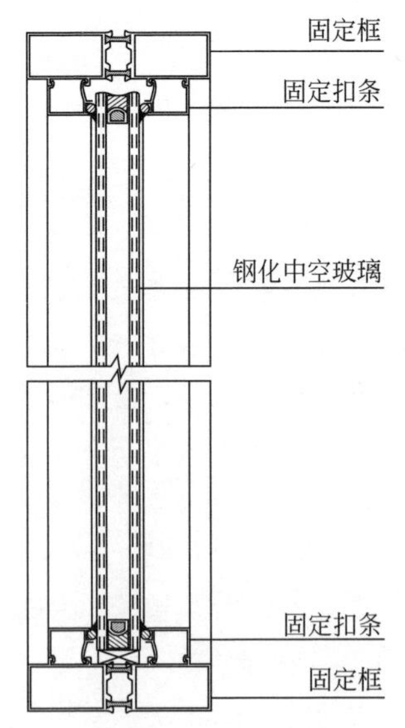

固定窗节点示意图

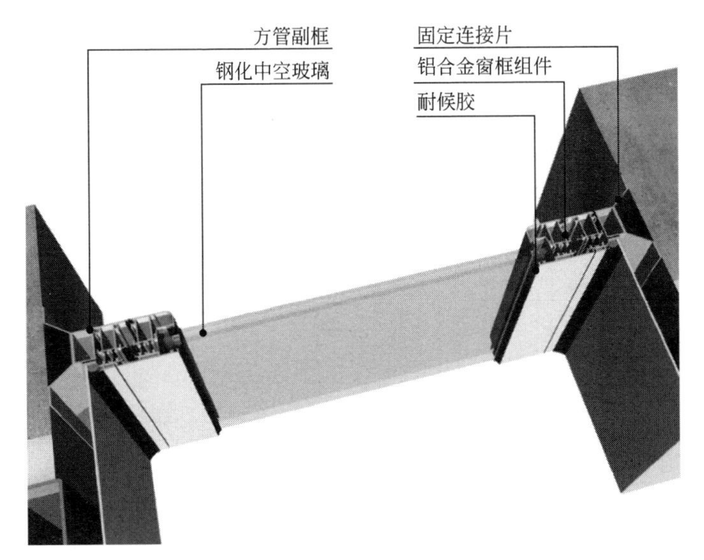

固定窗节点三维图

工艺说明

安装时，应在主体结构结束进行质量验收后进行，不锈钢框在室内外装饰工程施工前进行安装。窗的水平位置应以楼层室内＋500mm的水平线为准向上反量出窗下皮标高，弹线找直，每一层必须保持窗下皮标高一致。铝合金窗安装固定后，应先进行隐蔽工程验收，合格后及时按设计要求处理门窗框与墙体之间的缝隙。固定窗表面粘贴保护膜，安装前检查保护膜。

020604 上悬窗

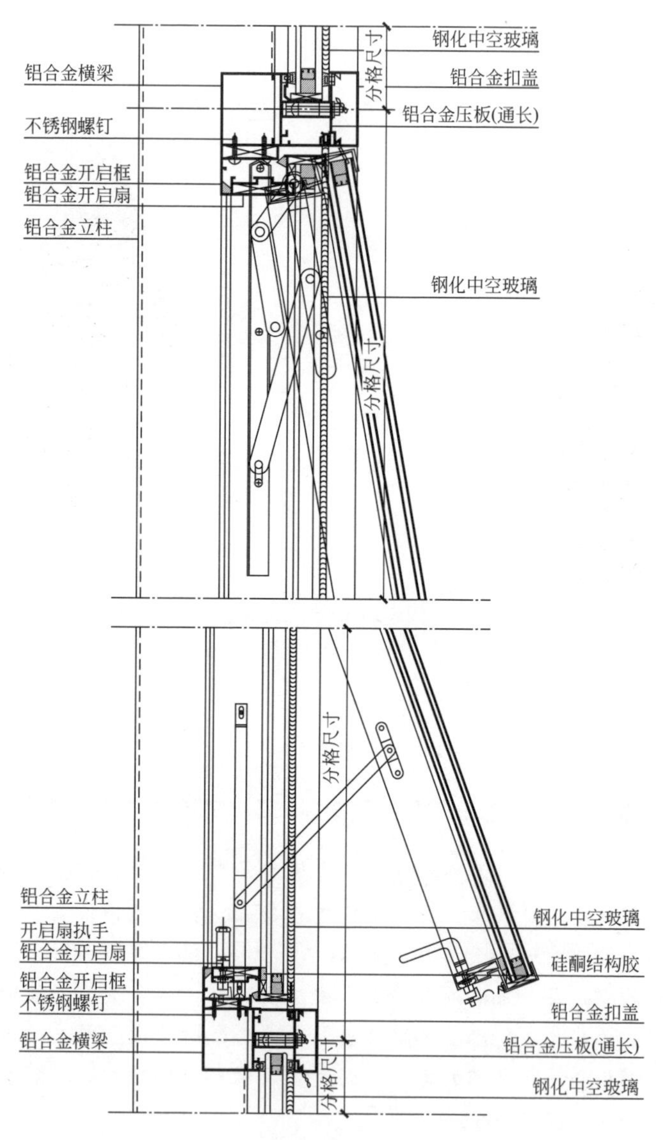

上悬窗节点示意图

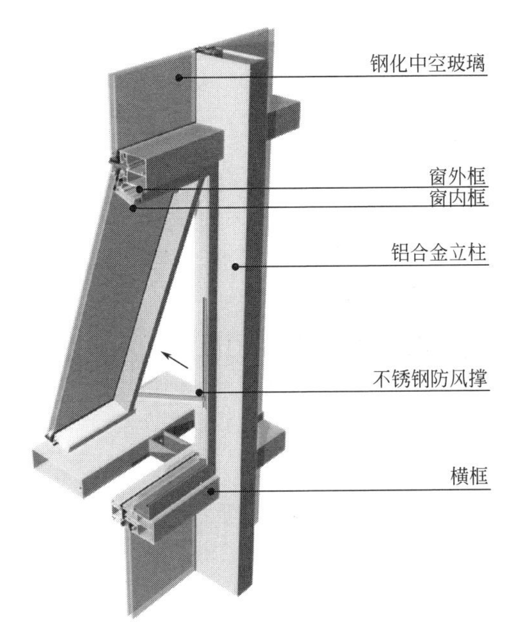

上悬窗节点三维图

工艺说明

上悬窗上横梁铝型材和开启扇上框开模的时候设置挂钩，安装的时候窗户挂在横梁上，在两侧设置风撑即可。开启扇通过两侧承重式摩擦铰链固定在幕墙框架上，窗框和窗扇基本固定了，就可以抽掉木棍，并用木棍支起窗扇的另一边，达到90°左右的开启角度。

020605 平开门

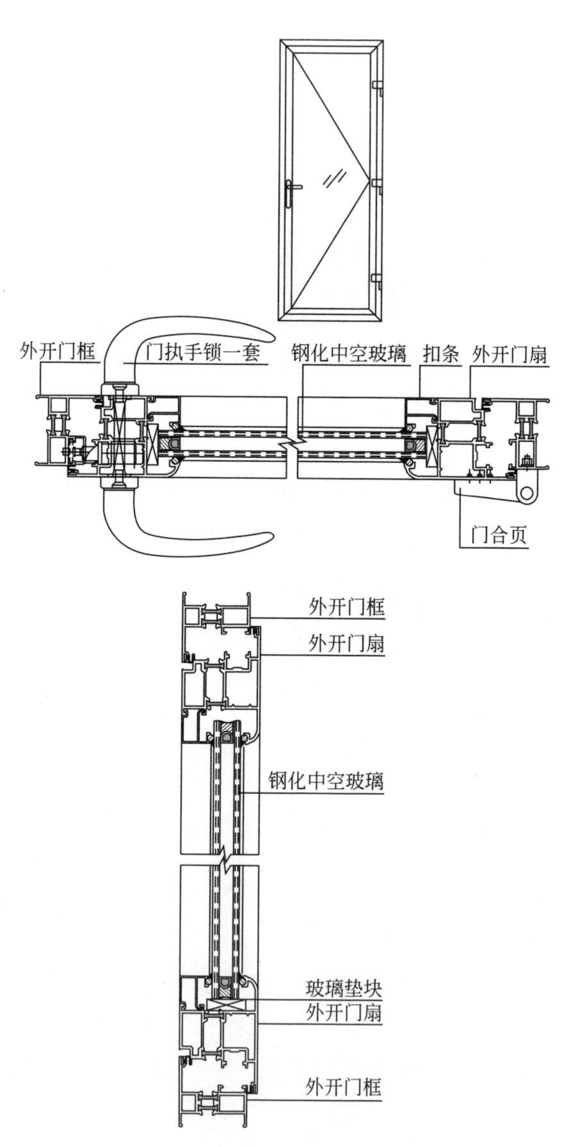

平开门节点示意图

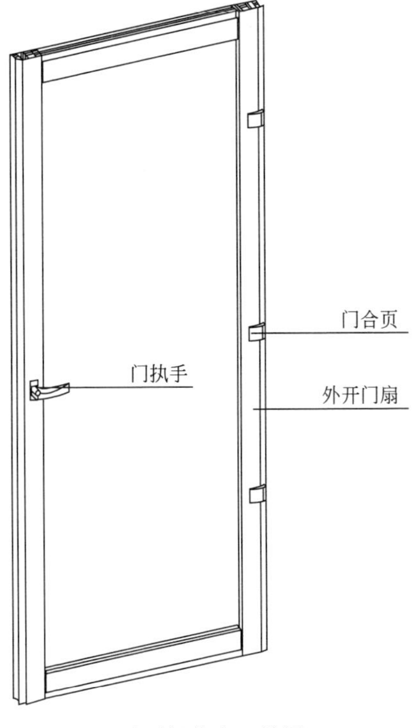

平开门节点三维图

工艺说明

(1) 根据设计图纸中门窗的安装位置、尺寸和标高，依据门窗中线向两边量出门窗边线。若为多层或高层建筑时，以顶层门窗边线为准，用线坠或经纬仪将门窗边线下引，并在各层门窗口处画线标记，对个别不直的口边应剔凿处理。(2) 门窗的水平位置应以楼层室内＋50cm 的水平线为准向上反量出窗下皮标高，弹线找直。每一层必须保持窗下皮标高一致。

020606 推拉门

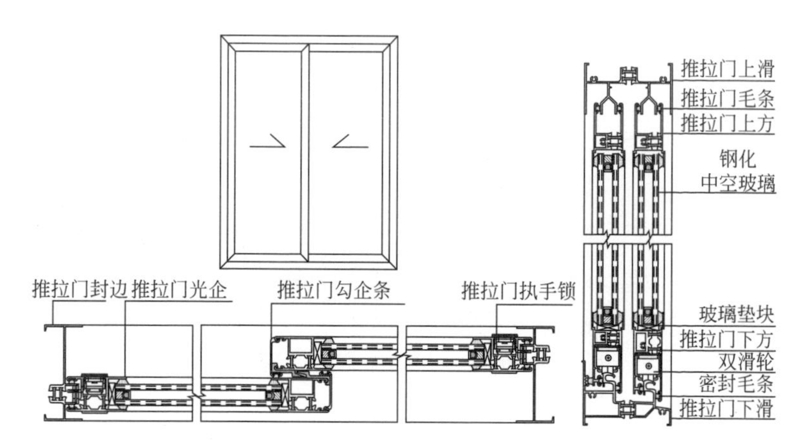

推拉门节点示意图

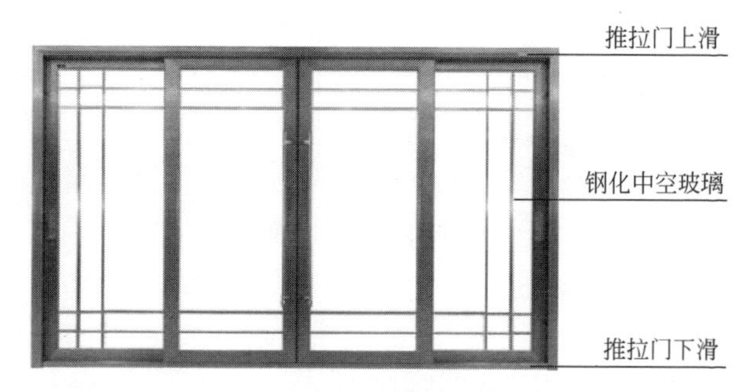

推拉门实样图

工艺说明

确定安装位置基准线，把门放入洞口，用木楔或垫块塞紧做临时固定，然后按基准线的要求，用水平尺和线坠依次校对门框的水平度和垂直度。注意调整时严禁用硬物直接锤击门框；门框与墙体连接时，为便于定位，应先固定有合页一边的门框；固定完毕后，检验开关是否灵活，然后用水泥砂浆填实抹平门框与墙体的缝隙。

020607 提升推拉门

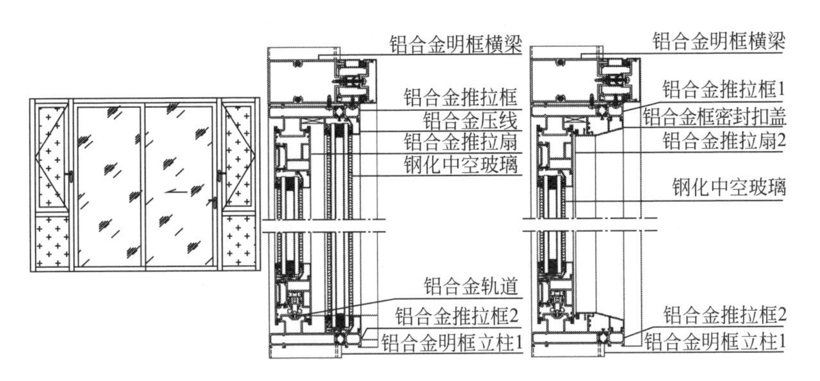

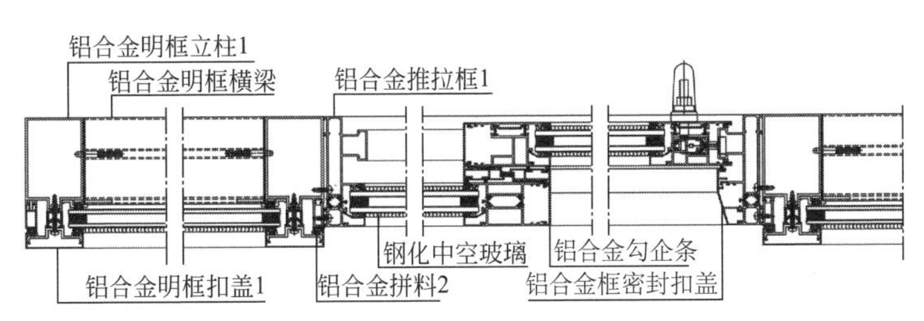

提升推拉门节点示意图

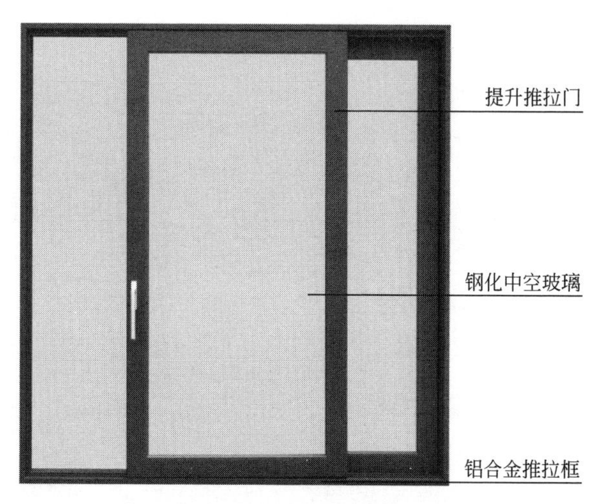

提升推拉门实样图

工艺说明

提升推拉门主要用在比较大型、重型推拉门上，跟普通推拉门唯一的区别就是提升系统所用的五金件，比如要使用提升执手、传动器、连接杆，这些是普通推拉门不需要的。简单说它的原理就是杠杆原理，提升执手关闭后滑轮是提升起来的，这时的推拉门是不可移动的，增强了安全性，也延长了滑轮使用寿命。

020608 地弹簧门

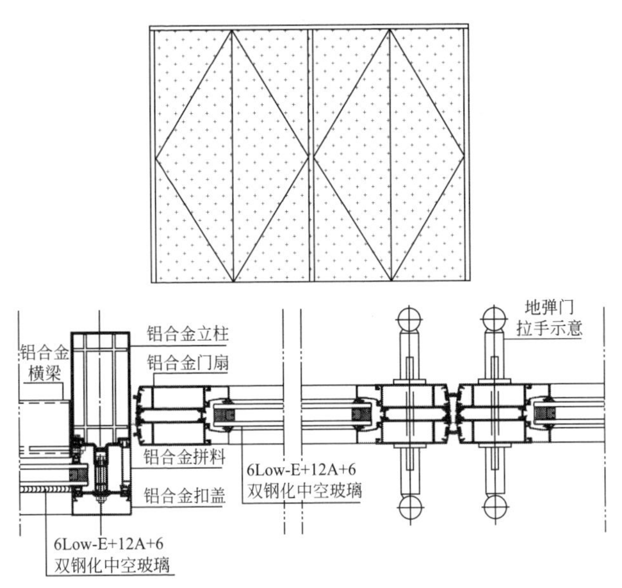

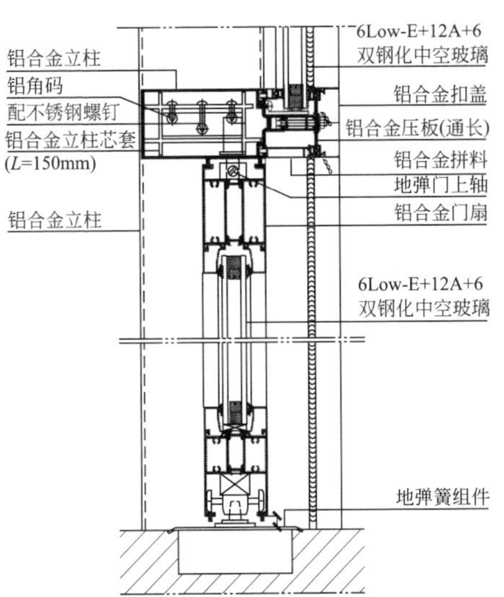

地弹簧门节点示意图

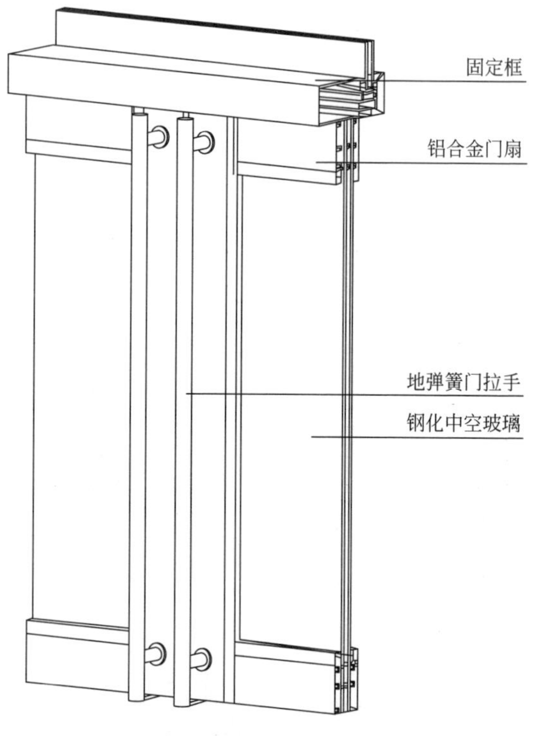

提升推拉门节点三维图

工艺说明

（1）门扇安装前，地面地弹簧与门框顶面的定位销应定位安装固定完毕。（2）在门扇的上下横挡内画线，并按线固定转动销的销孔板和地弹簧的转动轴连接板。（3）厚玻璃应倒角处理，并打好安装门把手的孔洞。（4）把上下横挡分别装在厚玻璃门扇上下边，并进行门扇高度的测量。（5）在定好高度之后，进行固定上下横挡操作。（6）玻璃门框及门框顶部固定玻璃的限位槽、地面固定玻璃板的底托安装必须牢固。

020609 百叶窗

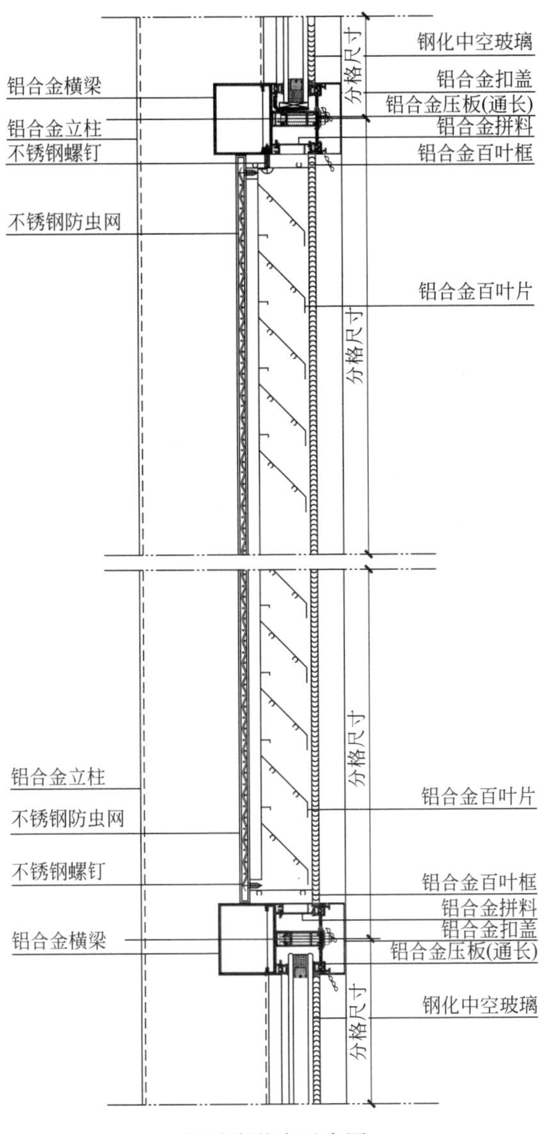

百叶窗节点示意图

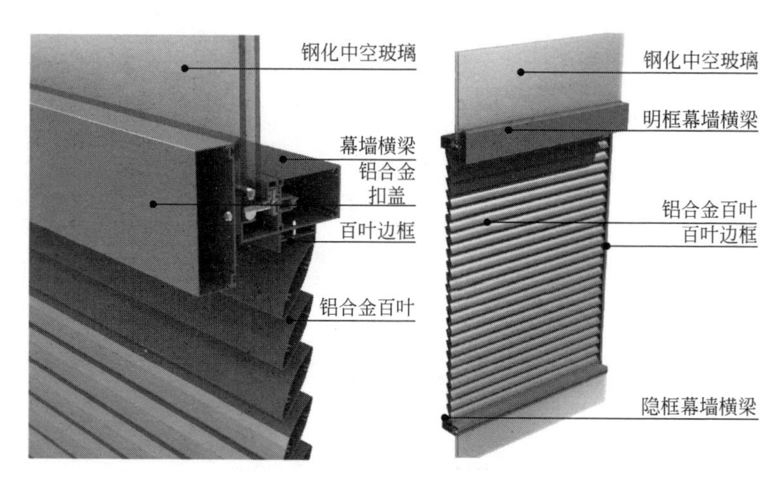

百叶窗节点三维图

工艺说明

百叶窗安装应垂直水平并与邻接工作面排列整齐。使用隐藏式锚钉，螺栓的垫圈应为铜质或铅质，以保护金属表面。外露截面应准确接合，形成紧密节点。因装配接合所需的切割、焊接、磨平作业造成的装修面损伤应予修整，力求表面美观平整。

020610 格栅

020610.1 装饰格栅

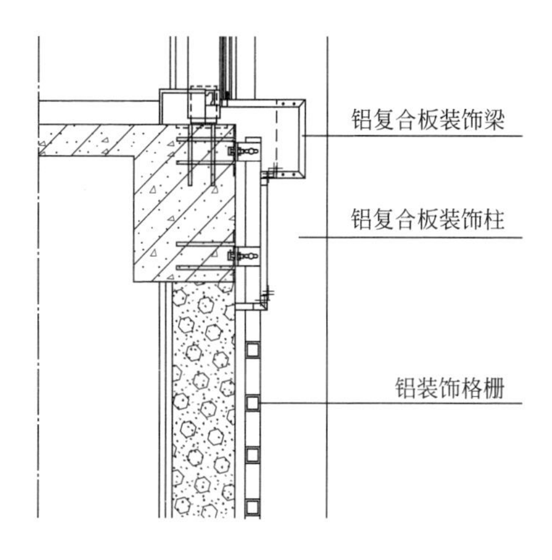

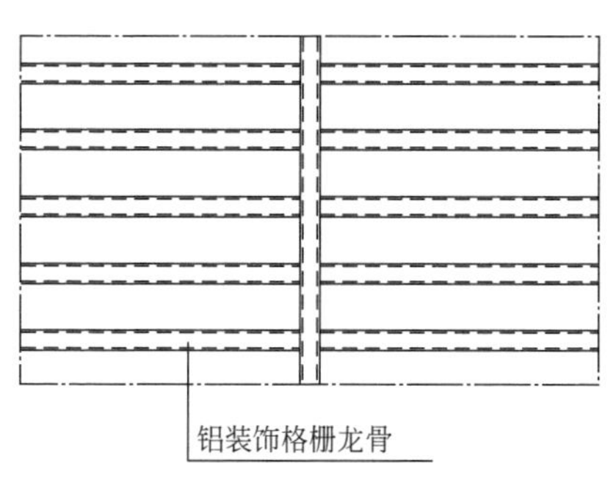

装饰格栅节点示意图

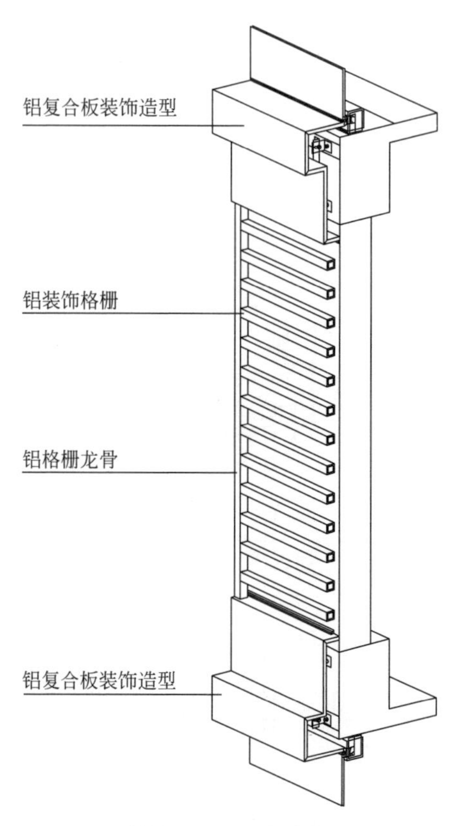

装饰格栅节点三维图

工艺说明

安装前对材料进行检验与校正，材料与构件不得有变形、损伤和污染，不合格材料不得上墙安装；在现场的辅助加工如钻孔、攻丝、构件偏差修改等，其加工位置、精度、尺寸应符合设计要求；测量放线应在风力不大于四级情况下进行。放线后应定时校核，以保证铝格栅的垂直度及立柱位置的正确性；铝格栅安装完成后，在所有铝格栅对角处注入密封耐候胶，胶缝必须光滑、整洁、平直。

020610.2　遮阳格栅

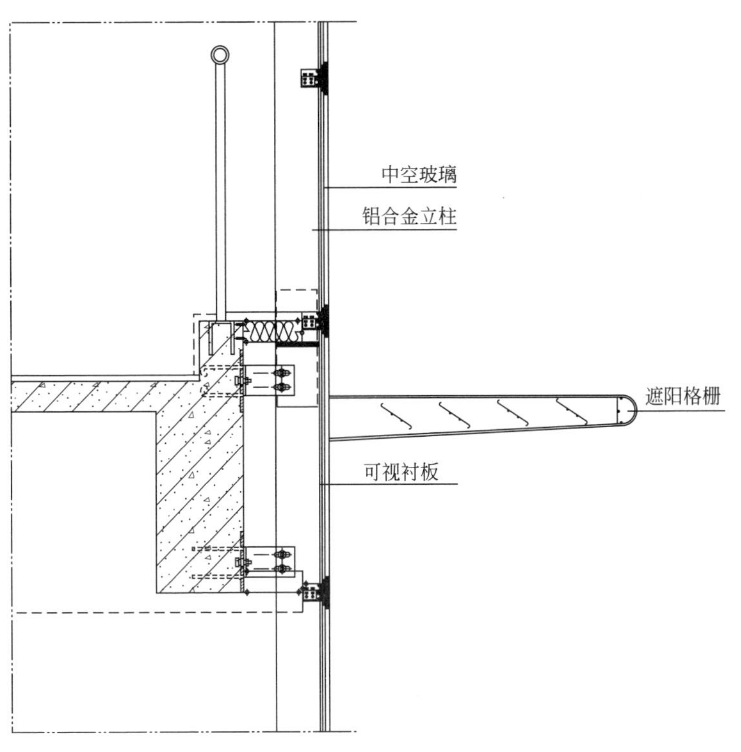

遮阳格栅节点示意图

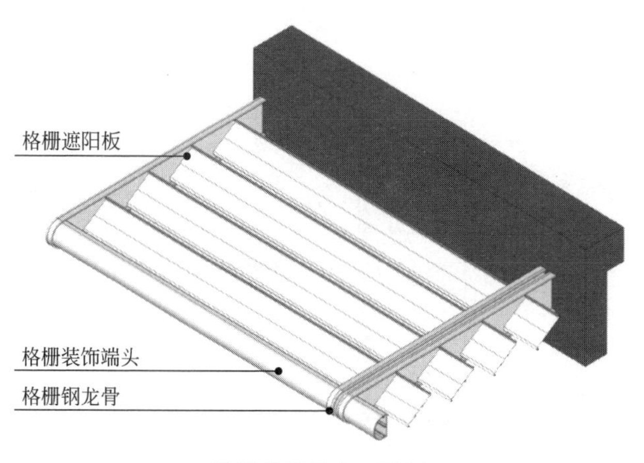

遮阳格栅节点三维图

工艺说明

在主体钢结构或预埋件上弹上镀锌连接件安装位置，在整个施工面上设立一垂直钢丝（钢丝采用 ϕ1.5 规格），按照钢丝垂直走向与水平标高安装角码，将钢质连接件点焊在预埋件上，将竖料固定在铝合金连接扁铝上，竖料的垂直度调整后，进行不锈钢螺栓连接，调校，清洁，密封打胶。

第七节 • 采光顶、雨篷

020700 综合说明

1. 适用范围

本章节所涉及的节点工艺适用于建筑采光顶及雨篷。

2. 材料要求

采光顶及雨篷材料的外观质量和性能指标应符合国家现行标准的规定。

采光顶、雨篷应采用由半钢化玻璃、超白钢化玻璃或者均质钢化玻璃合成的安全夹层玻璃，夹层玻璃的胶片厚度不应小于1.14mm，单片厚度不应小于6mm，当采用点支承结构时，单片厚度不应小于8mm。有热工要求时应采用夹层中空玻璃。

采光顶宜设置排水沟和落水管。排水管宜采用不锈钢板制作，厚度不应小于2.0mm。

3. 工艺要求

采光顶、雨篷的支承结构与主体结构之间的连接应能承受并可靠传递其受到的荷载和作用力，并应适应主体结构变形。

采光顶、雨篷的支承结构与主体结构之间的连接支座可根据受力状况选用刚性支座、铰接支座，可滑移、可转动或可沿指定方向产生线性位移的滚轴支座。可滑移、可转动的支座应有限位措施。

采光顶、雨篷的支承结构与主体结构可采用螺栓连接或焊接。当采用螺栓连接时，每个受力部位的螺栓不少于2个，螺栓的直径不小于12mm，并应采取可靠的防松动、防滑移、防脱离措施。主次龙骨连接可采用螺栓、螺钉连接或焊接。当采用螺栓连接时，每个受力部位的螺栓不少于2个，螺栓的直径不小于6mm；当采用螺钉连接时，每个受力部位的螺钉不少于3个，螺栓的公称直径不小于6mm；连接角码厚度不应小于4mm。

蜂窝复合板和铝塑复合板的芯材不应直接暴露于室外。

采光顶或金属屋面与外墙交界处、屋顶开口部位四周的保温层，应采用宽度不小于500mm的燃烧性能为A级保温材料。此外，还应设置水平防火隔离带。

020701 隐框玻璃采光顶

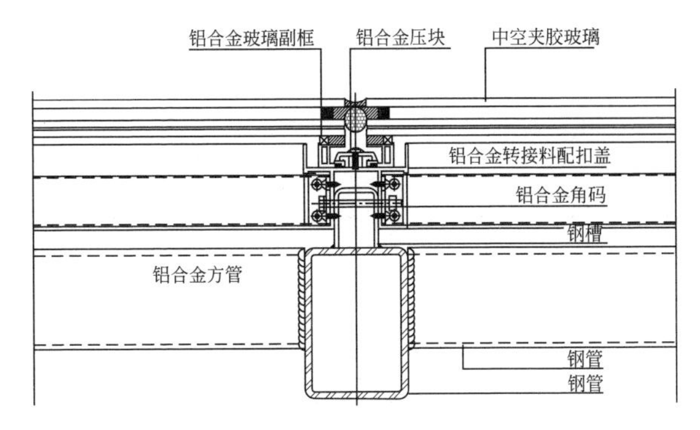

隐框玻璃采光顶节点示意图

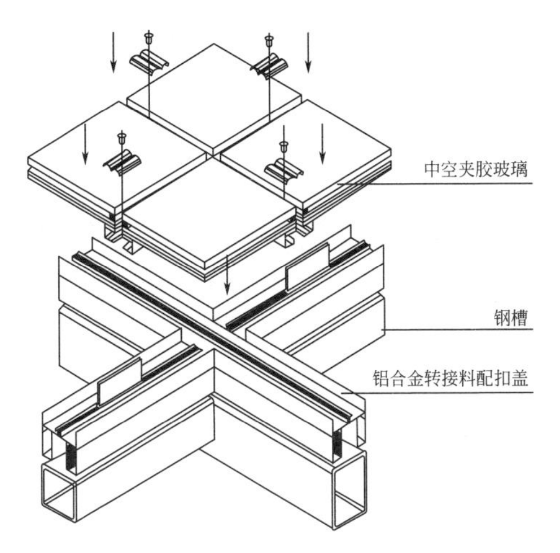

隐框玻璃采光顶节点三维图

工艺说明

隐框玻璃采光顶的玻璃悬挑尺寸应符合设计要求，且不宜超过200mm。采光顶钢化玻璃应采用均质钢化玻璃。玻璃面板面积不宜大于2.5m^2，长边边长不宜大于2m。板缝的有效宽度不小于12mm。

020702 明框玻璃采光顶

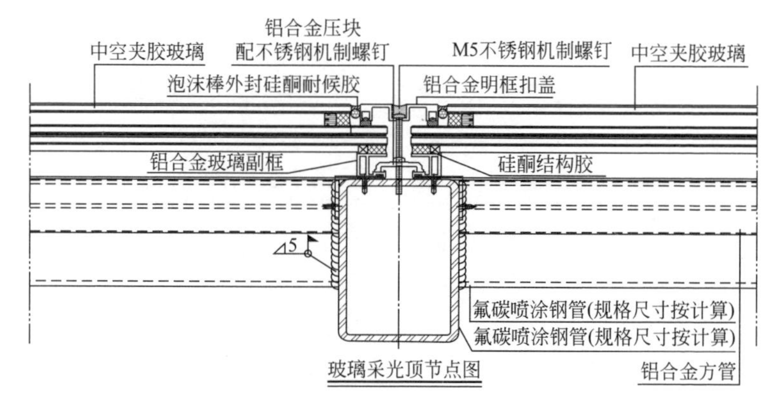

明框玻璃采光顶节点示意图

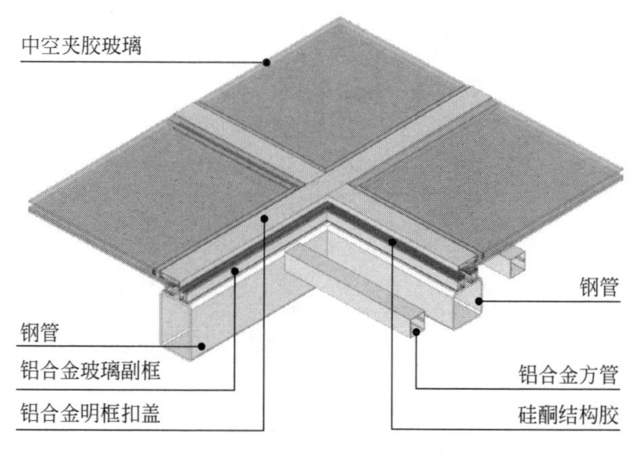

明框玻璃采光顶节点三维图

工艺说明

严寒和寒冷地区采用明框采光顶构造时，宜根据建筑物功能需要，在室内侧支撑构件上设置冷凝水收集和排放系统。明框玻璃采光顶的外露金属框或压条应横平竖直，压条安装应牢固。

020703 半隐框玻璃采光顶

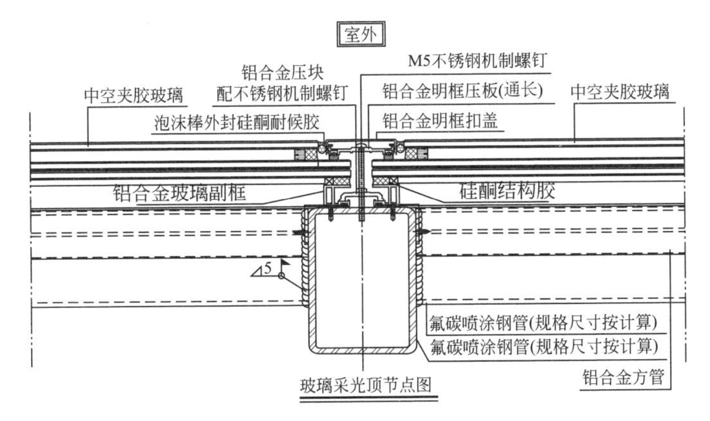

半隐框玻璃采光顶节点示意图

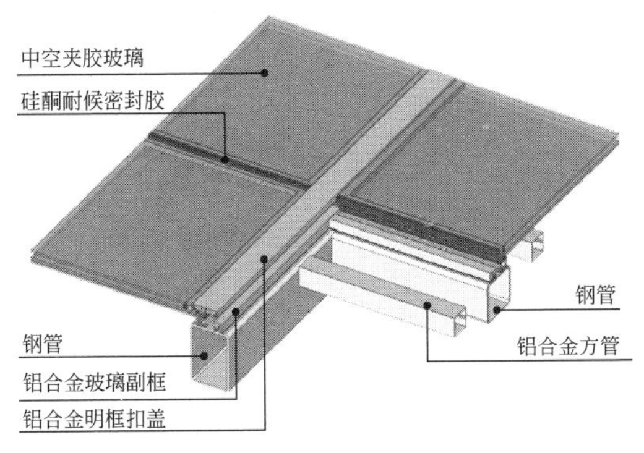

半隐框玻璃采光顶节点三维图

工艺说明

严寒和寒冷地区采用半隐框采光顶构造时，宜根据建筑物功能需要，在室内侧支撑构件上设置冷凝水收集和排放系统。当采光顶玻璃最高点到地面或楼面距离大于3m时，应采用夹层玻璃或夹层中空玻璃，且夹胶层位于下侧。半隐框玻璃采光顶的外露金属框或压条应横平竖直，压条安装应牢固。

020704 点式玻璃采光顶

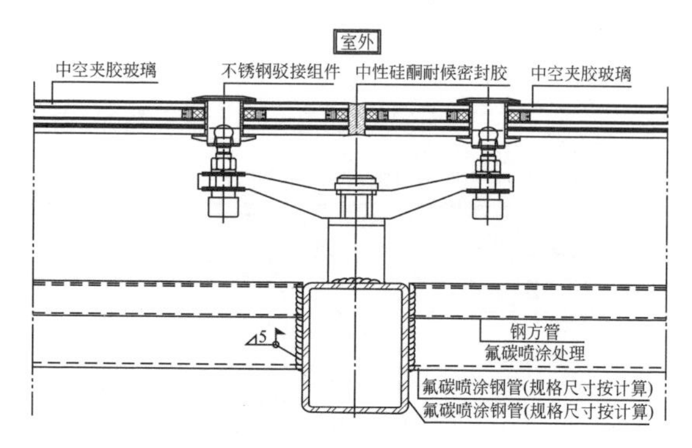

点式玻璃采光顶节点示意图

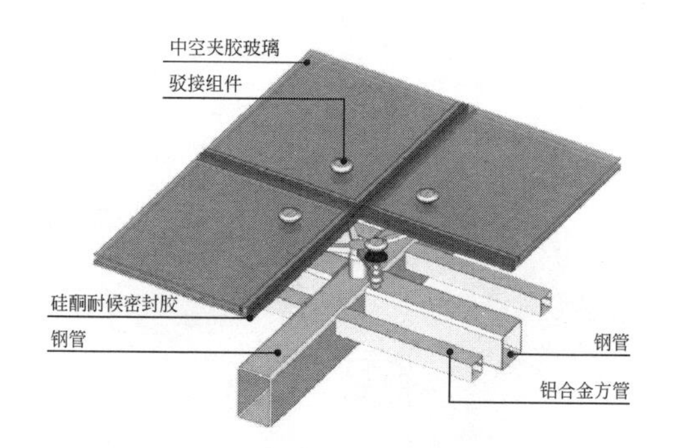

点式玻璃采光顶节点三维图

工艺说明

点支承玻璃采用穿孔式连接时宜采用浮头连接件，连接件与面板贯穿部位宜采用密封胶密封。支承矩形玻璃面板宜采用四点支承，三角形玻璃面板宜采用三点支承，相邻支承点间的板边距离，不宜大于1.5m。点支承玻璃可采用钢爪支承装置或夹板支承装置。采用钢爪支承时，孔边至板边的距离不应小于80mm，不宜采用六点支承。

020705 玻璃钢结构雨篷

020705.1　悬挑点式玻璃雨篷

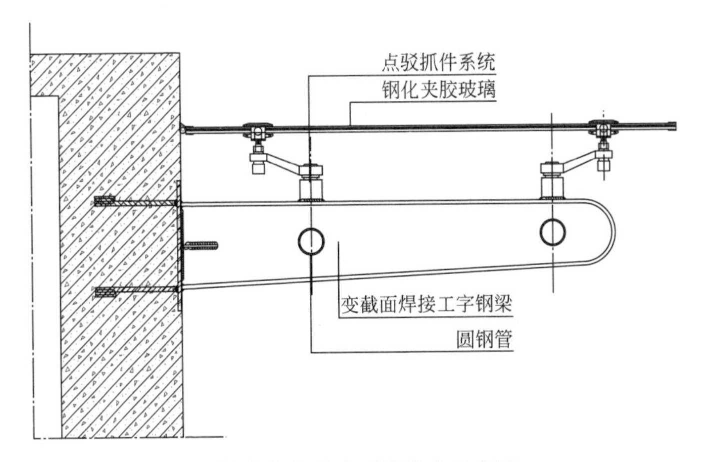

悬挑式点式玻璃雨篷节点示意图

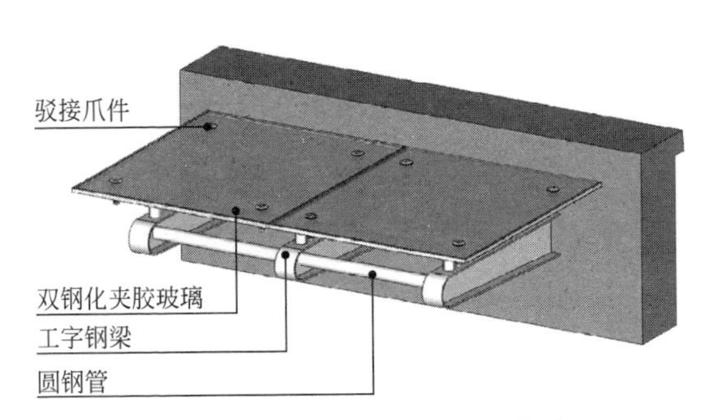

悬挑式点式玻璃雨篷节点三维图

工艺说明

现场焊接制作保证钢结构龙骨的水平度，否则使钢结构龙骨上的各块面板凹凸不平，平整度不够，易造成局部积水严重的现象。

020705.2 拉杆点式玻璃雨篷

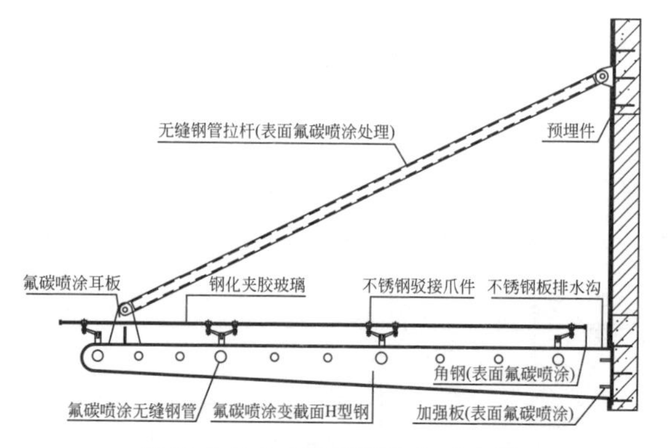

拉杆式点式玻璃雨篷节点示意图

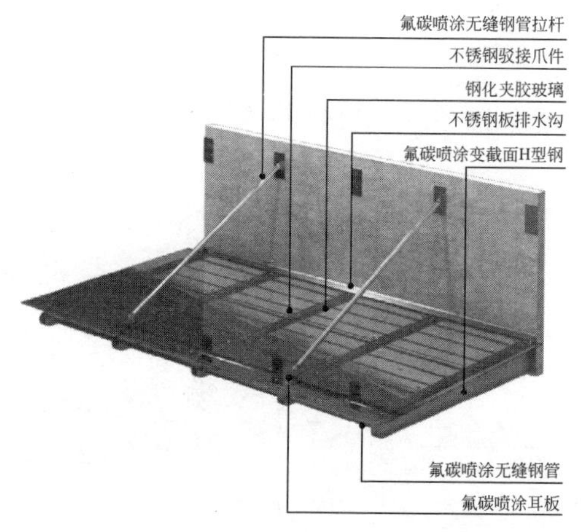

拉杆式点式玻璃雨篷节点三维图

工艺说明

雨篷作为悬挑构件，对于大跨度、重荷载的雨篷须增加斜拉杆。浙江省文件要求雨篷玻璃须采用半钢化、超白钢化或均质钢化夹胶玻璃，且在玻璃边缘采用不锈钢材质包边，防止夹胶片老化失效。

020705.3　悬挑隐框玻璃雨篷

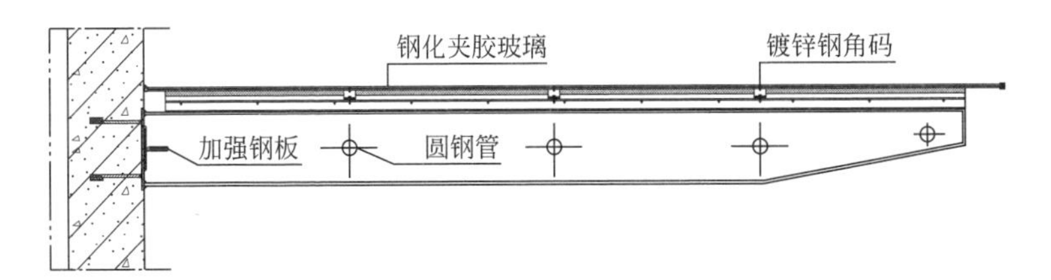

悬挑式隐框玻璃雨篷节点示意图

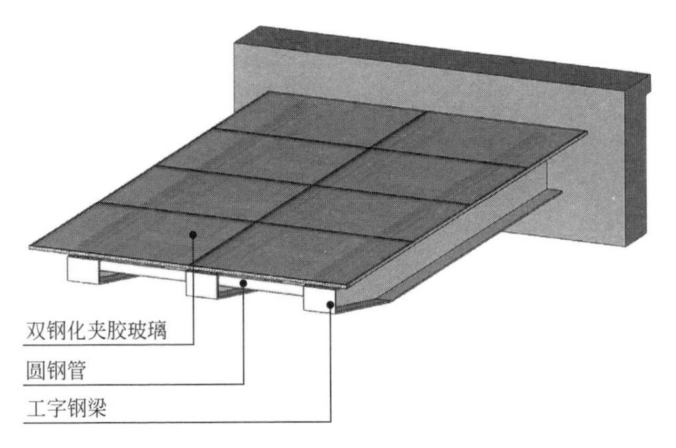

悬挑式隐框玻璃雨篷节点三维图

工艺说明

骨架与混凝土结构之间应通过预埋件连接，采用膨胀螺栓后植埋件时，螺栓不能少于4个。采用钢骨架时，应加一层2mm厚铝板再打注结构胶，或加工成铝框玻璃组件安装。隐框玻璃悬挑长度不应小于150mm，钢化钻孔玻璃的孔径、孔位、孔距应符合现行国家标准《点支式玻璃幕墙工程技术规程》CECS 127的要求。

020705.4 拉杆隐框玻璃雨篷

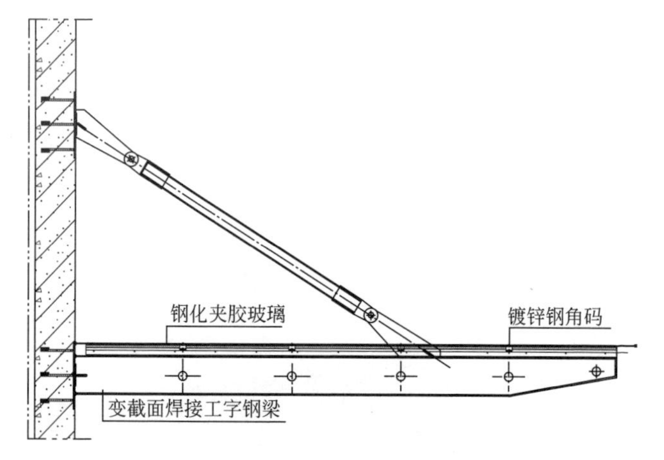

拉杆式隐框玻璃雨篷节点示意图

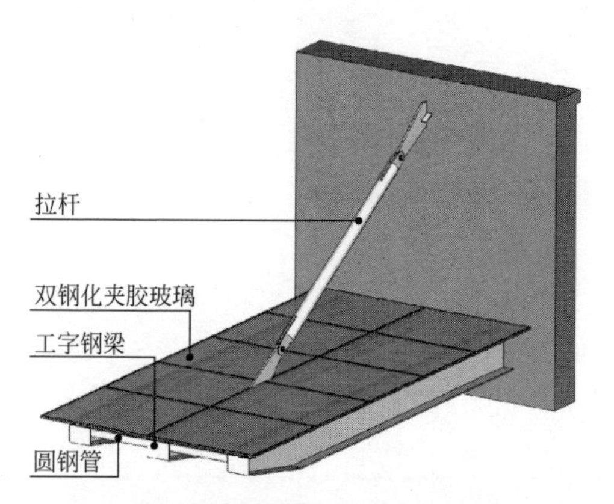

拉杆式隐框玻璃雨篷节点三维图

工艺说明

雨篷钢梁与混凝土梁柱通过预埋件采用高强度螺栓连接，雨篷梁上为玻璃骨架方钢管，玻璃骨架方钢管之间及与钢梁之间均采用单面角焊缝连接，玻璃骨架方钢管上为双层钢化夹胶玻璃。

020706 防坠落装置

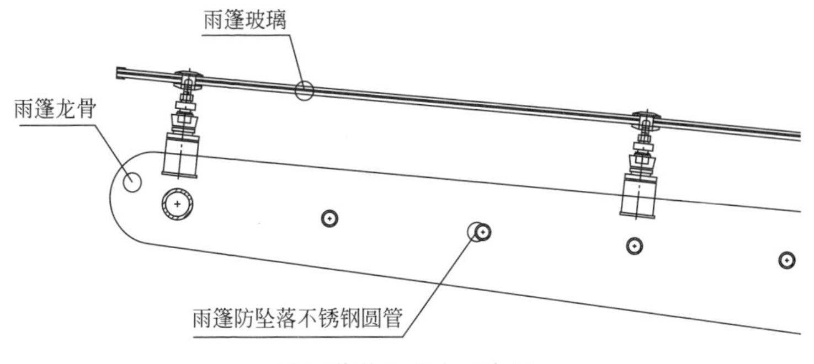

防坠落装置节点示意图

防坠落装置实样图

工艺说明

建筑玻璃采光顶和玻璃雨篷设置夹胶玻璃仅仅是防坠落构造措施的一种，还有内置吊顶等。

第八节 ● 保温、防雷、防火构造

020800 综合说明

1. 适用范围：本章节所涉及的节点工艺适用于建筑幕墙保温、防雷、防火构造。

2. 材料要求：保温、防火、防雷材料质量和性能指标应符合国家现行标准的规定，保温、防火材料的燃烧性能应为 A 级；防雷均压环宜采用热镀锌扁钢，用 ϕ12 热镀锌圆钢和紫铜带连接幕墙体系与大楼接地系统。

3. 幕墙保温、防火构造工艺要求：

幕墙与基层墙体、窗间墙、窗槛墙、裙墙等之间的空间，应在每层楼板处采用防火封堵材料封堵。

墙体保温材料应安装牢固，保温层厚度和固定方式应满足设计要求。

幕墙防火隔断通常采用防火棉。安装防火棉之前先安装防火托板，防火托板是通过射钉和自攻钉分别同定于楼板混凝土结构和横料上，防火托扳采用 1.5mm 厚镀锌钢板。就位后的防火板一侧同定在防火隔断横梁上（或可作防火隔断横梁），用拉钉同定，一侧与主体连接，用射钉同定。然后将防火棉放置在防火板上，如果是洞口上侧或者左右两侧，则需采取措施将防火棉固定在防火板上，且需安装牢固。

4. 幕墙防雷构造工艺要求：

在安装幕墙竖龙骨的同时按制定要求进行防雷体系的可靠连接：均压环与主体结构避雷系统采用压相连接，预埋件与均压环通过截面积不小于 48mm^2 的圆钢或扁钢连接。

在各均压层上连接导线部位需进行必要的电阻检测，接地电阻应小于 10Ω，对幕墙的防雷体系与主体的防雷体系之间的连接状况也要进行电阻检测，接地电阻值小于 10Ω。检测合格后还需要质检人员进行抽检，抽检数量为10处，其中1处必须是对幕墙的防雷体系与主体的防雷体系之间连接的电阻检测值。如有特别要求，须按要求处理。

所有避雷材料均应热镀。避雷体系安装完后应及时提交验收，并将检验结果及时作记录。

020801 保温构造

020801.1 墙体保温构造

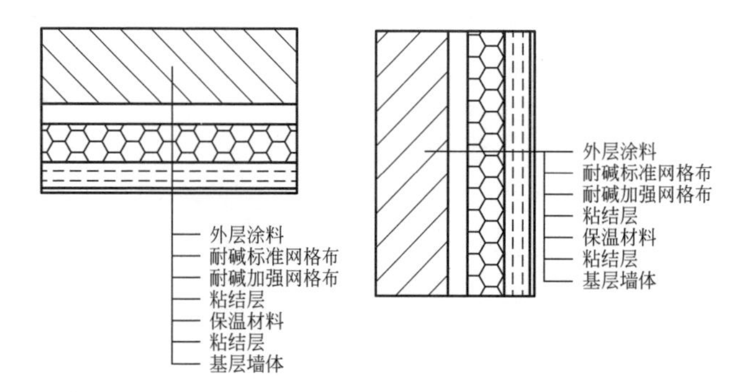

墙体保温构造节点示意图

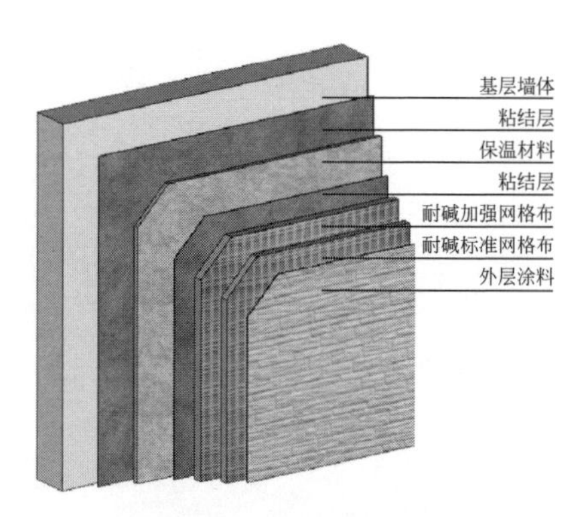

墙体保温构造节点三维图

工艺说明

外墙保温多种多样，传统外墙保温是由聚合物砂浆、玻璃纤维网格布、阻燃型模塑聚苯乙烯泡沫板（EPS）或挤塑板（XPS）等材料复合而成，现场粘结施工。在建筑物外墙大角（阳角、阴角）及其他必要处挂出垂直基准控制线，弹出水平控制基准线，施工过程中每层适当挂水平线，以控制挤塑板的垂直度和平整度。

020801.2　幕墙保温构造

020801.2.1　石材幕墙保温构造

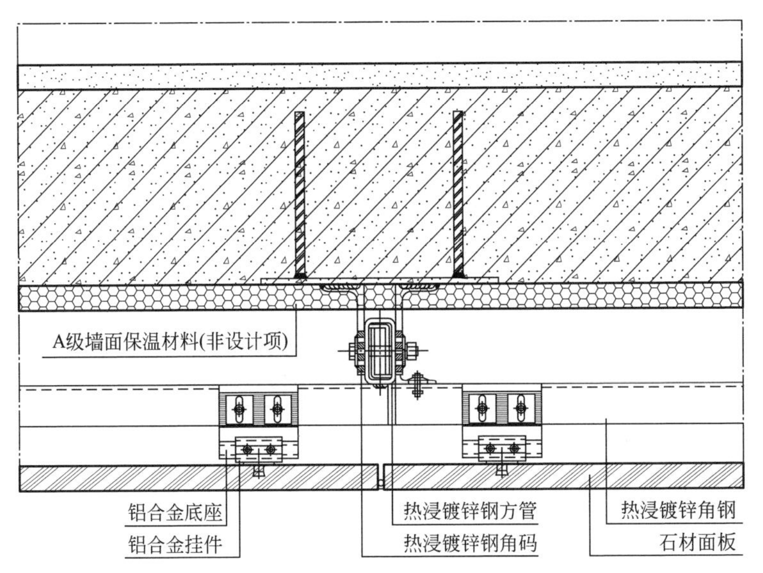

石材幕墙保温构造节点示意图

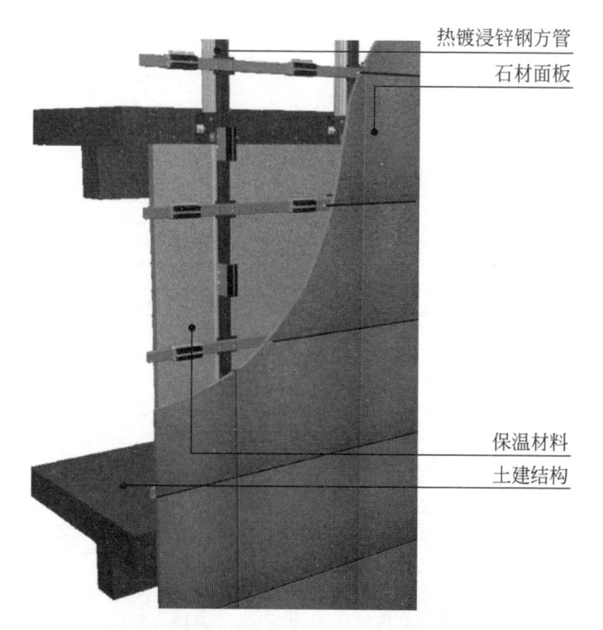

石材幕墙保温构造节点三维图

工艺说明

石材幕墙保温的做法：(1) 将保温层复合在主体结构的外表面上，类同于普通外墙外保温的做法。(2) 在幕墙板与主体结构之间的空气层中设置保温材料。(3) 幕墙板内侧复合保洁材料。石材幕墙的保温材料可与石材结合在一起，甚至可采用石材保温复合板，但保温层与主体结构外表面有50mm以上的空气层，以供凝结水从幕墙层间排出。

020801.2.2　金属板幕墙保温构造

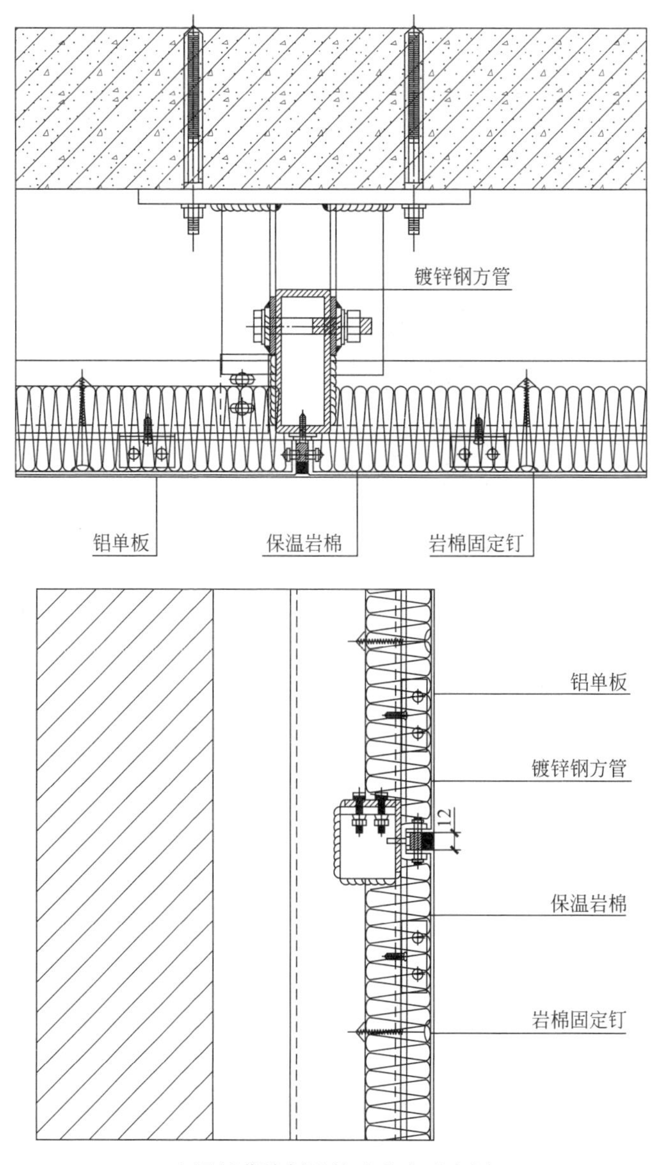

金属板幕墙保温构造节点示意图

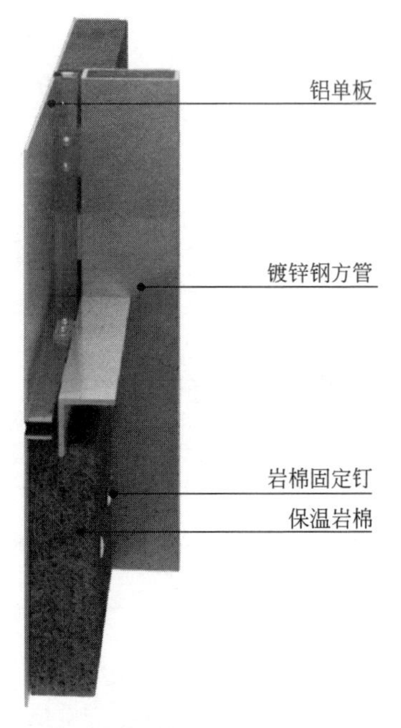

金属板幕墙保温构造节点三维图

工艺说明

金属板幕墙保温的做法：(1) 将保温层复合在主体结构的外表面上，类同于普通外墙外保温的做法。(2) 在幕墙板与主体结构之间的空气层中设置保温材料。(3) 幕墙板内侧复合保洁材料。金属板幕墙的保温材料可与金属板结合在一起，但保温层与主体结构外表面有 50mm 以上的空气层，空气层应逐层封闭。

020802 防雷构造

020802.1　顶部防雷构造

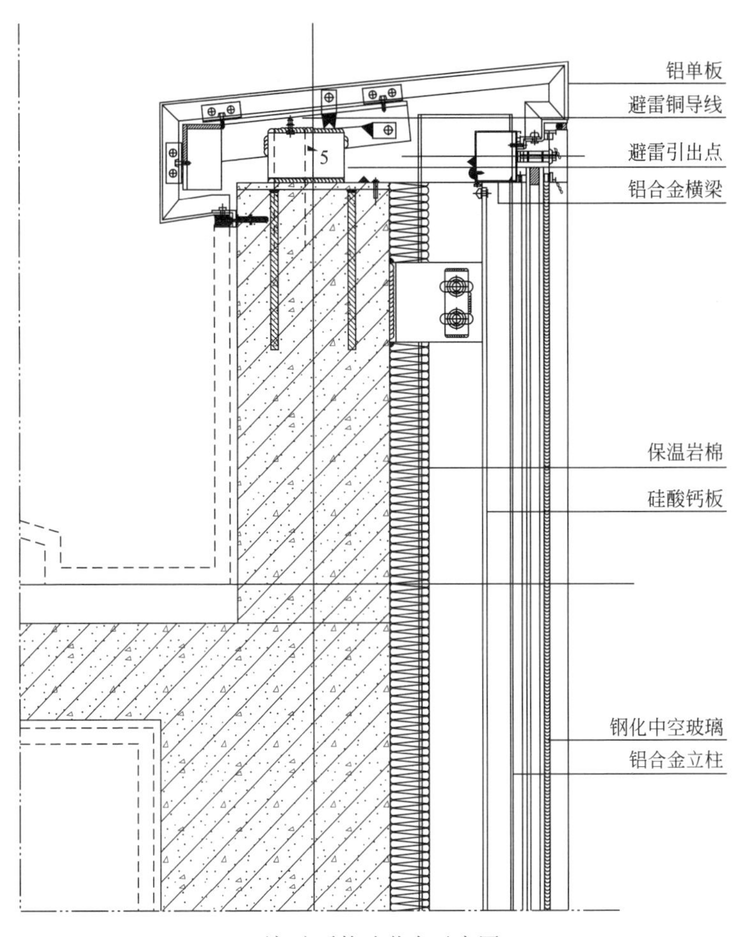

顶部防雷构造节点示意图

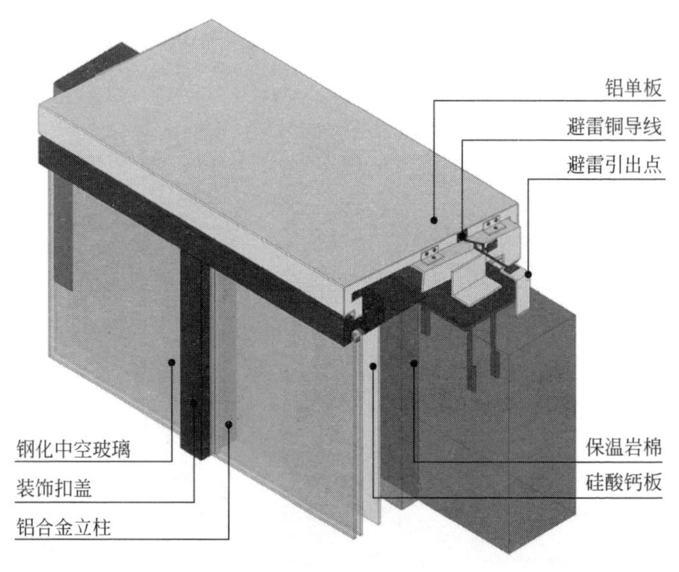

顶部防雷构造节点三维图

工艺说明

通常建筑物的防雷装置有三部分：接闪器、引下线和接地装置。建筑幕墙顶部女儿墙的盖板部分，有目的地设计成幕墙接闪器，因为该部分处于建筑幕墙顶部，常用铝单板作为盖板。防雷连接的钢构件在完成后都应进行防锈油漆。兼有防雷功能的幕墙压顶板宜采用厚度不小于 3mm 的铝合金板制造，与主体结构屋顶的防雷系统应有效连通。

020802.2　铝龙骨防雷构造

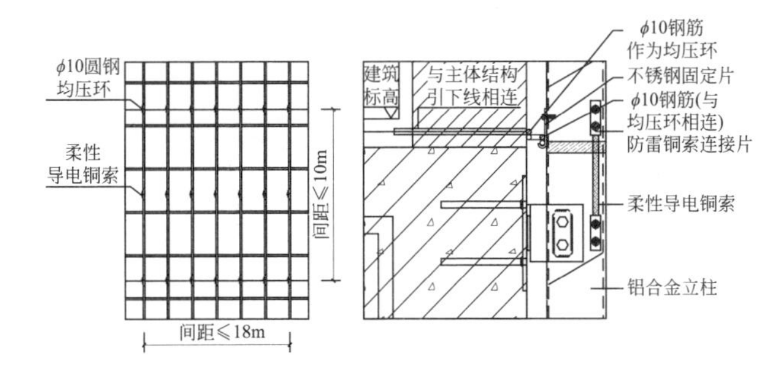

铝合金龙骨防雷构造节点示意图

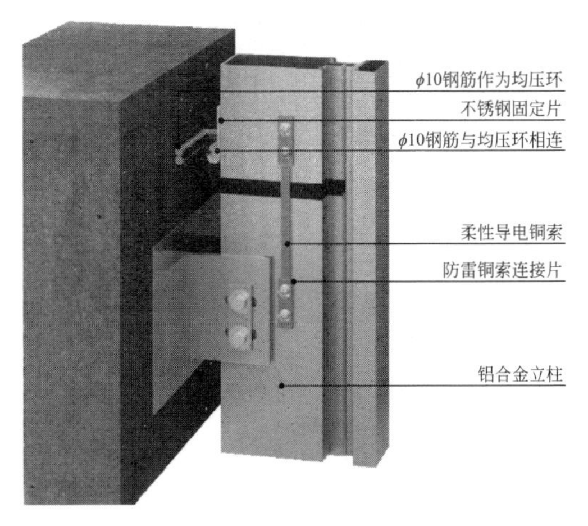

铝合金龙骨防雷构造节点三维图

工艺说明

高层建筑幕墙顶部的接闪器，不能防止电流的侧面横向发展绕击作用。在45m以上的高层建筑幕墙部位（本图按二类防雷建筑），每三层设置一圈均压环，并和建筑物防雷网及幕墙自身的防雷体系接通。幕墙的铝合金立柱，在不大于10m范围内宜有一根立柱采用柔性导线，把每个上柱与下柱的连接处连通。

020802.3 钢龙骨防雷构造

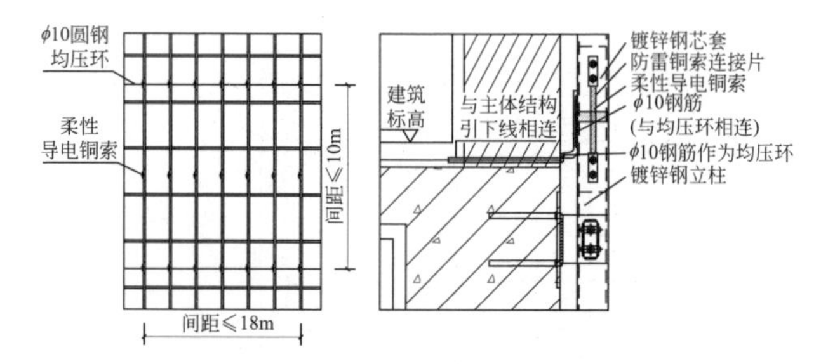

钢龙骨防雷构造节点示意图

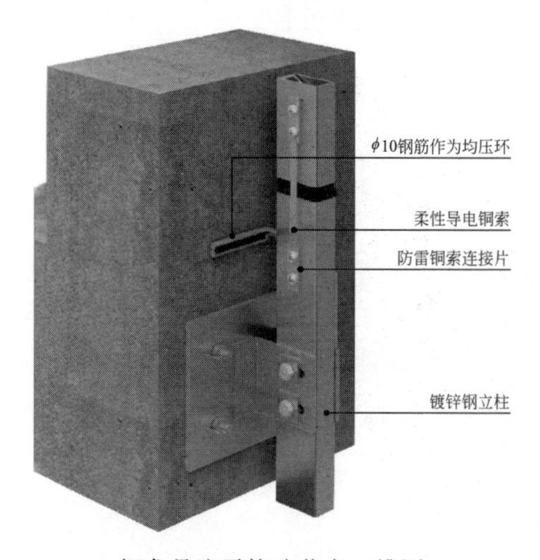

钢龙骨防雷构造节点三维图

工艺说明

高层建筑幕墙顶部的接闪器，不能防止电流的侧面横向发展绕击作用。在45m以上的高层建筑幕墙部位（本图按二类防雷建筑），每三层设置一圈均压环，并和建筑物防雷网及幕墙自身的防雷体系接通。使用不同材料的防雷连接应避免产生双金属腐蚀。

020803 防火构造

020803.1　玻璃幕墙防火构造

020803.1.1　玻璃幕墙层间防火构造

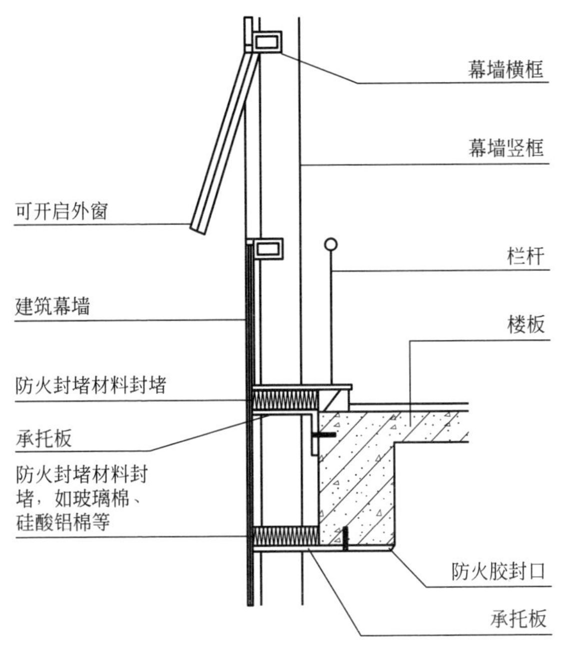

玻璃幕墙层间防火构造节点示意图

工艺说明

窗间墙、窗槛墙的填充材料应采用非燃烧材料。如其外墙面采用耐火极限不低于1h的非燃烧材料，则其墙内填充材料可采用难燃烧材料。无窗间墙和窗槛墙的玻璃幕墙，应在每层楼板外沿设置不低于80cm高的实体墙裙，或在玻璃幕墙内侧每层设自动喷水装置，且喷头间距不应大于2m。玻璃幕墙与每层楼板、隔墙处的缝隙，必须用非燃烧材料严密填实。

020803.1.2　点式玻璃幕墙层间防火构造

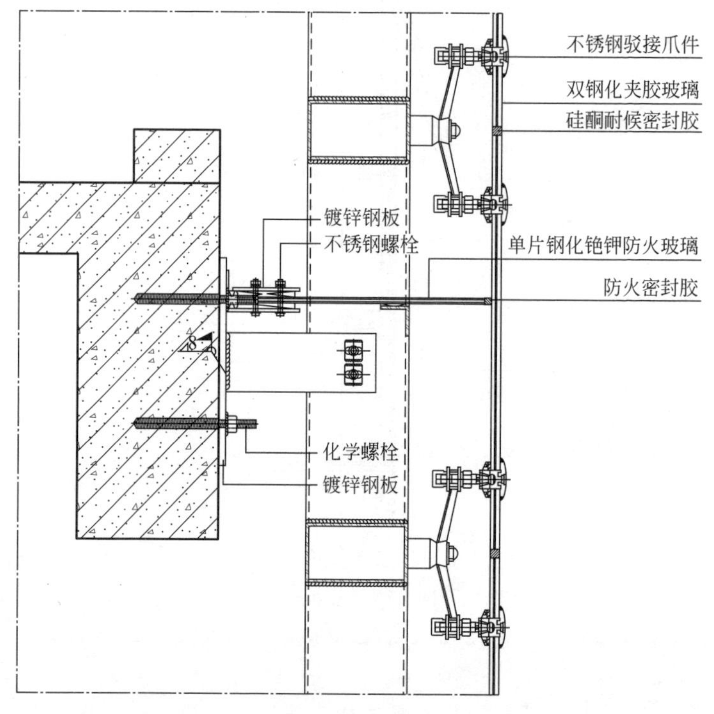

点式玻璃幕墙层间防火构造节点示意图

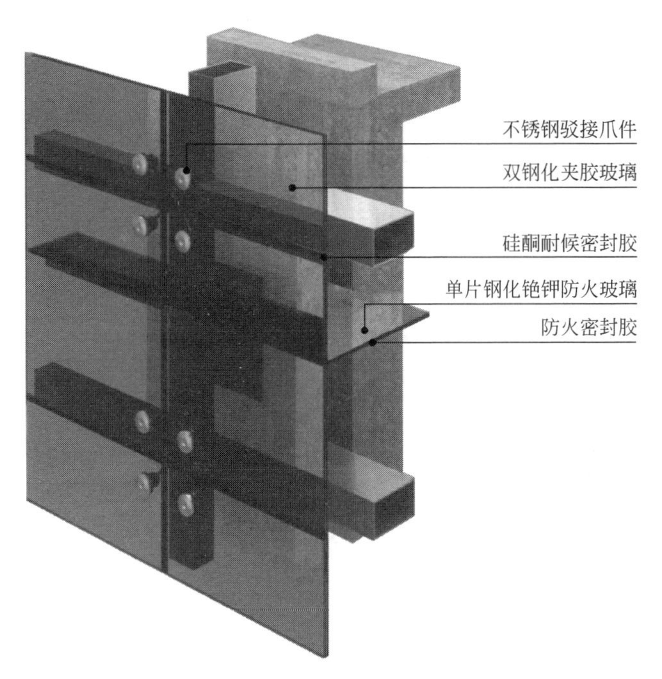

点式玻璃幕墙层间防火构造节点三维图

工艺说明

驳接爪浮头式玻璃幕墙的玻璃面板由支撑点支撑，钢制支撑点通过玻璃上的圆洞与玻璃联结。金属外板凸出在玻璃平面外，玻璃无须开锥形孔。由于玻璃孔洞边应力集中，面玻应采用钢化和匀质处理，当面玻采用夹胶玻璃时，也应先钢化后夹胶。玻璃面板支撑孔边与板边的距离不宜小于70mm。结构和玻璃面之间采用10mm厚单片钢化铯钾防火玻璃连接。

020803.2 石材幕墙防火构造

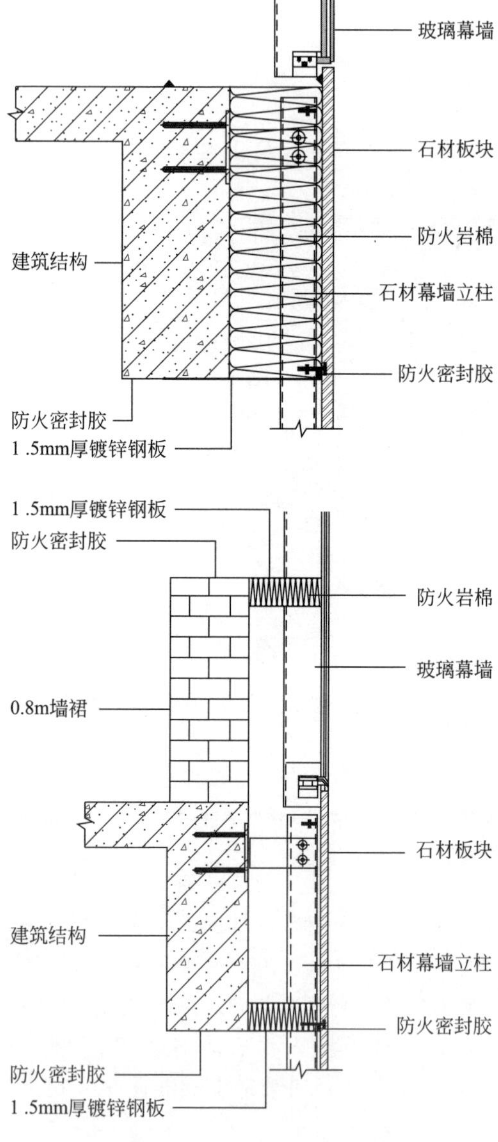

石材幕墙层间防火构造节点示意图

工艺说明

在每层楼板与石板幕墙之间不能有空隙，应用镀锌钢板和防火棉形成防火带。幕墙的防火层托板必须使用经过防腐处理（镀锌）而且厚度不小于1.5mm的耐热钢板，严禁使用铝质板材代替。耐热钢板安装必须有一定的搭接余量（搭接余量应为30～50mm宽度），所有的搭接位置必须采用防火密封胶封堵，防火密封胶要提供法定检测机构出具的合格报告。